造个小程序：
与微信一起干件正经事儿

杨芳贤　黄永轩　著

机 械 工 业 出 版 社

本书分为基础篇、开发篇和案例篇三部分。基础篇向读者介绍了微信小程序的现状，包括小程序的认知和发展历程，小游戏会给小程序发展前景带来哪些改变，小程序应用现状，小程序发展前景，小程序生态中有哪些创业机会等；开发篇主要向读者介绍关于微信小程序的设计理念与技巧、小程序开发及人员分配、小程序生成平台、小程序推广与运营技巧等，目的是帮助非技术人员掌握一些小程序开发方面的要领，而不至于对小程序开发一无所知；案例篇以各行业小程序案例为主线，包括零售领域、电商领域、本地生活类、政务民生类、企业官网类、工具效率类、社交娱乐类小程序案例，向读者详细讲解了不同类别的小程序的开发运营等方面的技巧。

通过对本书的阅读，读者基本掌握开发和运营一个微信小程序的策略、方法和技巧。本书非常适合微信小程序创业者和投资者阅读。另外，本书虽然针对非技术人员，但程序开发者通过阅读本书，对小程序的开发方向也能有个大致的了解。

图书在版编目（CIP）数据

造个小程序：与微信一起干件正经事儿 / 杨芳贤，黄永轩著．—北京：机械工业出版社，2018.9（2019.3重印）

ISBN 978-7-111-60769-4

Ⅰ.①造… Ⅱ.①杨…②黄… Ⅲ.①移动终端-应用程序-程序设计 Ⅳ.①TN929.53

中国版本图书馆 CIP 数据核字（2018）第 196486 号

机械工业出版社（北京市百万庄大街 22 号 邮政编码 100037）
策划编辑：丁 诚 责任编辑：丁 诚 杨 洋
责任校对：秦洪喜
责任印制：孙 炜
保定市中画美凯印刷有限公司印刷
2019 年 3 月第 1 版第 2 次印刷
169mm×239mm · 20.25 印张 · 378 千字
4001－5800 册
标准书号：ISBN 978-7-111-60769-4
定价：69.00 元

凡购本书，如有缺页、倒页、脱页，由本社发行部调换

电话服务	网络服务
服务咨询热线：010-88361066	机 工 官 网：www.cmpbook.com
读者购书热线：010-68326294	机 工 官 博：weibo.com/cmp1952
010-88379203	金 书 网：www.golden-book.com
封面无防伪标均为盗版	教育服务网：www.cmpedu.com

推荐序一

公众号改变中国的媒体，小程序改变中国的商业

2017 年 12 月在广州《财富》全球论坛上，马化腾说：“最近两年我们在公众号的基础上开发了‘小程序’”。从公众号到小程序，标注着以往 7 年微信公众平台商业化的清晰路径。

微信在 2012 年推出公众号时，主要分为订阅号和服务号两款产品。订阅号开启了内容创业的春天，颠覆了媒体产业，至今保持着蓬勃的创造力和传播力；而定位于商业服务的服务号，其发展却一直很不理想。其根本原因在于，服务号只提供模块化功能，没有提供编程能力，无法满足千变万化的市场和企业的个性化需求。

针对服务号的产品缺陷和订阅号的行业局限，微信在公众号的基础上，研发应用于广义商业市场的工具产品。这款产品当时叫应用号，2016 年 1 月由张小龙在微信公开课上首次提及，2016 年 9 月内测时改名为小程序，并于 2017 年 1 月 9 日正式上线。

关于公众号和小程序的关系，本书在技术层面对比中有着非常精辟的论述：公众号是一个具备了微信“社交 +”能力的媒体 SaaS 服务；小程序是一个具备了微信“社交 +”能力的 PasS 平台。即公众号创业的核心是内容生产；而小程序创业的核心是技术产品开发以及场景应用。

在小程序应用层面，张小龙曾给出诗意的描述：“万事万物都需要表达，而

小程序就是表达的方式”。我的理解是：微信，是一种生活方式。在线上线下无界连接的移动互联网新世界中，微信找到了新的生活方式，从而形成了新的生活场景。在新的生活场景中，人与人、人与物、人与信息的沟通、交流和互动，需要新的表达方式和表达语言。而小程序是新生活的表达方式，是新世界的表达语言。

我们可以看到，基于公众号诞生的小程序，其应用领域要比公众号广阔得多。公众号改变了传媒业态，这已经是不争的事实；小程序则将改变商业，普惠广义的商业领域，普惠每一个商业个体。公众号让众多内容创业者获得成功，但受产业规模的限制，无法涌现独角兽级的企业；而小程序为创业者开拓了全商业领域的巨大商机，可以预见未来三至五年，一批第三方技术平台、服务平台和垂直领域的小程序独角兽企业，将会不断涌现在商业舞台之上。

如今，属于每一个商业个体的小程序大时代已经迎面而来。

黄永轩
易简集团总裁
美推创始人 &CEO
《公众号思维》作者
微信公众号行业大号“微果酱”创始人

推荐序二

在大浪面前，我们唯有冲浪

从2012年开始，社交网络借助移动互联网的普及，开始逐步接管我们的工作和娱乐。但即使在那时，我们也想象不到业界今天的样子，而即便在当下，我们也很难描绘未来几年后又会变成什么样。现在唯一可以确定的是：

每年，以微信为代表的社交网络都会提供一种全新的玩法以改写业界形态。每年，一个新的细微的调整，都将在未来几年形成一股绝对的主宰力量。

过去几年，主宰的力量分别由朋友圈、公众号、群带来，今天则变成了小程序。

它们并不是白驹过隙，倏忽而过。相反，这些改变会迅速变成基础力量、基础配备，如我们今天不得不配备公众号、不得不展开社群、不得不在微信上进行社媒传播推广一样，很快我们也将不得不配备小程序。

为什么会是小程序？

就像PC网站、移动App一样，我们在不同环境中生存，就需要对应的工具。当人们的时间、娱乐和工作都迁移向微信时，新的工具诉求也会应运而生。在今天，投资人和创业者早已达成共识，那就是：小程序是和PC时代的网站、移动App一样的平台级机会。

往小了说，这是标配，我们都将运用到它。往大了说，今天互联网、移动互联网上的巨头，都有机会在小程序上被重新诞生出来，如新的阿里巴巴、百度、美团、滴滴、快手、抖音、58等。而且更诱人的是，这些所需时间和成本比在其他任何时间都要低得多。

当你拿到本书时，拼多多已经上市，成为新的标杆。用二三年时间就走过了当年阿里巴巴和京东十余年走过的路。这是在以前是无法想象的事情，因为获客成本、下载成本、激活成本等，都已经到了高不可攀的地步，只有巨头和大资本云集的团队才能继续狂奔。而今天，借助小程序，小团队快速崛起的故事再度回到了创业领域。

不仅电商，在企业服务、小游戏等领域，类似的故事也比比皆是。创业团队用低成本快速验证用户需求，快速试错前进。

只是时代不同要求也变得不同。小程序时代要求什么？

在微信上诞生的机会，要求创业团队对于“社交化”这件事情极其熟悉、极其精通。这不是“裂变”一个词就可以概括的，而是指方方面面，从产品规划到用户体验，从活动运营到市场传播，从用户体系到留存、变现机制等等，都要充分适应和满足用户在社交网络中的场景和状态。唯有做到这点，才能在微信的世界中极速狂奔。

这不是简单的能力，这对团队的综合要求更高了。不信你看，今天哪怕仅仅是社交传播，能长期做好的企业有多少？更不用提小程序了。

好在“社交化”能力的提升也有章可循，那就是多向优秀者学习，多分享。走在前面的人一定有很多“足迹”留下，我们踩过的“坑”也能给后来者以借鉴。只有这样，我们才会走得更快，走得更稳。

今天，我欣喜地看到前行者之一的杨芳贤对自己“足迹”的系统梳理。他所开发、推出的小程序是微信上第一批引爆的产品，也是延续至今的优秀产品。过去，杨芳贤多次参与见实科技的沙龙、会议等，每次都毫无保留地参与分享，令与会者受益匪浅。这样更系统、深度的梳理会让所有在这条道路上前行的人都受益，这是一件非常有意义的事情。

既然大浪已来，不如一起前行。

徐志斌

见实科技创始人 &CEO

《小群效应》《即时引爆》《社交红利》作者

前 言

PREFACE

张小龙都去做了，你还在问到底行不行？

2016 年年底，我决定把团队的未来压在小程序这个赛道上，在今天看来，这是一个还算正确的选择。作为小程序最早的一批开发者，我们有过“群应用”用户暴增的亢奋，也有过“玩社群”毫无征兆被封后的无助，参与了小程序的野蛮生长，目睹了小程序的跌宕起伏，也见证了小程序平台治理的完善。

2017 年年初，小程序在万众瞩目中发布，一周后又在热捧中急转遇冷。在很多人对小程序提出质疑时，群应用名片小程序却逆势上涨，在 2017 年 2、3 月份用户数及访问量全网排名第一。之后有很多了解群应用和关注小程序的朋友找我交流，归纳起来大家关心的问题是：

小程序是否值得去做？

小程序生态上如何选择创业方向？

小程序生态的流量红利如何获取？

在交流中我发现大家都很焦虑，不知道把产品与服务寄生于微信下会有怎样的不确定性，又不想错过微信这样个超级平台所蕴含的机会。

这一年，不仅小程序生态的创业者们焦虑，微信小程序团队也度过了许多个不眠之夜。小程序遭遇断崖式下滑后，微信也做了很多努力，比如，小程序成了微信公开课的主角；微信频繁地释放小程序新的入口及线上、线下能力；

微信不断开放全渠道宣传新能力，并推送给用户。2017 年 3 ~ 7 月，对于小程序开发者而言几乎“夜夜有惊喜”。小程序释放出的能力越来越多，微信官方提供的开发、运营工具越来强大，小程序上下游开发者生态逐渐繁荣。微信 6.6.1 版本推出的“跳一跳”小游戏全面引爆了小程序，这也让小程序“触手可及，用完即走”的产品理念被越来越多的人接受与认同。

如今，每个领域都已有非常棒的标杆类小程序应用，投资人开始重点关注这个方向。而早期参与者都获得了一定的先发优势。参与小程序首发的“小睡眠”走红后瞬速推出了小睡眠 App，多次被苹果及各大安卓市场推荐；“群应用”从个人名片切入，形成了以群应用、小名片、小官网为主体的商务社交小程序矩阵；“包你说”的语音口令红包不仅获得了海量的用户，分流了微信红包现金流，而且还获得了巨大收入；“拼多多”通过小程序的社交裂变一跃成为淘宝、京东之后的第三大电商平台；“头脑王者”掀起了全民答题的热潮，模糊了小程序与小游戏的边界。

也有不少朋友问，2017 年已经上线了 58 万个小程序了，现在进入是不是太晚了。我认为 2017 年只是小程序市场的热身，2018 年才是起点，个人计算机、移动互联网中的大部分产品形态及商业模式都会在小程序中重现。对于创业者而言，小程序是精益创业的最佳实践。按你设想的应用场景与用户痛点，用几天时间快速做出 MVP（最小价值产品）并转发到微信群中就可以开始种子用户验证，根据用户数据及用户反馈进行快速迭代和更大范围的推广与验证。2018 年会有更多的资深的互联网创业者和专业投资机构入场，会有越来越多好的小程序产品出现在我们的视野中，工具、社群、电商、企业服务等领域的小程序将进入充分竞争状态。

我认为小程序是微信最伟大的构想与探索，有不少朋友认为我们对小程序过于狂热，他们认为小程序并没有那么神奇，不过是介于 App 和 H5 之间的一种产物。一千个人眼中有一千个哈姆雷特，每个开发者眼中都有自己对小程序的认知，与不同的人碰撞各自的观察、思考与探索是一件非常有意义的事。感谢腾讯的开放，感谢张小龙，感谢微信小程序团队……

本书分基础篇、运营篇和案例篇三个板块，分享小程序的现状及小程序开发运营经验，帮助读者用最短的时间了解小程序。本书对小程序赋能各行业的案例也均有收纳，包含社交电商、企业服务、游戏、本地生活、政务民生等领域。由于时间仓促，书中难免有不足之处，望各位专家与读者指正。

目　录

CONTENTS

基　础　篇

开 发 篇

案 例 篇

基础篇

第1章

小程序是微信伟大的构想与探索

2017 年 1 月 9 日，微信小程序在万众瞩目中发布，不仅占据了舆论的风口，也经历了不少起伏。2018 年 1 月 15 日，微信在广州举办了“2018 微信公开课 Pro”。在这次公开课上，微信公开了小程序过去一年所取得的成绩，也让我们看到了小程序更广阔的想象空间。

经过一年多的发展，小程序日活跃用户达 1.7 亿人，已上线小程序达 58 万个，注册的开发者账号达 100 万个，小程序第三方平台已经超过 2300 家，小程序不仅在一二线城市被用户广泛接受，在三四线城市的用户占比更是高达 50%。我们还看到小程序已经为零售、电商、生活服务、政务民生、小游戏等多个行业领域赋能，且均得到了较好的效果。95% 的电商平台已接入小程序，线下零售、餐饮、生活服务也因小程序而改变。

小程序未来还将从降低门槛、充实能力、场景流量、提高转化、交易变现 5 个方面进行赋能。小程序广告组件正在内测，优化后将全面开放。预计 2018 年上线的小程序总量将突破 500 万个。小程序即将迎来井喷式的发展，成为创业者、资本、媒体关注的新风口，你准备好了吗？

1.1 小程序的认知

据微信官方定义，小程序是一种无需下载、触手可及的应用，用户扫一扫或搜一下，即可打开。简单来说，小程序可以实现原生 App 能实现的效果和功能，它和原生 App 最大的不同在于，小程序属于轻型应用，无需下载安装即可使用，其最大的优势是灵活、快捷、用完即走。

1.1.1 什么是小程序

你可以把小程序理解为一种可以跨平台的轻应用或者微应用。小程序原本叫作“应用号”，张小龙曾解释说：“小程序是一个不需要下载安装就可以使用的应用，它实现了应用触手可及的梦想，用户扫一扫或者搜一下即可打开应用。它也体现了用完即走的理念，用户不用关心是否安装太多应用占用空间的问题。应用将无处不在，随时可用，但又无需安装卸载。”

微信是个超级“连接器”。凭借10亿月活用户，微信个人号实现了人与人的连接，微信支付已占据了支付市场的半壁江山，订阅号实现了人与信息的连接，服务号的推出希望建立人与服务（商业）的连接。从某种意义上说，小程序的初衷是替代服务号更好地连接服务、连接商业。尽管微信一再强调，小程序与App是不同的应用方式，小程序不是来取代App的，而是来丰富App的场景的。“小程序”的推出，并非想要做应用分发市场，而是给一些优质服务提供一个开放的平台，但包括苹果在内的手机厂商都认为小程序会给App市场带来巨大的影响与冲击。

下面将从多方面来谈谈小程序发展历程、现状及未来趋势等相关内容。

1.1.2 被误读的“没有入口”与“用完即走”

在小程序发布之前的两次微信公开课上，张小龙都提到小程序“没有入口、用完即走、线下场景”，听了他的演讲后，当时我们在一脸迷茫中演起了复杂的内心戏：

没有入口啊~

用完即走？其实你不装也膜拜你！

线下场景？没有线下门店把二维码贴在摩拜自行车篮子里吗？

单个用户价值怎么算？投资人问我留存率我怎么说？

……

下面对“没有入口、用完即走、线下场景”做具体介绍：

1. 没有入口

没有入口，是指没有一个中心化的入口，不是用户无法触及小程序，而是不去打扰不需要它的人。“没有入口”更意味小程序将触手可及，入口无处不在！

从微信聊天对话框里的气泡卡片到公众号文章内嵌小程序卡片，从扫描海报上的小程序二维码到长按识别朋友圈中的带小程序码的图片，从微信搜索到附近的小程序，对于需要它的用户，小程序的入口可以说是几乎无处不在。小程序入口示例如图 1-1 所示。

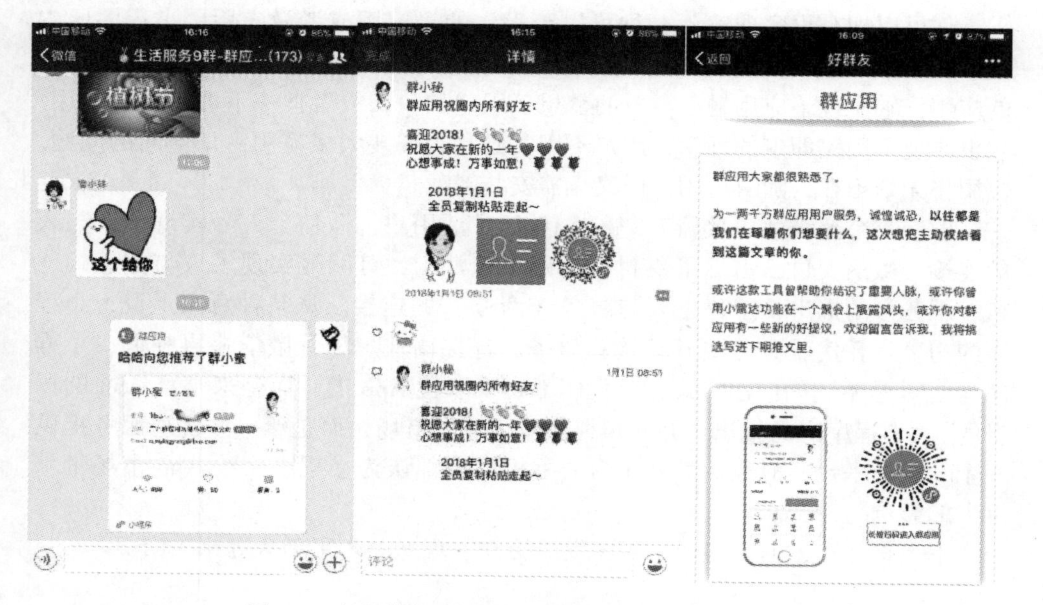

图 1-1　小程序入口：对话框、朋友圈、公众号内容

微信所秉持的原则是让需要小程序的人悄无声息地开启，也让暂时不需要小程序的人不被打扰，这种做法是对所有用户的尊重，特别是“微信主页下拉任务栏”的开放，这说明微信团队在小程序入口和用户体验上找到了平衡点。

2. 用完即走

用完即走是对“善良比聪明更重要”最完美的诠释。你是否有过类似经历：打开一个网站后永远关不掉？关掉后又跳出新的页面来？使用某个 App 时原本 10 秒便能完成的操作，60 秒后你还停留在同一个操作页面。如此“聪明”的设计能让开发者的应用获得更高的 PV 及用户留存时间，却把用户当成傻子。

“用完即走”是指，让用户以最短的路径获取产品的价值，以最快的速度完成产品的使用。产品经理应当更多地思考产品如何像微信一样用完即走，却永远用不完。你的“聪明”总能被用户感知到，而你的善良将会形成用户口碑并占领用户的心智。

3. 线下场景

微信超 10 亿月活用户释放的“社交 +”的能力，足以让每一个开发者疯狂。

从封杀淘宝链接到今日头条，从借助微信朋友圈飞速壮大的映客们，再到千聊、荔枝微课们的快速成长，小程序从上线第一天就谨慎且压抑着线上能力的释放。

另一方面，线上能力的释放是导流赋能，而线下能力的释放却是微信新的流量增长点。小程序配合微信支付不仅能连接服务（商业），还能协同微信支付与支付宝竞争。引导开发者参与线下场景的挖掘既是微信战略需要，又是与支付宝的竞争需要。

但无论传统互联网还是移动互联网都是从线上开始到线上线下的融合，小程序也不会例外。这也解释了为什么小程序在遭遇了断崖式的下滑后，微信开始频繁释放小程序线上能力。对于小程序而言，其成长路径最有可能是先通过线上的应用全面引爆并完成用户的教育，再逐步延伸到线下各个应用场景。

未来，小程序最有可能成为虚拟世界与现实世界的连接器。

1.2 小程序的发展历程

我们可以用“在追捧中急转遇冷，在质疑中回归理性，在跳一跳中被引爆”这 24 个字来概括小程序这一年的发展历程，如图 1-2 所示。

图 1-2　小程序曲折的一年

在小程序问世初期，由于好用、实用的小程序少之又少，加之大部分用户与媒体对“没有入口，用完即走”的误读，使得小程序在热捧中遭遇断崖式下滑，很多人开始唱衰小程序。随着小程序新入口及新能力的不断释放、线下场景的不断探索，以及微信从有限制开放线上场景能力到全面鼓励线上场景的应用，有趣、实用、好用的小程序大量涌现，小程序又在广泛的质疑中逐步回归理性。随着微信 6.6.1 版本开屏小游戏“跳一跳”的推出，给微信用户做了一次小程序普及，至此，小程序得以全面引爆。

1.2.1 小程序跌宕起伏的这一年

小程序的前身“应用号”一词提出时就曾受到媒体与用户的热捧。2017 年

1 月 9 日，小程序正式上线，首发当日，200 个参与内测的小程序在媒体和网友的关注下都取得了不错的成绩。

几天后，除“群应用、小睡眠、车来了”等几款实用的小程序外，大部分参与首发的小程序都经历了断崖式的下滑。大家发现实用、好用的小程序非常少，甚至一些大厂商发布的小程序也形同“鸡肋”，于是很多人开始下结论：小程序和服务号一样，不会有大作为！这时，一些开发者突然想起张小龙曾说过小程序是“没有入口、用完即走”的，于是大呼上当，业界质疑声一浪高过一浪，微信小程序团队很紧张。

小程序在发布之前便引发媒体热捧与网友广泛关注的原因，首先是微信自身的影响力，其次是“微信之父”张小龙在多次公开演讲中向公众传递了小程序与微信生态的战略意义。

小程序在追捧中急转遇冷的原因之一在于，微信在内测期间只邀请了首批 200 个开发者参与，参与内测的开发者的参与程度以及对小程序的理解参差不齐。大部分开发者直接把 App 的功能照搬过来或者是做了个阉割版的 App。一个“没有入口、用完即走”的阉割版 App，用户尝鲜之后几乎没有继续使用的理由。

没有好用的小程序并不等于小程序不好。优秀的小程序，其产品形态不可能与移动 App 完全一致，小程序产品的开发需要思考新场景、新人群、新交互。小程序在热捧中遭遇断崖式下滑的根本原因还在于，小程序不像订阅号那样，注册后可以直接使用，开发者注册小程序账号后，还需要根据设计的具体使用场景来进行小程序的编程开发。

如果我们把订阅号理解成具有“社交 +”能力的媒体 SaaS（软件即服务）平台，小程序则是具有“社交 +”能力的 PaaS（平台即服务）平台，如图 1-3 所示。个人与机构在注册订阅号后，可直接使用订阅号提供的功能来发布内容；而小程序的开发者在注册后并不能直接使用，需要先根据具体的业务场景进行开发。

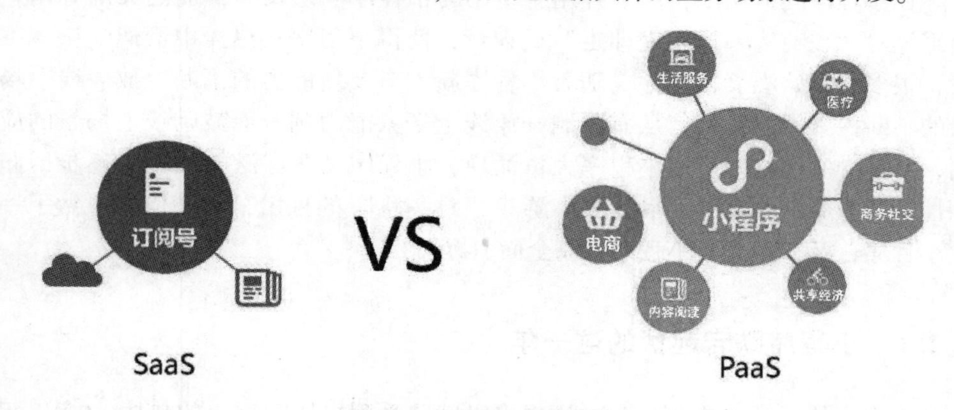

图 1-3　订阅号 VS 小程序

对于订阅号而言，是否有大量的内容生产者是订阅号成功与否的关键要素；而对于小程序而言，是否有大量的开发者参与是小程序平台成功与否的关键点。

无论是传统互联网时代还是移动互联网时代，优质的应用需要海量的开发者作为基础，在小程序时代也不会例外。让足够多的开发者们熟悉和了解小程序至少需要3~6个月，优秀的开发者打造出优质的小程序则需要更长的时间，以2C（面向普通用户）产品的发展速度来衡量小程序这样一个2D（面向开发者）平台，显然会让用户、行业和媒体失望。

微信意识到问题后也做出了一些调整。自2017年3月27日之后，我们看到小程序成了微信公开课的主角，微信频繁地释放小程序新的入口及线上、线下能力。微信全渠道的宣传机器不断将开放的新能力推送给用户。2017年3月~7月，对于小程序的开发者而言几乎“夜夜有惊喜”，而小程序也逐渐回归了理性。

1.2.2 在跳一跳中引爆

2017年年底，小游戏“跳一跳”上线彻底引爆了小程序。按照微信的说法，小游戏是小程序的一个类目，它即点即玩，无需下载安装，体验轻便，你还可以和微信好友一起玩，比如PK、围观等，享受小游戏带来的乐趣。

“跳一跳”这款2017年12月28日上线的小游戏，仅用3天时间就突破4亿玩家，春节期间小游戏最高同时在线人数高达2800万人/小时，如图1-4所示。以“跳一跳”为首的小游戏能以燎原之势红遍微信，除游戏本身玩法简单易上手外，也从侧面说明小程序的体验好，这种交互简单、弱成长机制的碎片化游戏，结合微信好友PK、排行榜等社交元素，极易在微信中形成爆款。而这些爆款的出现，也像一颗颗炸弹，不断展示小程序的力量。

图1-4 “跳一跳”小游戏成绩及小游戏Top5

微信一直希望通过小游戏来带动

小程序生态的繁荣，小游戏本身也是一种重要的游戏形态。作为小游戏的标杆，微信“跳一跳”不只要向大家展示如何玩，还要给大家展示它如何变现。

2018 年 3 月，“跳一跳”惊现 2000 万元天价的耐克盒子广告，这为小游戏的变现路径画上了一个圈，即使小程序游戏商品内购和苹果公司存在矛盾冲突，这依旧能让开发者感到振奋。不久后，“跳一跳”的广告植入就开始正式对外招商，“跳一跳”上的耐克盒子如图 1-5 所示。

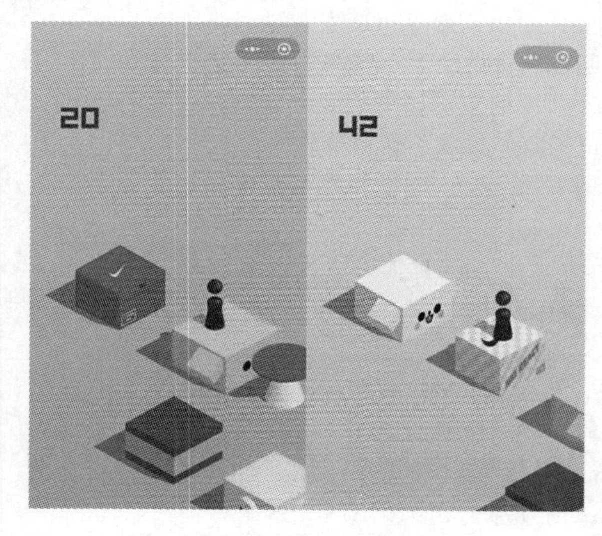

图 1-5　“跳一跳”上的耐克盒子

随着小程序生态逐渐成熟，开发者对规则的理解也不断加深，小程序推广有更灵活、更多样的玩法，这也给企业带来了更多的机会。开放小游戏后，独立爆款小游戏出现，第三方小游戏开发商入局，小游戏营销成热门方式，这些“预想的未来”也将逐一实现。

1.3　被寄予厚望的小游戏

真正引爆了小程序，将它推至微信 10 亿用户面前的是小游戏。以“跳一跳”为例，它上线三个月就成为小游戏头牌，并快速实现了商业变现。无论觊觎微信流量的品牌方，还是正在寻求小程序变现的开发者，都希望能在小游戏中找到灵感。小游戏究竟是什么？小游戏起源于何处？小游戏发展前景如何？本章将从这几个方面给出解答。

1.3.1 什么是小游戏

按照官网的定义，小游戏是小程序的一个类目，它即点即玩，无需下载安装，用户可以和微信好友一起玩，比如PK、围观等模式。从技术上来说，小游戏是基于Canvas和WebGL的图形引擎，在微信环境下能够快速满足用户对社交趣味游戏的需求。

“社交游戏”这一庞大需求早在2014年就被验证过。微信5.0版本中微信游戏中心正式上线时，一款“经典飞机大战”游戏刷爆微信。这款休闲小游戏不需要下载和安装，在微信中直接打开就可以玩，非常容易上手，同时也很好地利用了微信的关系链资源——好友间能互相看到实时排名，还能获得好友帮助，这可以算是小游戏最早的雏形了。

因为见证过游戏在微信中的力量，所以在小程序公开上线前，就曾有记者问张小龙：“小程序能不能开发游戏?”对此，张小龙一句简明扼要的“现在不能”浇灭了不少游戏类小程序开发者的热情。

但时隔一年，微信就在小程序下开辟了“小游戏”类目，并带着以“跳一跳”为首的十几款官方小游戏来到用户面前。

1.3.2 从Instant Games谈起

小游戏无需下载，点开即玩的特点其实和国外IM应用巨头Facebook推出的Instant Games如出一辙。2016年11月，微信正在发放小程序内测邀请函时，Instant Games正式上线。这是一个H5手游平台，和传统页游不同的是，Facebook的这个平台可以直接在其应用端（Facebook信息流或Messenger中）打开，不需要额外下载，且载入时间极短。

也就是说用户在跟朋友聊天时，就可以点开Instant Games玩局游戏活跃气氛，这是一种全新的在社交网络中玩游戏的方式。对此，Facebook也大方承认，Instant Games的设计灵感来自微信，他们发现聊天应用对于游戏业的影响十分明显，希望这个产品可以吸引用户在自己的生态系统内停留更长时间。Instant Games页面如图1-6所示。

爆款游戏的诞生和数据结果验证了Instant Games的有效性。典型的休闲小游戏“Endless Lake”在该平台上发布仅三周就获得了1200万玩家，这组数据甚至比应用商店高了120倍，游戏次数也突破了3300万。另外，Facebook通信部副总裁David Marcus也表示，他们的产品月活增幅超过两位数，Messenger的月活用户在2017年4月甚至达到了12亿。用户黏性上升也间接增加了Facebook的广告营收。

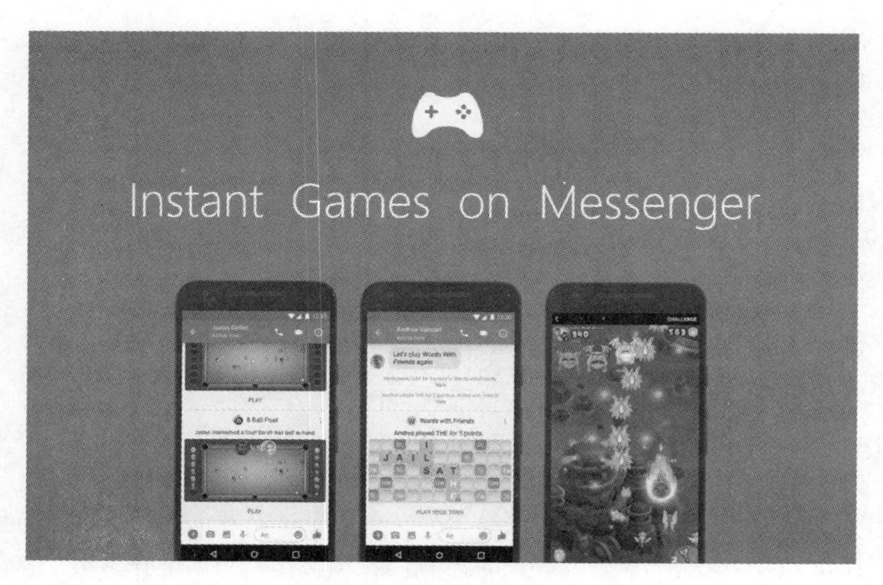

图 1-6 Instant Games

Instant Games 的大获成功验证了轻量级休闲游戏对社交平台的正向作用。

回到微信小程序，我们发现，小游戏的推出，除了游戏类应用本身具有很好的业务前景外，借小游戏带火小程序，或许是微信的另一个目的。前文讲到，小程序面向的是开发者，在规则尚未捋清、平台还没成熟的情况下，过早开放游戏类目，条件不成熟难以支撑是一方面，过度营销榨取平台价值是更大的危害。

另外，从技术角度上来看，小游戏的体积也是个问题。如果做得太大很容易会与“即用即走的小程序理念相冲突”；如果引入太复杂的机制，不得不使用游戏引擎的话也有可能会对微信的运行造成一些问题；从安全角度来说，游戏代码的复杂性有可能导致微信安全方面的漏洞；而站在腾讯和苹果的角度来看，iOS 方面的态度和腾讯自身的态度也使小程序游戏有些不清晰，iOS 会不会放任一个监管之外的游戏平台出现在自家 App Store 上。

综上所述，受时机、安全、环境等多个因素影响，最终导致小游戏在小程序发布近一年后才上线。

1.3.3 小游戏的应用前景

虽然说现阶段还没有开放小程序游戏，但业内大部分的声音都表示对小游戏看好：认为它会像 Instant Games 一样变得炙手可热。

除了对小程序、微信平台有重大影响外，被寄予厚望、等待开放的小游戏还能给我们带来哪些想象空间？下面我们从开发者、企业品牌方、第三方平台、用户四个维度做些大胆预测。

1）对H5游戏开发者来说，有机会做出爆款小游戏产品。如果说“跳一跳”3天4亿用户主要是官方力量在推动，那“Endless Lake”的3周1200万玩家的数据就更有参考价值了。“Endless Lake”玩法类似跑酷游戏，门槛低、上手快、单次游戏用时短，可以邀请好友一起玩竞技排行，这和“跳一跳”的基本原则相似。但微信小游戏的排行榜是免邀请的，它会自动获取微信好友的游戏排行，不管你愿不愿意，一旦开始玩可就排上号了，一看自己和第一差那么多，又忍不住多玩两把。

另外，春节期间“跳一跳”还推出多人实时对战的玩法，这是Instant Games此前没有的。在微信社交场中，多人实时对战是个“核弹式”武器，“一带多玩”模式能迅速引爆产品。因此，我们也有足够理由相信，一款上手简单、体验好的小游戏，能为开发者带来过亿用户。

再者，基于微信已自带完善的支付体系，对小游戏开发者来说，爆款产品的变现路径将更加通畅。

2）对企业品牌方来说，小游戏自然是有可能开拓营销新方式的。此前，耐克就以2000万的天价在“跳一跳”中植入鞋盒广告，当游戏中的虚拟小人跳至耐克鞋盒时，鞋盒状态发生改变，并给虚拟小人加20分，给各品牌方广告植入树立了榜样。H5营销一直是企业喜爱的方式，但简单的抽奖送券交互还不够，如同鸡肋。若是在“跳一跳”中跳到指定盒子加分又送券，广告就能深入人心了。另外，线下场景也能做补充，假如小游戏之后开放AR能力，线下扫指定物件获取线上道具等方式，“集福”类营销也能在小程序中玩起来。

3）小游戏第三方生成平台服务商将涌入。与H5的发展路径相似，既然企业对小游戏营销有需求，就很有可能会促进第三方小游戏生成平台的诞生，类似凡科互动、易速推这些H5互动营销服务商也会将战场搬到小程序中。不过，这也要看微信对营销类小游戏的态度。

4）对用户来说，小游戏生态涌入越多玩家，开发出优秀小游戏的可能性就越大。最大的好处自然是可以免下载体验更好玩的小游戏。坐车排队无聊时，玩一把小游戏；线上群聊活跃气氛时，玩一把群接力小游戏；线下多人聚会时，打开微信就能面对面集体来场PK游戏，使线下聚会变得更有意思！

总之，小游戏的应用场景非常丰富，可以说是引爆小程序生态的一颗炸弹，而它本身也是一座金矿。和移动游戏市场被巨头瓜分的状况不同，微信小游戏已提供开发文档和工具，即使是中小开发商，甚至是个人开发者，都有可能在这里掀起巨浪。

1.4 小程序的商业机会比订阅号大100倍

除了小游戏，其他小程序的商业机会又有哪些？

经历了一年多的发展，小程序各项关键能力已经释放，小程序生态也逐渐成形。在跌宕起伏中，有人进场离场，有人犹豫不决，也有人孤注一掷。但从小游戏开始，我们隐隐感到小程序有即将爆发的态势。小程序究竟有多大能量？会不会爆发？编者的答案是肯定的，本节我们将从微信角度来探讨小程序的力量。

我们要探讨小程序的想象空间，可以先从小程序与订阅号或服务号的关系说起。微信通过订阅号解决了人与信息的连接，服务号的推出希望建立人与服务（商业）的连接。从某种意义上来说，小程序推出的初衷是替代服务号更好地连接服务、连接商业，如图 1-7 所示。微信覆盖超 10 亿月活用户，实现了人与人的连接，微信支付也已占据了支付市场的半壁江山，微信最有可能实现人、钱、服务的连接闭环，成为提升服务（商业）效率的工具。

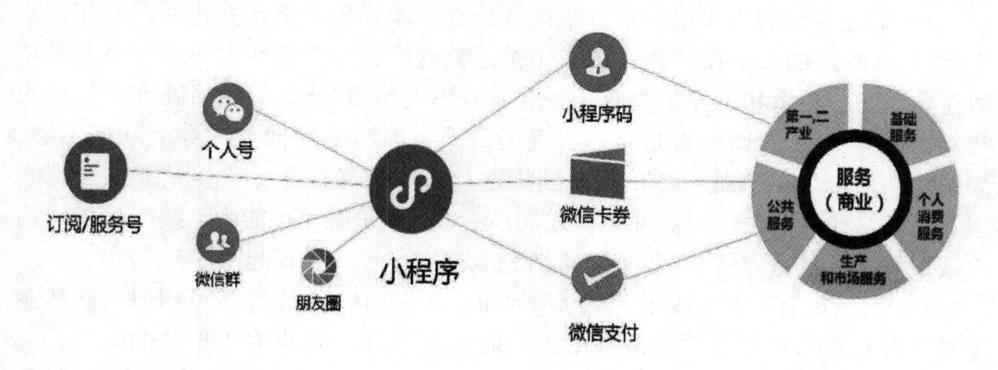

图 1-7 小程序连接图

小程序经过一年的发展，在线上已经打通了微信个人号、订阅号或服务号、微信群、朋友圈，在线下通过小程序码、微信卡券、微信支付连接服务与商业。小程序已经具备连接一切的基础。

如果将微信连接服务（商业）简单地分为三个部分：前端以“信息”为核心，解决服务的效率问题；中端以“支付”为核心，解决服务的交易问题；后端以“交付”为核心，解决服务的实施过程问题。

我们会发现服务（商业）前端的信息、中端的支付很容易标准化，由于各个行业的差异性导致服务的后端的交付很难做到绝对的标准化，因而需要一个更为开放的平台提供底层框架，吸引海量的第三方开发者参与，解决与承载各行各业差异化的服务，小程序的诞生背负着这样的使命。

我们再来看看订阅号的本质：订阅号是微信发布的具有“社交 +”能力的媒体行业的 SaaS 工具。个人媒体与机构媒体注册订阅号后就可以直接使用订阅号提供的功能生产内容，再由订阅号二维码、微信群、朋友圈的社交关系链转发进行传播引发关注。

依靠微信释放的强大的“社交 +”的能力，订阅号在过去的几年时间里几乎颠覆了媒体行业。而小程序的本质是微信发布的具有“社交 +”能力的 PaaS 平台。小程序的发布，让找到合适场景的第三方开发者，开发出微信红包这样的国民级应用成为可能。从这个角度来看，订阅号颠覆了媒体行业，凭借微信释放的“社交 +”的能力，未来小程序通过第三方开发者可能给各行各业都带来颠覆式的创新。

第2章 小程序生态发展现状

如果把 2008 年定为传统互联网与移动互联网的分水岭，我们会发现，传统互联网经过 10 年的时间发展进入鼎盛时期，而移动互联网用了 8 年时间。2016 年全球范围内 51.3% 的访问来自移动设备，而 48.7% 来自个人计算机，移动上网的访问量有史以来第一次超过个人计算机，这标志着移动互联网进入鼎盛时期。在中国的移动互联网中，微信又以一个 10 亿月活用户的超级 App 的身份存在。

2012 年 7 月，微信公众平台的上线，使移动互联网出现了一个重要的分支：微信互联网。2017 年 1 月 9 日微信发布小程序，微信互联网开始进入小程序时代。

小程序在短短的一年里经历了“热捧—遇冷—质疑—理性—爆发”的过程。目前，小程序的发展现状如何？小程序给我们的生活带来了哪些改变？创业者该如何看待小程序？小程序生态中暗藏着哪些机会？带着这些疑问，我们对小程序及小程序生态的发展做了全面的梳理。

2.1 小程序应用现状

进入小程序时代以来，用户向超级 App 集中趋势明显，据行业分析报告显示，新 App 安装数量下滑，而头部 App 拥有的用户数继续大幅增加。

2018 年 3 月，App 中 Top10（前十名）合计的独立用户数同比提高了 25%，用户向超级 App 集中趋势明显，而移动用户人均月使用 App 数量为 17.1 个，月安装数量为 3.03 个，较去年同期下降 12.4%。

从开发者和用户角度来看，目前使用和开发 App 的热情并不高涨，而小程序无需安装、用完即走、触手可及、无需注册、无需登录，以及社交裂变等特性，革命性地降低了移动应用的开发成本，正好迎合了用户使用应用的习惯。小程序独有的六大优势如图 2-1 所示。

图 2-1　小程序独有的六大优势

与 App 对比，小程序首先是重建了流量入口，其次基于微信流量重构了人与人的关系，然后激活线下场景，达到连接一切的作用。如此看来，市场现状有利于小程序的发展，那小程序的发展究竟如何？下面我们将用两节内容来阐释。

2.1.1　小程序发展现状

根据“2018 微信公开课 PRO”上公布的数据显示，小程序日用户数已突破 1.7 亿，上线小程序数达到 58 万个，开发者超过 100 万，上线 52 周，发布了 32 次能力，共计 100 余项功能。单看这样的数据可能没有太多感触，但如果和苹果的 App Store 相比，我们会发现，App Store 发展到 58 万个应用，苹果花了 4 年时间，而小程序仅用了 1 年。当然，两者开发难度不同，门槛差异大，不能简单从数量上做比较。下面就从微信平台、小程序市场分布、小程序用户三个方面，来看看小程序的现状究竟如何，是否值得创业者加入。

1. 对于小程序，微信这次是认真的

和曾经昙花一现的“微店”不同，这次的小程序被誉为腾讯战略级产品，在规则、能力、基础设施方面，微信发力不小。

1）小程序规则正逐渐完善。随着企业或个人开发者不断涌入，小程序的服务类目与资质做过几次调整。随着服务类目不断增加，小程序的应用场景也不仅仅局限在低频刚需类，不少高频刚需类的社交、电商、餐饮也在开放之列。截至2018 年 3 月，小程序服务范围涉及快递业与邮政、教育、医疗、政务民生、金融业、出行与交通、生活服务、IT 科技、餐饮、旅游、社交、文娱、工具、商家自营、商业服务、公益、体育、电商平台、时政信息、汽车、房地产共 21 个大类。

同时，小程序能力也在不断释放。在过去一年多的时间里，小程序释放了60 多项能力，其中不少对开发者影响重大。例如，2017 年 3 月小程序对个人开发者开放，有能力的开发者也能将自己的奇思妙想在小程序中实现；4 月第三方开发平台开放，这对大多数能力不足的商户来说，也有机会快速拥有小程序；支持小程序在公众号页内、菜单栏插入，为小程序推广注入了强大力量；另外，开放小程序相互跳转功能、上线小程序开发工具、小程序与 App 之间支持相互跳转、小程序代码包限制扩大到 4MB 等，这些能力的不断丰富，为开发者提供了更充足的施展空间。小程序能力释放时间轴如图 2-2 所示（本章部分配图过大，读者可扫描二维码查看高清全图）。

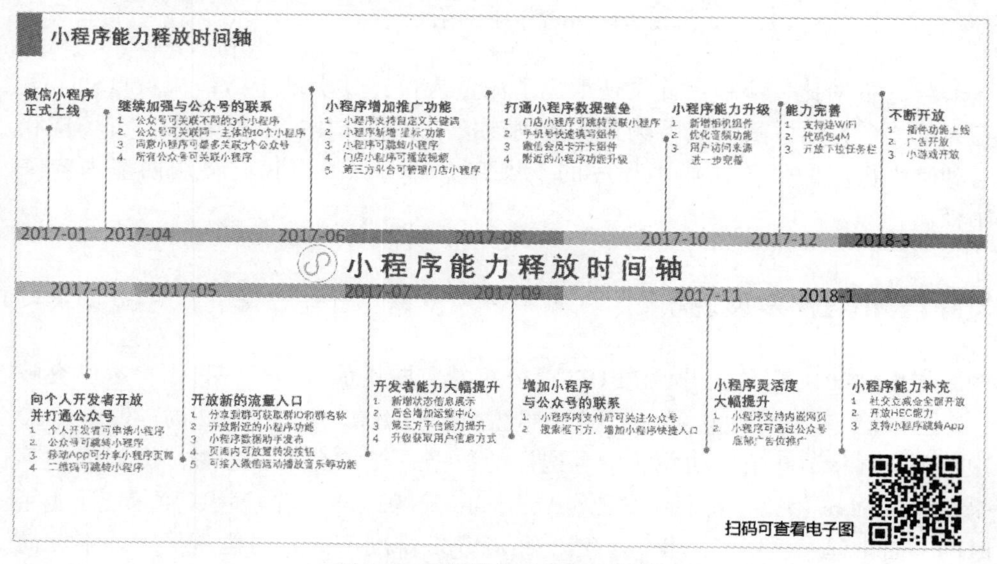

图 2-2　小程序能力释放时间轴

2）小程序为多行业赋能。据官方公布，小程序已经为零售、电商、生活服务、政务民生、小游戏等多个行业领域进行赋能，均得到了较好的效果。95%的电商平台已接入小程序，线下零售、餐饮、生活服务也因接入小程序而提高了效率。小程序未来将从降低门槛、充实能力、场景流量、提高转化、交易变现五个方面进行开放。特别是"交易变现"这点，我们在 2018 年感受明显。例如，小程序广告组件开放，让开发者也能成为流量主获取变现；小游戏的开放，使开发者可以通过道具内购实现小程序游戏变现。

2. 从小程序市场分布来看，工具、零售、生活服务类小程序发展较快

“造程序”公众号将 2017 年 12 月与 11 月小程序指数 Top9 领域做了对比，如图 2-3 所示。

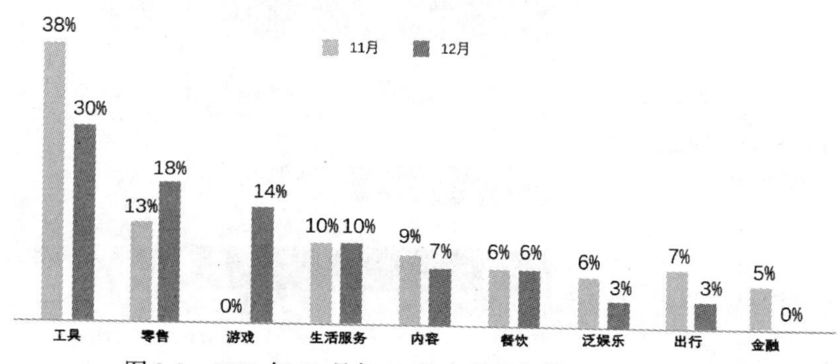

图 2-3　2017 年 12 月与 11 月小程序指数 Top9 领域对比

在“造程序”发布的 2017 年 12 月 Top100 榜单中也可以看到，除摩拜单车、拼多多、腾讯、京东、美团等外，不少线下传统企业小程序也表现优异，如 Coco 都可手机点餐、i 麦当劳、快递 100 等，说明小程序在线上线下都能找到合适的应用场景。除此之外，我们从榜单中发现，有超过一半的小程序并非来自大企业，甚至像“圣诞头像”这类由个人开发的小程序，只要找准了热点，也能迅速爆发，收获大批流量。2017 年 12 月 Top100 榜单截取如图 2-4 所示。

排名	名称	排名	名称	排名	名称	排名	名称	排名	名称	排名	名称
1	跳一跳	17	欢乐斗地主	33	群应用	49	车票门票	65	人民日报	81	腾讯乘车码
2	红包店	18	i麦当劳	34	京东购物	50	群通知	66	大众点评	82	知乎Live
3	拼多多	19	CoCo都可	35	汽车之家	51	圣诞头像	67	今日头条	83	下厨房+
4	摩拜单车	20	WiFi 密码查看器	36	小店微商城	52	同程旅游机票火车票酒店	68	包你拼	84	互动吧
5	拼多多	21	怪兽充电 EnergyMonster	37	七只考拉便利店	53	女王的新款	69	鲸鱼好物	85	实用心理测试大全
6	贝贝拼团	22	小年糕+	38	大家来找茬	54	包你说	70	卡娃电子相册	86	YH永辉生活+
7	饿了么	23	美篇	39	每日优鲜	55	群里有事	71	幸福西饼	87	浦发信用卡
8	有车以后	24	携程订酒店机票火车票汽车票门票	40	欢乐消消消	56	我们牛一牛	72	神州租车Go	88	小睡眠
9	ofo小黄车官方版	25	一年共享相册	41	微信礼品卡	57	玩车教授	73	中国移动10086+	89	腾讯自选股
10	蘑菇街女装精选	26	快递100小助手	42	轻芒杂志	58	手持弹幕	74	实用心理测试大全	90	天天练口语
11	王者荣耀群排行	27	广东麻将	43	转转官方	59	深圳吃货特工	75	二更视频	91	花帮主识花
12	头脑王者	28	车来了精准公交	44	小米商城lite	60	群玩助手	76	序列号查询	92	iDS大眼睛
13	欢乐坦克大战	29	街电	45	汽车票	61	汽车报价大全	77	星势力饭圈	93	October腕表
14	美团外卖+	30	猫眼电影	46	小小签到	62	微店买买	78	华住酒店+	94	番茄便利
15	腾讯视频	31	保卫萝卜	47	群印象	63	Philm 黑咔相机	79	in打印照片	95	一键接龙
16	楚楚拼划算	32	58同城生活	48	画画猜猜	64	October官方旗舰店	80	番茄闹钟	96	墨迹天气

图 2-4　2017 年 12 月 Top100 榜单截取

3. 小程序作为一种新的应用形态，逐渐被广大用户所接受

目前日使用小程序用户数已达1.7亿，有一半用户分布于一线城市和二线城市，令人惊喜的是，三线城市和四线及以下城市的使用量也很大。小程序用户数据分布如图2-5所示。

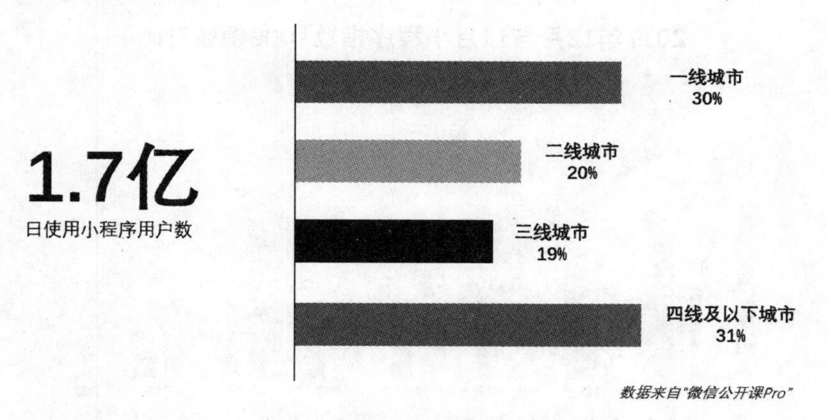

图2-5　小程序用户数据分布

月活超10亿的微信本身已是国民级应用，没有其他App能与之匹敌。可能对四线及以下城市的用户来说，京东、淘宝、支付宝等依旧是相对陌生的应用，而微信却是他们接触互联网的起点。这也从侧面反映，除了微信，其他电商类、工具类、生活服务类等App在三四线及以下城市的渗透是不够的。而基于微信生态的小程序，恰恰可以将这些人群真正带入互联网时代。那时会是什么场景呢？可能一个没有美团外卖、饿了么的小县城，大家也能在“附近的小程序”中给餐馆下单，享受外卖服务。

总之，经过一年的发展，小程序不负众望，已经搭建好基础设施，并取得了一些成绩，以开放的姿态迎接开发者。而从目前已上线的小程序来看，无论是大企业、传统企业、中小企业还是个人开发者，都有机会在小程序中创造价值、收获价值。

2.1.2　小程序生态发展现状

从小程序发展现状中，我们已经能感受到，伴随各种能力的优化升级和各项服务内容的接入，小程序生态圈已经形成。

峰回路转的小程序给企业、商家等带来了一个全新的生态，无论是早已经踏入小程序生态圈的企业、商家，还是尚未正式进入小程序领域的创业者以及

小程序用户等，在对待小程序这个新事物时，必须以一种多方位的视角和崭新的眼光来观察。

小程序生态圈似曾相识，围绕它产生的产业与当年 PC 互联网和移动互联网初期的格局颇为一致。为了全面了解小程序形成的生态体系，我们对小程序产业进行了全面梳理，下面通过一张图（见图 2-6）看懂小程序全生态。

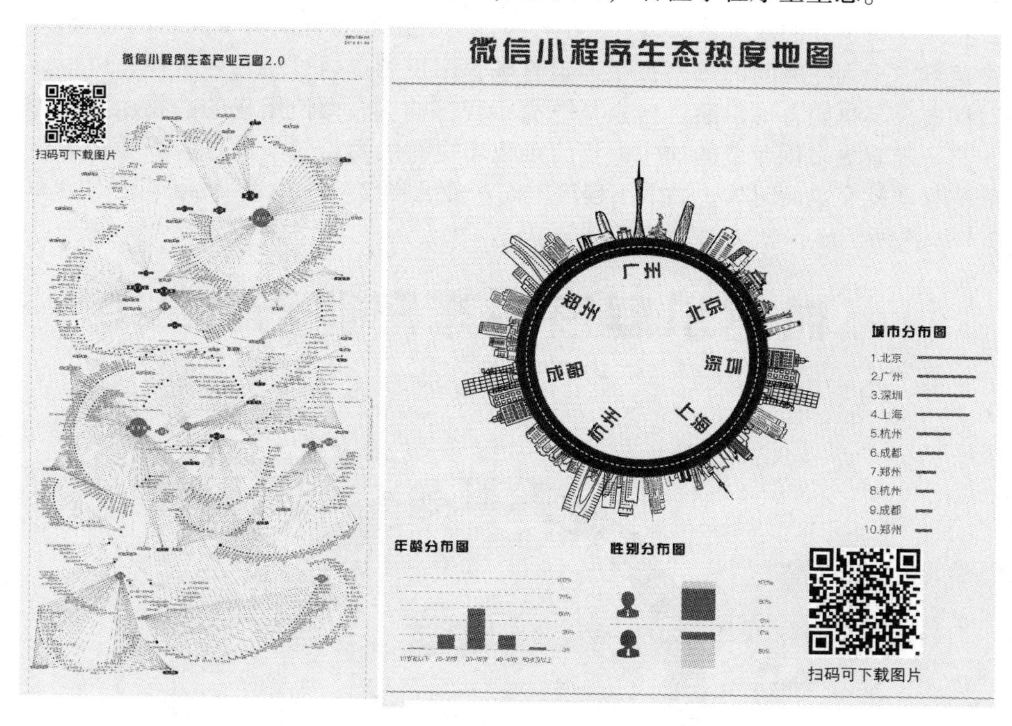

图 2-6　小程序生态产业云图 2.0

下面我们就从 8 个方面对“小程序生态产业云图 2.0”中的一些项目进行解读。

1. 电商、海外

（1）电商

电商可以说是小程序最先爆发的红利，或许这是连微信也没预料到的，但做产品的惊喜就在于此，总能在尝试迭代中发现新机遇。

小程序电商发展至今，主要可以分为两部分：内容电商与社交电商。内容电商的特点是原本就有大量公众号粉丝作为流量基础，小程序主要承担电商变现的任务，这类小程序的代表有：黎贝卡 Official、玩车教授、iDS 大眼睛、一条生活馆等。社交电商则弱化了内容驱动元素，转而充分调动微信社交力量和小程序能力，依靠微信社交关系链卖货。较具代表性的有：蘑菇街女装精选、唯品会、网易严选、拼多多等。

小程序电商之所以能首先爆发，有两个关键点：一是流量多，二是离钱近。目前淘宝的注册用户约为5亿，微信的月活用户在10亿左右，多出来的5亿用户正是电商争夺的新流量。再者，小程序能力逐渐完善，微信生态内的公众号、微信群、小程序之间的壁垒被一道道打破，用户可以通过小程序下单，可以通过朋友分享拼团，可以通过搜索某电商小程序购买，微信用户的购物途径变得丰富。随着更多创业者的加入，相信小程序也有能力带领电商进入以微信为代表的移动社交电商时代。微信小程序生态产业云图2.0中电商 & 海外生态分布如图2-7所示。

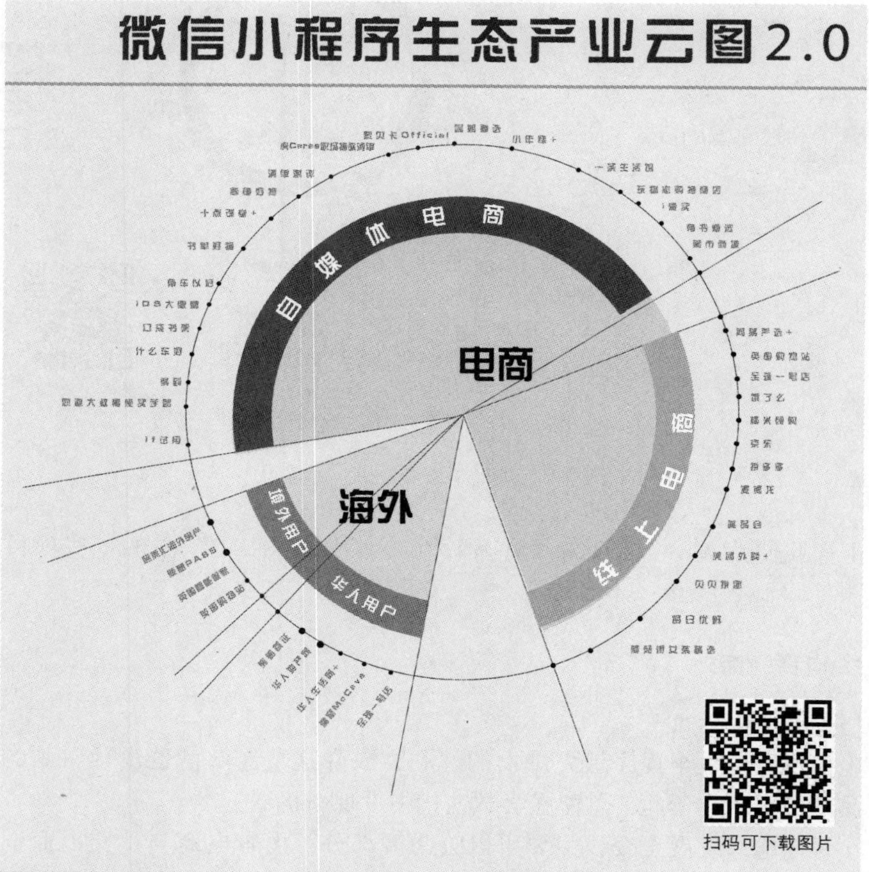

图2-7　电商、海外生态分布图

（2）海外

当 WeChatGO（微信出境游项目）覆盖范围越来越广，微信基于小程序这个工具推出的境外服务也越多。而除了官方的几个小程序外，由创业者们推出的为境外华人提供服务的小程序也逐渐显露头角。例如：

“境外用户”小程序，主要提供给境外旅游和生活的服务；“华人用户”小程序，主要针对即将出境或有涉及境外服务需求的用户，或同时服务境内与境外用户。

2. 媒体、小程序广告投放、出版物

（1）媒体

图 2-8 云图中将“媒体”部分分为三小类：官方、垂直媒体、厂商（厂商包括但不限于小程序各大第三方服务商）。大部分媒体都围绕小程序的推荐和资讯来展开，微信官方也有部分媒体资讯类公众号专注报道小程序动态。另外也有“造程序”这类专注推荐优质小程序模版的媒体，帮助没有技术能力的运营者快速拥有小程序。微信小程序生态产业云图 2.0 中，媒体、小程序广告投放、出版物生态分布如图 2-8 所示。

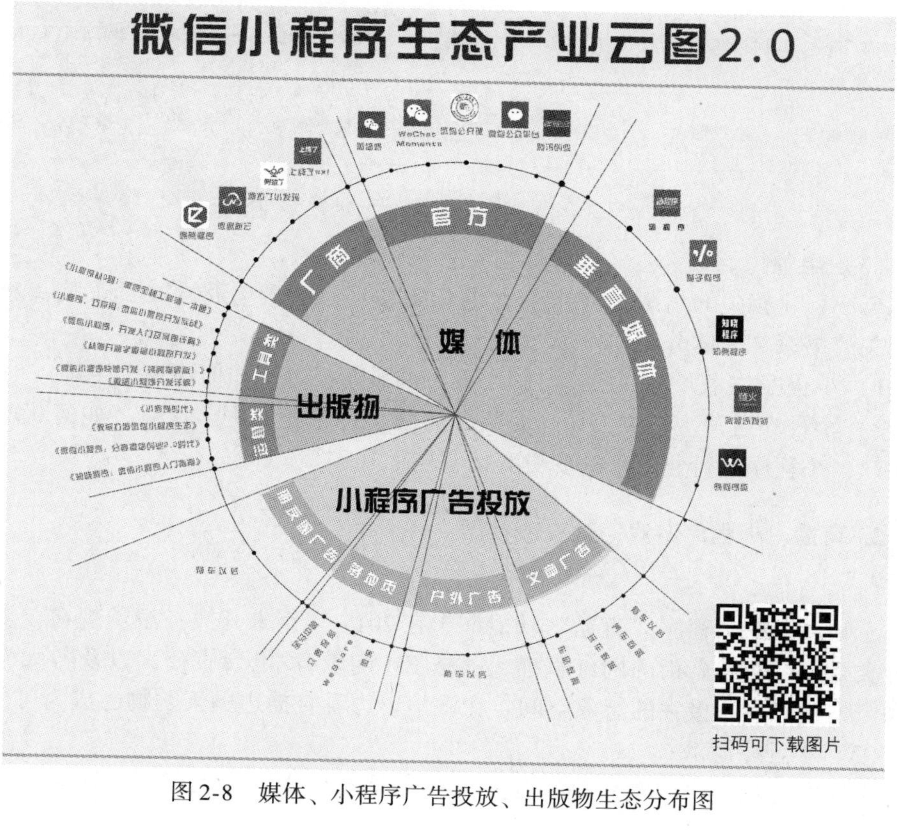

图 2-8　媒体、小程序广告投放、出版物生态分布图

（2）小程序广告投放

小程序推广需求衍生了小程序广告投放行业。目前，小程序广告投放形式共五种：公众号文中广告、公众号落地页广告、小程序广告、朋友圈广告和户外广告。

在广告这条商业链中，小程序既可以是流量主，也可以是广告主，开发者既可以通过广点通投放、户外小程序码展示来推广自家的小程序，也可以在自己的小程序中设置广告位，获得广告收益。整个小程序广告商业链也在小程序入口开放过程中渐成闭环（见图2-9）。

类型	落地	展示形式	价值	广告模式	投放机制	费用
「跳一跳」广告	小游戏	「跳一跳」基座	品牌曝光	CPD(按天收费)	官方招商	500万元/天
公众号底部 小程序落地页	众号文章底部	图片	品牌曝光 商品销售	CPC(按点击收费)	广点通	最低15元/千次曝光
公众号文中广告	公众号文章中部	小程序	商品销售 品牌曝光	CPC(按点击收费) CPM(按千次曝光收费)	广点通	最低0.5元/点击
朋友圈广告	朋友圈信息流	文字 卡片	品牌曝光 商品销售	CPM(按千次曝光收费) 本地门店服务 竞价排名	广点通	最低50元/千次曝光
小程序广告	小程序页面内	图片	品牌曝光 商品销售	CPC(按点击收费)	广点通	最低0.5元/点击

图2-9　为微信内小程序广告投放一览表

（3）出版物

与小程序相关的出版物在市场上也开始涌现，各大电商网站都可购买小程序相关的书籍，大体分两类：

1）小程序技术开发书籍，讲解小程序的最新技术，如何快速上手等。

2）小程序运营生态类书籍，介绍如何用小程序获取更多流量，如何获取更多用户，小程序给行业带来的变更等运营层面知识。

3. 直播、小程序游戏、社交或社区

（1）直播

千呼万唤的小程序“直播”功能终于在2017年年末开放，虽然现在仅支持部分类目，但对蘑菇街的网红直播、荔枝FM的教育/电台直播，以及各大游戏直播来说，都有着极大的想象空间。在微信里边看直播边聊天购物已成为可能。

（2）小程序游戏

小程序游戏（小游戏）是小程序的一个重要分支，毫无疑问，这会是小程序的爆发点之一。目前，小游戏已经对企业和个人开放，每个有能力的开发者，都有机会做出一款微信爆款小游戏。只要小游戏这个类目吸引的用户足够多，就会形成一个新的生态，小游戏开发商、小游戏投资者、小游戏媒体等角色。从现状来看，微信也给予了小游戏不少机会，除开放开发外，还支持道具内购和广告点击计费两种盈利模式。微信官方“跳一跳”还在品牌广告玩法上树立了榜样，以品牌曝光获得营收。总之，小游戏领域的想象空间着实不小，值得期待。

（3）社交或社区

小程序发布不久，便出现了一批为微信群服务的社交小程序，如群应用、群通知、群里有事、群空间助手等，解决了微信群以往消息太多刷屏，导致无法及时查看消息的痛点。包你说、包你拼等小程序结合微信红包玩法，提高了用户参与的积极性。社区类小程序可以很好地沉淀内容，是个人计算机时代论坛的小替代品（见图 2-10）。

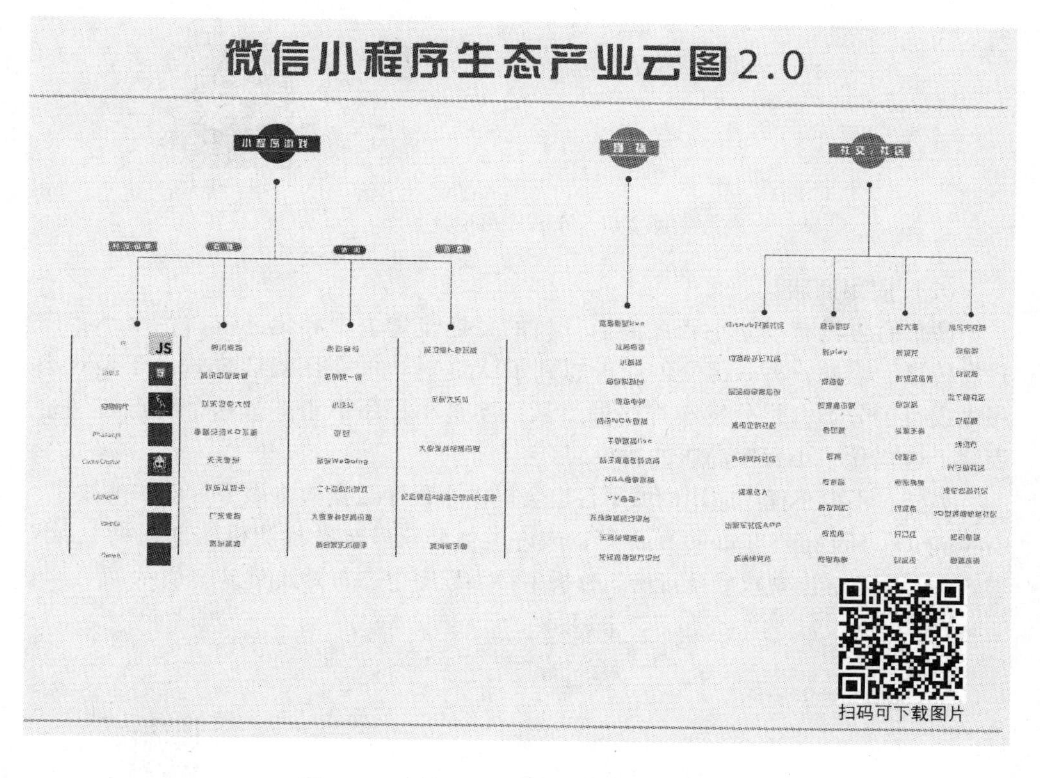

图 2-10　直播、小程序游戏、社交或社区

4. 小程序落地、应用商店

（1）小程序落地

自2017年4月17日微信官方宣布第三方平台支持小程序后，小程序第三方平台数量日益增长，许多App开发商纷纷拓展小程序开发业务线。另外，随着大众对小程序的认识越来越深，选择第三方模版与选择定制开发的用户比例越来越平衡（见图2-11）。

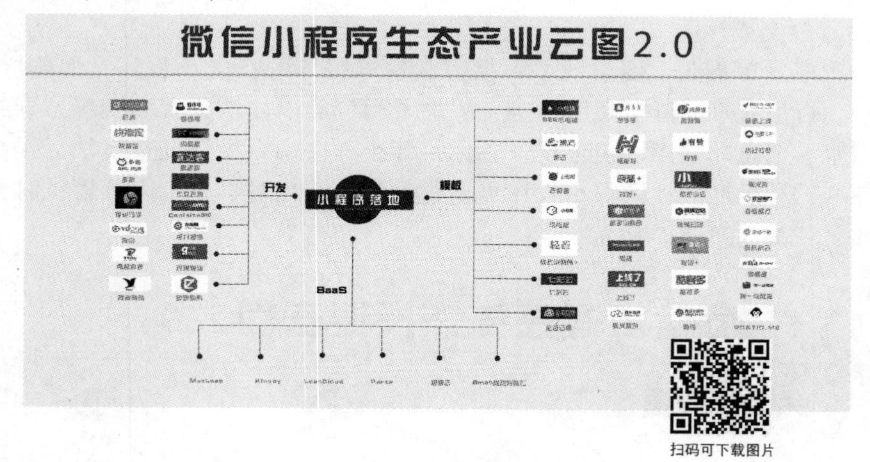

图2-11　小程序落地分布图

（2）应用商店

微信官方没有设立小程序商店，目的是把流量去中心化，依靠各个小程序自发传播。因此，有一部分创业者想到了App时代的应用商店模式，于是对小程序进行了分类，想分发小程序的流量，不过小程序不用下载这个特点在一定程度上也弱化了小程序商店的角色。

另外，不少小程序应用商城平台也会提供小程序数据检测服务。例如阿拉丁、GrowingIO、HotApp、TalkingData等，或许类似公众号统计检测机构“新榜”，小程序生态中也会出现权威排行榜。分析工具小程序生态布局如图2-12所示。

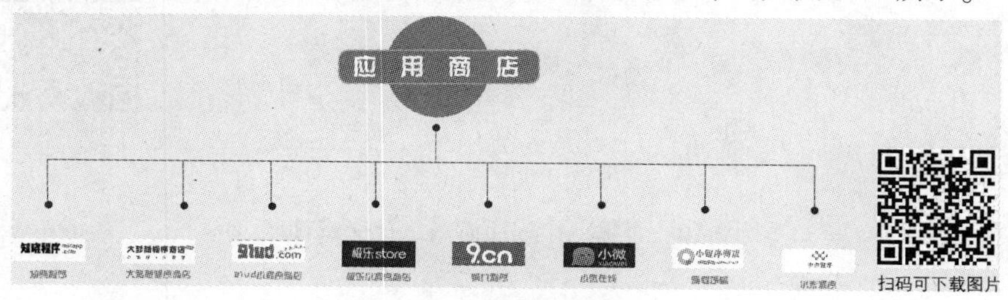

图2-12　应用商店分布图

5. 运营者

在“运营者”这个部分，分为腾讯、微信官方、互联网公司、组织机构、创业者、名人、奢侈品 7 小类，它们可以说是小程序价值的缔造者。

这些“运营者”大多是将小程序与各自行业相结合，诞生了吃喝玩乐、衣食住行、政务民生等应用于不同场景的小程序，极大地丰富了小程序的种类。随着微信越来越大力度地对小程序进行市场教育，腾讯也多次带着小程序走出国门，越来越多的组织机构、名人和奢侈品品牌都纷纷加入小程序的阵营（见图 2-13）。

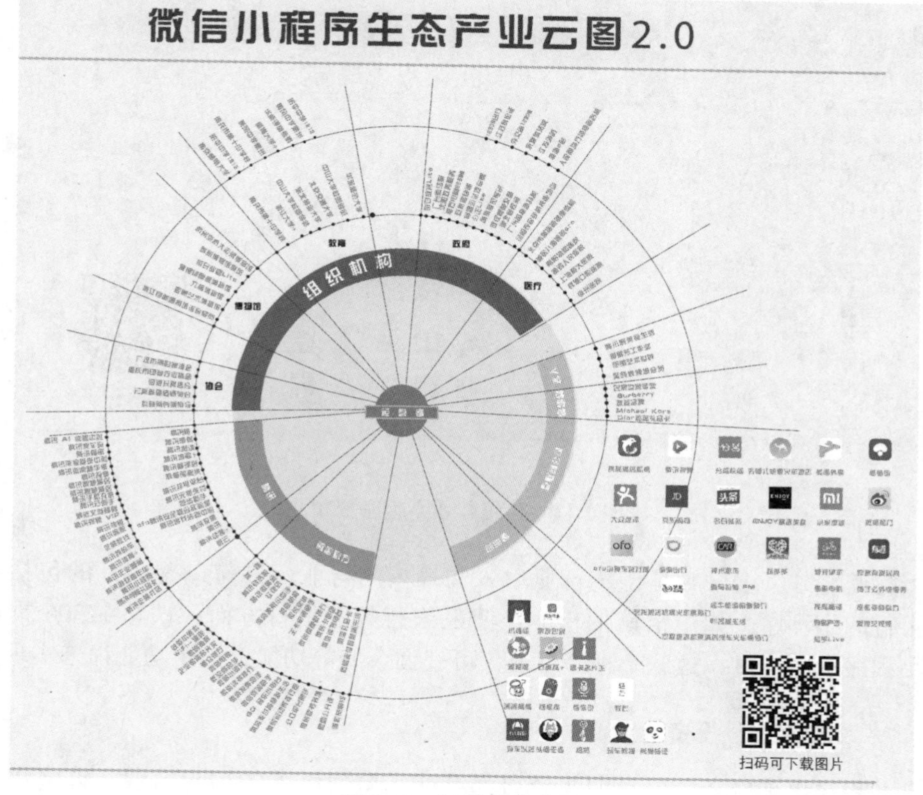

图 2-13　运营者分布图

6. 传统行业

结合线下场景应用，传统行业的小程序能大大提高原先的企业运转效率，餐饮行业不仅有像星巴克、麦当劳等连锁门店，而且一些具有互联网思维的餐厅、火锅店也快速应用起微信小程序，利用“附近的小程序”等功能，吸引客户到店消费，降低获客成本（见图 2-14）。

图 2-14　传统行业小程序分布

除此之外，金融类是传统行业中入驻最多的行业，目前口碑较好的包括各大银行的小程序，如中信信用卡 +、浦发银行等。出行方面，铁路 12306 推出了小程序版，不过，这款小程序目前仅可查询余票等功能，购票功能尚未实现。

7. 融资企业、投资企业

小程序出现以来，很多创业公司都看准了微信巨大的用户流量，许多爆款小程序都获得了资本的青睐。在 2017 年，仅公开披露的小程序融资额就已达 7 个亿。例如，“小电充电”连融 3 轮，融资总额近 4.5 亿；“小睡眠”“SEE 小电铺”“小打卡”等几十个小程序均获得资本青睐。

另外，也有类似阿拉丁统计这类小程序平台服务的公司，也获得了大量的资本支持。

我们还发现，主流投资机构都在密切关注小程序领域，包括 IDG 资本、经纬中国、真格基金、君联资本等知名机构。

不仅小程序行业的前景被资本看好，小程序围绕相关的行业也同样被青睐。一类是小程序服务平台，如小程序数据记录统计平台、小程序商店等。另一类是直接投资应用小程序，如“小打卡”等小程序。在没有新的投资热点出现之前，2018 年，资本对小程序的投入只会更加火爆（见图 2－15）。

图 2-15　小程序投资、融资情况

8. 开源项目

目前，有很多优秀的小程序开发者，将项目组件进行开源，这些优质的微信小程序开源项目库，方便移动开发人员找到自己需要的项目工具，使开发者无须重复开发基础组件。

开源极大地推动了小程序行业的发展，开源项目的数量也在一定程度上反映了生态的成熟度。随着小程序的日趋成熟，这样的项目库会越来越多，我们观察到的开源项目，大致有以下几类：

- UI 组件。
- 开发框架。

- 实用库。
- 开发工具。
- 服务端。

以目前小程序趋势看来，2018 年将可以看到更多的基于小程序的社交游戏，拉动小程序的全面普及，更多优质小程序也将涌现与各场景匹配（见图 2-16）。

图 2-16　小程序开源项目

2.2　小程序发展前景

小程序是继公众号之后微信的又一个重点项目。依附于微信这个超级 App，小程序天生就具有流量优势，获客成本也比较低廉。在传统电商平台渐趋饱和的状态下，小程序的出现使电商市场的原有格局被打破，新的生态创业机会得以萌生，而新的商业模型也在慢慢成形。

尽管小程序在上线初期被质疑，但不可否认的是，小程序的到来的确为各大企业、商家带来了新的商机。无论是在电商零售领域，还是在餐饮外卖等领域，小程序都拥有可观的发展前景。下面就将从小程序的50个入口、移动互联网出现新物种两方面来论述小程序的发展前景。

2.2.1 小程序的50个入口

随着不断迸发的小程序新能力，小程序的生态圈已逐渐成形，使用人数、入口数量与场景数量都在稳步攀升。为了让大家更清楚地了解小程序现状，本书整理了小程序发布至今的入口（含场景），其数量已达50个。

众所周知，小程序的主入口位于微信的“发现”栏，但实际上，小程序的入口总共可以分为以下七大类，而每一个分类入口里，都包含了多个小程序细分入口：

- “发现”栏主入口（7个）。
- 小程序自身入口（7个）。
- 搜索栏（5个）。
- 公众号入口（6个）。
- 二维码/小程序码入口（10个）。
- 微信场景内入口（9个）。
- 其他入口（6个）。

1. 主入口

微信的“发现”栏作为主入口，也拥有7个细分入口，如图2-17所示。

- 微信“发现”栏小程序主入口。
- 微信“小程序”服务通知。
- 微信主页顶部置顶入口。
- Android系统添加到桌面图标。
- 微信“小程序”中“附近的小程序”列表。
- “附近的小程序”列表广告（LBS推广功能）。
- 微信主页下拉任务栏入口。

2. 小程序自身入口

在使用小程序的过程中，也会发现小程序的入口是无处不在的，我们将这些较为特别的7个细分入口整理到了一起，如图2-18所示。

- 前往小程序“体验版”的入口页。
- 小程序Profile页。

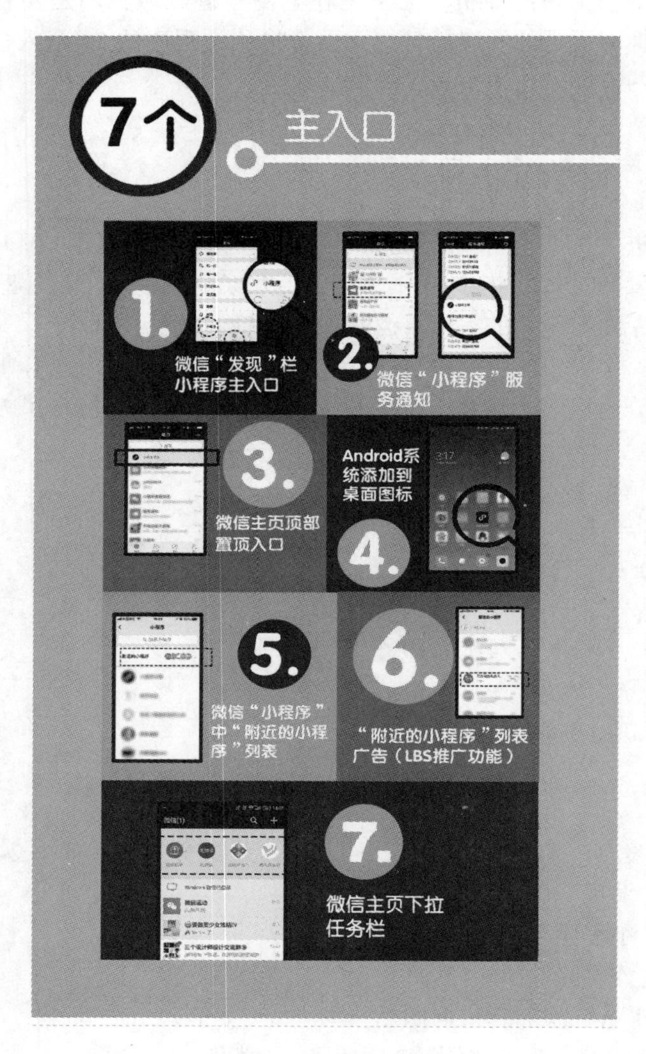

图 2-17　小程序主入口

- 带 Share Ticket 的小程序消息卡片。
- “体验版” 小程序绑定邀请页。
- 从小程序跳转到另一个小程序。
- 从另一个小程序返回。
- 客服消息列表下发的小程序消息卡片。

图 2-18　小程序自身入口

3. 搜索栏

人们已经逐渐形成在微信中“搜索”服务的习惯，而小程序便是一种“提供”服务的存在。所以，如今微信搜索栏的小程序入口越来越多，截至目前共有 5 个，如图 2-19 所示。

- 微信顶部搜索框。
- “发现” tab 小程序主入口下的搜索栏。
- “添加好友” 搜索框的搜索结果页。
- Android 系统 “发现” tab 中 “搜一搜”。
- 微信顶部搜索框搜索结果页中 “使用过的小程序” 列表。

图 2-19　搜索栏入口

4. 公众号入口

公众号最近与小程序的关联非常密切，入口与场景也越越来越丰富，共 6 个，如图 2-20 所示。

- 公众号详情页“相关小程序”列表。
- 公众号自定义菜单。
- 关联模版消息。
- 公众号文章。
- 公众号文章“广告”（含小程序落地页广告）。
- 公众号会话下发的“小程序消息卡片”。

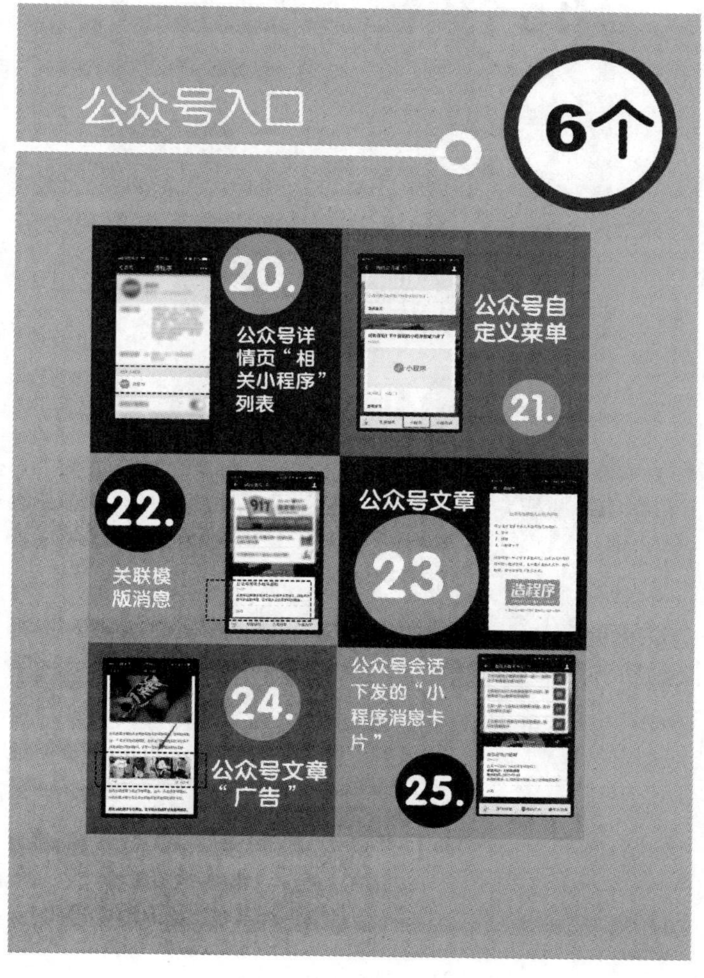

图 2-20　公众号入口

5. 二维码/小程序码入口

小程序码与小程序二维码的出现，让小程序的传播与使用场景更加丰富。目前二维码和小程序码的入口有10个，如图2-21所示。

- 扫描二维码。
- 长按图片识别二维码。
- 手机相册选取二维码。
- 扫描一维码。

图2-21　二维码/小程序入口

- 长按图片识别一维码。
- 手机相册选取一维码。
- 扫描小程序码。
- 长按图片识别小程序码。
- 手机相册选取小程序码。
- 二维码收款页面（微信指定小程序）。

6. 微信场景内入口

小程序的入口无处不在，目前，微信场景的入口已有 9 个，如图 2-22 所示。

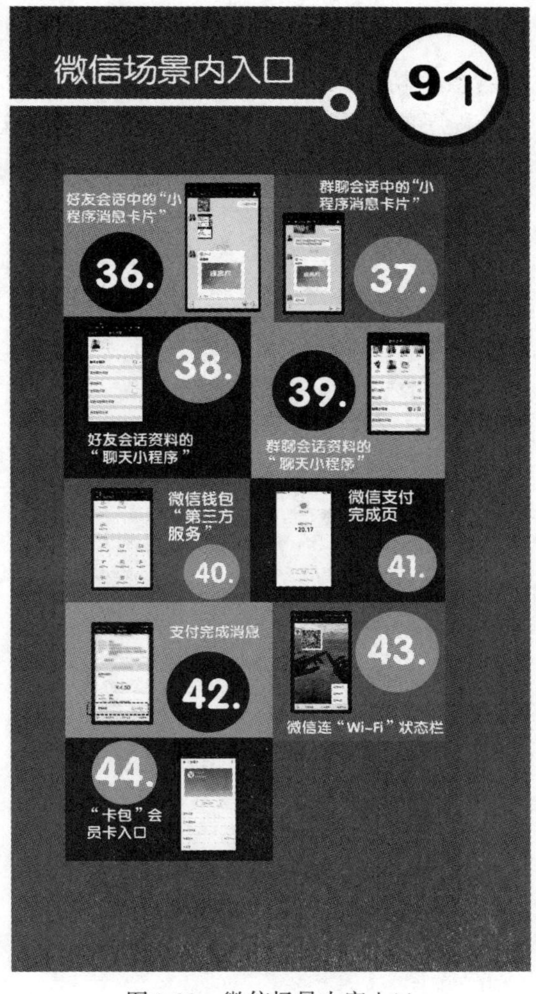

图 2-22　微信场景内容入口

- 好友会话中的“小程序消息卡片”。
- 群聊会话中的“小程序消息卡片”。
- 好友会话资料的“聊天小程序”。
- 群聊会话资料的“聊天小程序”。
- 微信钱包“第三方服务”。
- 微信支付完成页。
- 支付完成消息。
- 微信 Wi-Fi 状态栏。
- 微信“卡包”会员卡入口。

7. 其他入口

除了微信里大家熟悉的功能入口，还有一些五花八门的小程序进入方式，充分体现了微信对于小程序的使用场景布局。让我们来看看这 6 个意想不到的入口都有哪些，如图 2-23 所示。

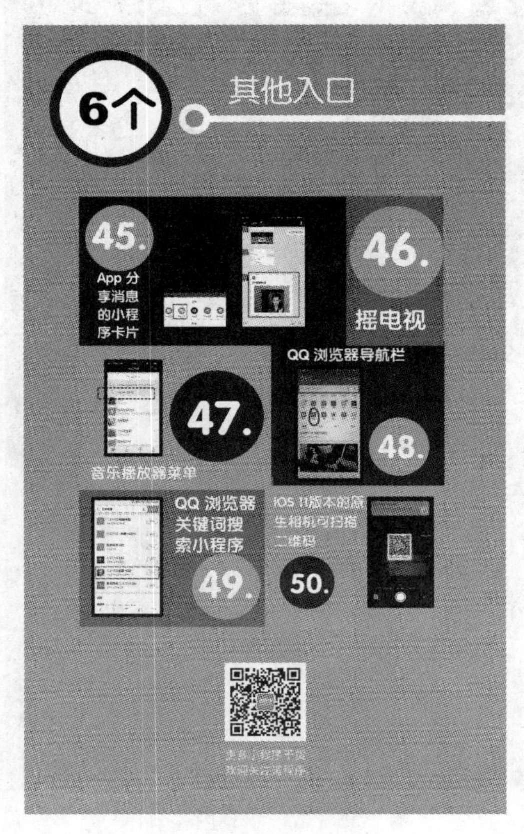

图 2-23　其他入口

- App 分享消息的小程序卡片。
- 摇电视。
- 音乐播放器菜单。
- QQ 浏览器导航栏。
- QQ 浏览器关键词搜索小程序。
- iOS 11 版本的原生相机可扫描二维码。

从以上列举的小程序入口中我们可以看到，微信对小程序的重视是史无前例的，其流量入口在未来也很有可能继续增加。如果将公众号和小程序都比作微信的“孩子”，我们会发现，公众号更像是个“放养的儿子”，任其自由发展，小程序倒像个“富养的女儿”，享受着微信的丰厚资源。如今，公众号的成功已可见一斑，在微信力量加持下，小程序的发展前景也值得期待。

2.2.2 微信互联网新物种出现

小程序正式推出之后，追捧声和质疑声一同到来。一个新物种的诞生，势必会引发多方不同的声音，一方看好，一方观望，一方质疑。

然而，就在小程序市场遇冷后不久，微信便在小程序上有了新动作。小程序的能力一次又一次地更新升级，流量入口也不断向广大开发者、用户等开放。小程序不负众望，再次发力，向各大企业、商家展现了它背后所拥有的巨大商机。不少快速崛起的小程序也开始崭露头角，不断带来令人振奋的消息，如群应用、小睡眠、小打卡等。

与此同时，各小程序第三方开发平台如“小官网”“有赞”等也开始向广大开发者提供多类小程序模版，包括餐饮、旅游、电商、零售等各大领域的模版。这些模版的提供，使得小程序开发的门槛得以大幅降低，各种类型的小程序层出不穷，小程序又重焕生机。其商业形态也在这个过程中逐渐成形。

成功度过了遇冷期的小程序，其发展前景也受到了更为准确的判断。越来越多的人开始习惯使用小程序，包括开发者、投资者也在不断入局。在资本市场中，小程序这个新物种将开始建立起它的商业形态。

一个有社交平台滋养出来的产品，小程序的骨子里带来了很多“新东西”，我们将其概括为“三新”模式，分别为以下（见图 2-24）三点：

1. 新的交互

小程序可以通过微信自带的入口以及群分享功能，通过线上还原线下场景这样一种吸引人的方式，给用户带来更多的互动与娱乐。

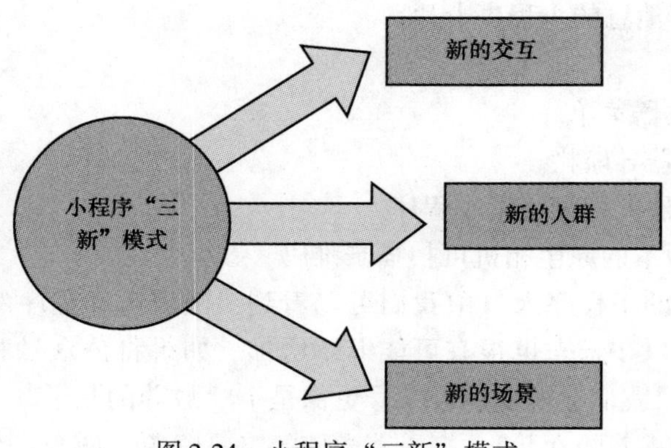

图 2-24　小程序“三新”模式

2. 新的人群

小程序的出现极大地降低了生产门槛，任何人都可以利用小程序做一个小店铺，包括电商、内容、工具类产品，以线上场景思维发挥个人优势去打造产品，吸取用户。例如，做养生的商家每天为用户提供一条养生类音频，也能实现用户的快速增长。

3. 新的场景

小程序上线初始，主推的是“Location”属性，赋能线下商家在线触达其用户。例如，一个“美容院”老板，可以通过“店铺 + 社群 + 小程序”的模式，持续耕耘自己的一亩三分地，在这种形态中，可以帮助线下商家更好地用好“微信能量”的机会。

可以说，小程序这一新物种的出现，为构建新的商业形态带来了四大价值，分别为入口重建、关系重构、场景激活、连接一切，如图 2-25 所示。小程序是肩负着连接人与服务的责任而诞生的，它将在原有基础上，进一步改善人与人、人与服务之间的关系。而线下与线上的场景也正是因为小程序而得到了更好的

图 2-25　小程序四大商业价值

连接。例如，小程序中“附近的小程序”入口让用户从线上来到了线下，又如共享单车通过小程序扫码完成线上线下的闭环。

当一个具有创新性的新物种出现在大众视野中时，人们总会不自觉地以一种原有的主流观念来对其评头论足，这几乎是每一个新事物从诞生到被接受的必经之路，小程序也是这样。但小程序并没有辜负众人一开始的期望，在更迭迅速的移动互联网中杀出了一条血路。

不同于传统的App下载安装概念，不同于传统的流量获取方式，不同于传统的商业模式……出现在移动互联网中的这一新物种——小程序将成为现在以及未来商业领域中一股不可阻挡的新势力。

2.3 小程序生态中的创业机会

从“小程序产业云图2.0”中，我们已经能看到诸多小程序创业机会。从哪些方向入手更加合适呢？本节将从互联网产业及微信生态两个角度分析，小程序生态中有哪些创业机会。

2.3.1 从产业互联网化程度看创业机会

如图2-26所示，各产业互联网化程度及阶段的横坐标表示各行业的互联网化阶段，纵坐标为互联网化程度，越靠近右上角的行业，被互联网新事物替换的可能性就越大。从图2-26中可以看出，在基础服务中，信息服务及工具应用领域小程序，也有可能替代一些低频的工具类App。

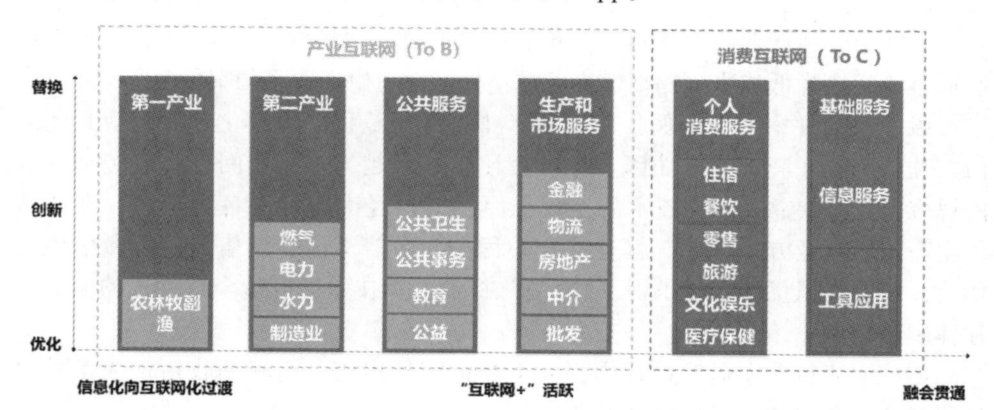

图2-26 各产业互联网化程度及阶段

以前，小团队做产品时会经常羡慕腾讯，因为它们有着“插根扁担也能开花”的产品土壤。现在，借助小程序平台，相信只要找到合适的场景，第三方开发者也有可能开发出像微信红包这样的应用。

个人消费服务是微信目前重点关注与支持的领域，从产业角度看，也属于“互联网＋活跃”领域。做一个大胆的假设，未来，衣食住行、吃喝玩乐等生活服务的门店都会有自己独立的小程序，以小程序码、附近的小程序为入口，结合微信支付、微信卡券就能形成自己的服务闭环。

另外，从腾讯的发展来看，“连接”一直是它的关键词。微信一开始做的是社交，是“人与人”的连接。但微信生态发展起来后，我们发现“人与信息”的连接变紧密了。小程序的出现，会让“人与服务”进一步连接起来。每次新技术的出现，都会加大各产业互联网化的步伐，而这恰恰也是小程序创业者的机会。小程序连接个人消费服务如图 2-27 所示。

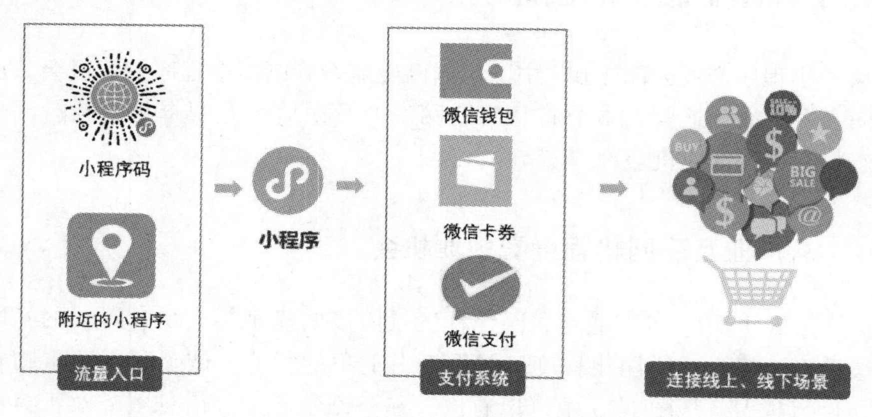

图 2-27　小程序连接个人消费服务

事实上，在产业图中靠近替换位置的“住宿”“餐饮”“零售”，目前都已有通过小程序降低成本、提高效率，重塑生产力与生产关系的案例。

以“酒店住宿”业为例，目前酒店业正从规范化、规模化过渡到智慧化阶段，互联网化在酒店业成功因素中所占比重越来越大。互联网化不仅包括互联网思维，也需要靠互联网技术去实现。而微信已经准备好了各种接口，在“微信生态酒店行业方案”中，就有结合小程序、微信支付、微信卡包等微信生态能力，以及腾讯优图人脸识别、“魔镜”机器人等技术，打造全自助式的酒店入住体验的案例。

传统酒店行业在运营过程中，人工登记容易出错，高峰期收银员人工处理流程复杂，顾客住完就走再也不来……

借助微信生态和小程序的能力，就能解决上述所有问题，入驻时扫码办理，刷脸认证，用小程序实现自助选房、支付房费等全套入住流程。离店时，可通过小程序在线确认账单，结算消费金额，自动退还押金，获取电子发票，省事省时又省力，和传统酒店相比，无论是效率还是成本，都得到了改善。传统酒店与微信生态酒店效率对比如图 2-28 所示。

传统酒店	对比	微信生态酒店
300s	入住办理时间	30s
900s	退房办理时间	4s
X	会员转化率	5X
Y	前台人工成本	50%Y

图 2-28　传统酒店与微信生态酒店效率对比

“餐饮业”也有类似案例。例如，通过一个小程序码扫一扫下单，就能免排队、免叫服务员点单，不但可以降低餐饮业人工成本、提高效率，而且不容易出错。对消费者来说，用户体验也能得到提升。目前，线下餐饮店如汉堡王、麦当劳等都推出了自己的点餐小程序。

总之，个人消费服务对互联网化接受度高，在互联网环境中成长起来的“90 后”一代，已经习惯了“快”而不适应“慢”，如果你所在领域恰好处于衣食住行、文化娱乐等相关 2C 行业，相信入局小程序会是个不错的选择。

小程序不仅在 C 端领域有创业机会，在 2B 产业也能带来一些功能的创新与体验的优化。从目前已知的小程序来看，公共服务、生产和市场服务等行业接入小程序的速度非常快。

例如，腾讯交通出行类小程序“腾讯乘车码”，用户只需扫一扫就能乘坐公交、地铁，费用自动通过微信支付扣除。这对经常旅行、出差，忘带交通卡的人来说就很方便，不需要排队买票，也不需要提前准备零钱，就能体验扫码乘车的便捷。

另外，像法院、医疗这类公共服务，如今也因接入小程序，节约了大量人力财力成本，本书案例篇也有相关专题介绍。所以，对有能力的第三方小程序服务商来说，2B 产业也值得关注。

2.3.2　从微信生态来看创业机会

微信小程序自公布的那一刻起，就备受瞩目，其间很多传统企业也希望依靠小程序成功转型。因为一直以来都是产品先行的腾讯，此次对小程序的发布显得尤为重要。腾讯每一款战略型产品的推出，都代表着一个新的时代到来。从公众号到微信支付，再到如今的小程序亦然。

小程序上线时，微信已经是一个“应用 + 媒体 + 电商 + 社群 + 社交”五位一体的统一入口。那么，微信小程序将会带来哪些新的创业机会？我们可以从微信生态现有的部分整理出一些思路。

1. 公众号 + 小程序

公众号的本质是媒体，更大的属性是单向信息交互，如果想要和用户有内容以外的互动和交流，尤其在实现其商业价值的过程中，都受到较大的限制。而小程序的本质是应用，但在微信生态里，将小程序定义为一个独立的工具或许不完全正确，毕竟小程序自己能产生的流量是有限的。

如果使用“公众号 +”逻辑，将小程序当作公众号的附加能力，去实现一些内容以外的功能和价值，将传播的事情交还给公众号，或许更现实。

举个例子，汽车垂直领域新媒体头部公众大号“玩车教授”，2014 年创立，到 2016 年 7 月估值已达 7 亿。小程序面世后，“玩车教授”将一些复杂的产品信息展示交给小程序，在公众号中插入该产品的小程序卡片，点击进入即可查看该产品全方位的讲解，如图 2-29 所示。这样不用再长篇大论地将一辆车的参数、报价、口碑等信息堆在文章里，极大地提高了文章效率与用户体验。使用这个方法后的“玩车教授”，整体流量提升了 400% 。

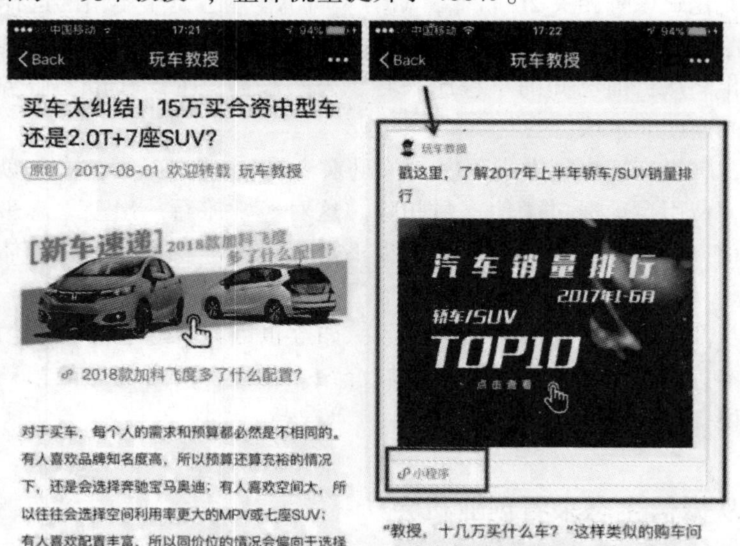

图 2-29　玩车教授公众号 + 小程序

从微信 H5 的发展历程中不难看出，在微信这个闭环生态内对“互动”与“应用”是存在真实需求的。小程序提供基础规则，它更需要的是适应规则的造物者。

2. 社群经济

微信在本质上是庞大人群基于现实关系构成的复杂社群，包含了1 对1 信息交互（即时通信）、群体信息交互（群聊）、单向信息交互（公众号）和商业交互（服务号、微商）。

朋友圈的病毒式传播、社群的高感染度，都是以往移动分发时代所没有经历过的需求体。微信生态内以信息交互为基础构成的新需求，以及小程序所带来的新供给，形成一种全新的价值关系。

以微信群为例，做好一个社群并非想象中那么简单，初期拉人入群不是难事，困难的是在漫长的社群管理过程中，如何才能保证群成员能围绕某个主题持续交流？如何将社群价值最大化？管理者是否能长期细心维护？这些都是社群的痛点。

而小程序在社群建设上是可以起到一定的积极作用的。如用户量已达千万级的“群应用”小程序，提供了签到、名片、开发票、发起约会、资源共享、群相册等功能，这些都是社群常常会使用到的功能，仅靠单纯的聊天记录，会变得非常散乱。

“群应用”小程序不仅提供了基础群整理功能，在发现中还有不少以活跃群为主的群玩法。例如，“谁暗恋我”经用户分享至群，可以暗恋群友，也可以接受群友的暗恋，相互暗恋就能匹配成功。这种类似玩法很容易拉近群友的距离。群应用群玩法示例如图 2-30 所示。

图 2-30　群应用小程序

“群应用”小程序根据社群特征与用户痛点，将这些需求整合到一起，丰富了微信群的交流形式，社群的生命力自然得以延续。如何满足微信生态的需求，或者说如何满足微信用户的需求，或许比弄懂如何用一个“小程序”打动单一用户重要得多。

3. 社交电商

微商→微店→H5 商城→小程序电商，微信的商业形态在不断进化。但对比微商的个人化，微店的“半路夭折”，H5 商城的深入口，小程序这个基于微信环境的产物，拥有着“触手可及”的特性，而且目前小程序入口已多达 50 个，或许它才是真正适应微信的社交属性电商工具。

“拼多多”通过社交分享的“拼团”模式，硬生生地在已经是红海的电商领域杀出了一片蓝海：上线一年 8000 万用户，两年拥有超过 2 亿的用户，获得了远超电商行业平均水平的成长速度，直接将行业带入了社群时代。2017 年也因为“拼多多”模式的火爆，让业内各巨头和其他竞争对手们纷纷跟进，成为“社交电商元年”。

“拼多多”创始人黄峥曾表示：目前，相比较纯内容形式的普通文章，电商所具备的较长的供应链，决定了要表达清楚电商产品特点，就需要更复杂的内容展现形式。而小程序提供了更丰富的界面，不论是图形展现还是互动方式，都比原来的 H5 更流畅。未来，电商也会从纯搜索式转化为契合不同场景的形态，小程序正好为用户提供短时、高频的应用场景需求。

综上所述，在微信生态中做电商，如何将社交属性与电商融合是最基本的原则。

4. 小程序 + 线下场景

阿里巴巴 CEO 张勇曾提出一个关于新零售的观点：“围绕着人、货、场（场景）中所有商业元素的重构，是走向新零售非常重要的标志，未来的线上线下商业是人货场的融合。”所以，小程序还有一个“重量级”的流量入口：线下使用场景，如图 2-31 所示。

图 2-31　马化腾使用“腾讯乘车码”乘坐广州地铁

微信小程序里的“附近的小程序”功能，以及近日“附近的小程序”里再次增加了三个细分行业标签，体现微信在提高用户在线下场景使用小程序频率方面的决心。基于线下场景的小程序，其想象空间非常大。先抛开传统行业不谈，横空出世却又备受争议的共享行业：如共享单车、共享充电宝、共享雨伞等，都是基于线下使用场景衍生的新需求。

而这几个共享行业新物种，都曾使用小程序创造出不菲的成绩。传统行业方面，如餐饮、旅游、服装、婚庆、家居、教育行业等，几乎都可以让小程序大展身手。与高门槛的 App 和美团 App 类流量中心化平台对比，小程序试错成本更低，流量也不会被平台“独吞”，而是真正地拥有自己的品牌与影响力。

5. 小程序上下游生态

自从 2017 年 4 月 17 日，微信开放第三方平台小程序授权托管权力后，小程序第三方服务商开始如雨后春笋般纷纷出现（小程序管理员将小程序授权给第三方平台后，该平台可帮助小程序进行代码开发与账号管理）。

小程序第三方模版、专做定制开发的外包商、行业生态媒体、行业数据统计平台等，都是由小程序衍生出来的。新物种在创始阶段，必然会经历多种不适应。这时候抓住短时间的痛点，提供有针对性的解决方案，不失为创业者的良方之一。

总之，小程序未来是生态，也是生态的一部分。有生态就会有食物链，就会给新入场者以机会。也许有人会说，我不会写代码，也不熟悉互联网行业，小程序创业跟我有什么关系？但不妨回头看看，几年前的公众号，近几年的 H5，各种微信花式传播玩法出现时人们的态度，实际上与如今的小程序相差无几，而这些领域已是一片红海。

这是微信的魅力，它把我们带入了一个新的时代而让我们浑然不知。未来的我们再去看小程序，或许就是此刻的我们回头看公众号一样的心情了。

2.4 哪些因素将影响小程序的发展

小程序给我们带来了很多新机会以及新创业风口，在这个市场里，我们确实也看到不少中小企业的快速崛起。例如，“群应用”小程序，在没有任何市场推广投入下，“群应用”的名片功能在无数个微信群中刷屏，上线 12 天用户破百万，29 天用户突破 300 万，目前用户已达千万级，月活超过百万。“小睡眠”小程序上线 3 日便积累用户超 100 万，截至 2017 年 9 月，其覆盖用户超千万，月留存率达到 35% ~40%。“朋友猜猜”小程序发布一个小时，其 PV（Page View，页面浏览量）达到了 20 万。

滚滚而来的流量红利，随之介入的资本力量，使小程序成了令人期待的赛道。小程序的前景可观，但仍有一些因素影响着小程序的未来发展。

1. 与苹果公司的博弈

从“应用号”改名为“小程序”开始，就透露出微信与苹果公司博弈的痕迹。微信做小程序，在某种程度上和苹果公司的 App Store 地位相当，而对苹果公司来说，难以容忍微信动它的蛋糕。

据外媒报道，仅 2017 年上半年，苹果 App Store 就实现营收 333 亿元，比 10 年前应用商城的总收入还高 4 成。如此丰厚的利润，奉献最大的自然是开发者。可是苹果 App 开发者之间贫富差距悬殊，1% 的大型应用开发商占据了 93% 的营收，两极分化自然会促使开发者选择其他变现路径。这时候小程序的出现就是一剂强心药。

微信坐拥 10 亿月活，已从一款社交应用发展成为包罗万象的生态系统，且极具影响力。有了这些优势，开发者成群结队来玩小程序也就成了自然而然的事。可以想象得到，当小程序开发者越来越多，不断有爆款产品出现的时候，就会让大量中小型应用开发者焦虑并被动。这可能会影响到部分开发者对于 App Store 的时间精力投入而间接让苹果的软件生态规模与营收受到影响，只不过从短时间来看，它的影响还不会太大。

但两者的相互制衡已经延缓了小程序的一些发展进程。例如，在小程序中发布游戏、虚拟物品购买等功能均尚未开放。未来，微信最大的可能是在和苹果公司的博弈中相互妥协，再博弈再妥协，导致一些能力不被开放，一些运营方向不被允许，以至于小程序可能成为真正的“小”程序。

2. 国家政策法规

自上线以来，不少小程序因为类目涉及特殊行业所需资质材料，导致停止更新或是下线。遇到最多的是社交论坛类目需要《增值电信业务经营许可证》或《电信与信息服务业务经营许可证》。“玩社群”“头脑王者”等优秀小程序产品下线。

此前，微信平台对涉及假货高仿、色情低俗和违规“现金贷”等超过 2000 个小程序，进行永久封禁处理，打响了加大监管力度的第一枪。随后，投票类小程序下架、红包类小程序被禁封，所有涉及 UGC（用户原创内容）内容的小程序，都提心吊胆。微信提出了要遵循互联网管理服务的“七条底线”和“九不准”，如图 2-32 所示。

除了互联网管理服务的规定，开发者更需要注意的是“微信红线”。在《微信小程序平台运营规范》中，微信对小程序有明确的审核规范，以下几条是开发者最易触碰的，需要留意：

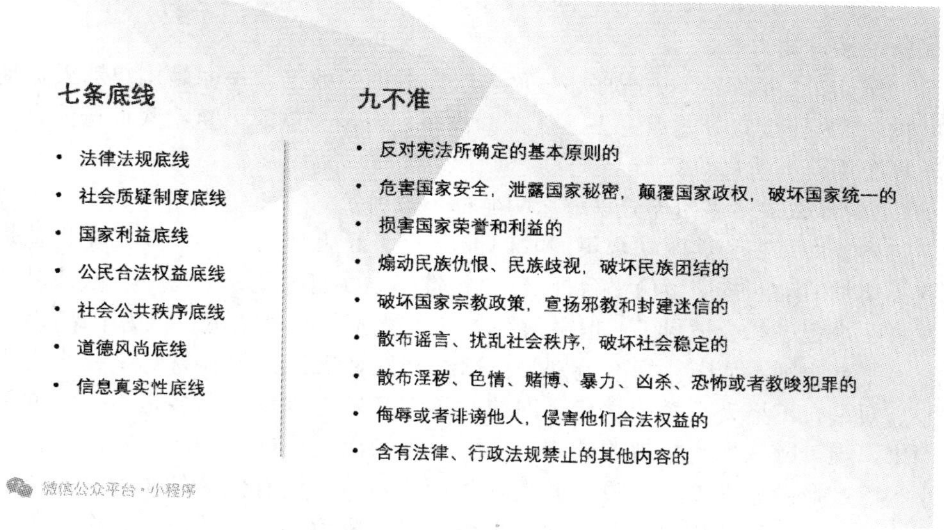

七条底线

- 法律法规底线
- 社会质疑制度底线
- 国家利益底线
- 公民合法权益底线
- 社会公共秩序底线
- 道德风尚底线
- 信息真实性底线

九不准

- 反对宪法所确定的基本原则的
- 危害国家安全，泄露国家秘密，颠覆国家政权，破坏国家统一的
- 损害国家荣誉和利益的
- 煽动民族仇恨、民族歧视，破坏民族团结的
- 破坏国家宗教政策，宣扬邪教和封建迷信的
- 散布谣言、扰乱社会秩序，破坏社会稳定的
- 散布淫秽、色情、赌博、暴力、凶杀、恐怖或者教唆犯罪的
- 侮辱或者诽谤他人，侵害他们合法权益的
- 含有法律、行政法规禁止的其他内容的

微信公众平台·小程序

图 2-32 “七条底线”和“九不准”

- 不得出现诱导类行为，包括诱导分享、诱导添加、诱导关注公众号等。
- 不得存在恶意刷量、刷单等行为。
- 不能存在测试类内容，如算命，抽签，星座运势等。
- 主要用途不能为营销或广告，图片中不得包含广告和网址。
- 不得存在对用户产生误导、引发用户恐惧心理的内容。
- 不能传播虚假、欺诈类信息，不得包含骚扰和垃圾信息。
- 不得传播违反国家法律法规的信息。
- 不能存在误导腾讯与该小程序有任何合作、投资、背书关系的内容。

另外，由于小程序在人际传播中的快速和隐匿性，不容易监管。目前，政务、医疗、金融、社交、文娱等涉及金钱、传播、卫生安全的多个类别小程序需提供相关许可证、ICP 备案等文件。虽然小程序的开发成本低，但无论如何都是开发者的心血，所以多留意平台规则，找到平衡点，才能促进小程序行业的健康发展。

3. 公平对待开发者

在公众号时代常常能听到公众号的运营者吐槽：运营规则模糊，诱导分享、诱导关注双重标准。小程序时代，平台的公平性可能面临更大的挑战。“匿名聊聊”的联合创始人栗浩洋在遭遇封停时的吐槽文章让许多开发者感慨之余，心有戚戚。

例如，“王者荣耀群排行”小程序，作为腾讯的“亲儿子”，天生就拥有更完备的接口能力。

例如，“拼多多”小程序，一面是耀眼的电商数据，一面是用户铺天盖地的吐槽：“为什么我只是点进去，什么都没买，拼多多就能一直给我推送消息？这不算滥用模版消息吗？”

“为什么拼多多诱导分享那么明显都不被封？”

再如由京东和美丽联合集团共同推出的“好店微选”小程序，在其首页设置了集赞活动。按照微信平台规定，“集赞”是实打实的诱导分享，换成其他开发者，小程序都会被封了，但微信对“好店微选”的“惩罚”仅为下架该活动。

平台规则不清晰，标准差别大，这对开发者来说，很容易对小程序失去信心。对平台不抱太大希望之后，即使有再多开发者进场，也多是为了短期利益而来，抱着赚一批流量就跑的心态，不可能做出优质的小程序。随之引发的是小程序产业的恶性循环：没有开发者肯用心对待，没有优秀的小程序产品，没有用户愿意参与使用。长此以往，小程序终会成为鸡肋。甚至对整个微信生态来说，也将留下不小的负面影响。

只有做到平台规则清晰，不分大小、不分亲疏，公平公正地对待生态上的每一个开发者，打消开发者、行业、资本的顾虑，小程序生态才能繁荣，这或许才是小程序成败的关键因素。

开　发　篇

第3章 小程序产品定位分析方法

如今,“如何做一款小程序”已经不是问题了。随着小程序的能力升级,很多企业也开始更加关注如何做好、做大小程序。对于小程序开发的目的,我们大致可以划分为以下三类:

- 想用小程序进行网络营销(品牌展示宣传等)。
- 想用小程序承载服务(预约、点餐等)。
- 小程序创业(小游戏、创新型小程序等)。

在这三类小程序中,前两类占了大多数。大部分企业开发小程序就是为了更好地在微信中获取流量红利。小程序对企业来说,既可以是一个用来配合线下展示用的官网,也可以是一个能承接服务的应用。以小程序为连接点,通过“线上+线下”融合的方式,吸引并拓展更多的资源。

对产品来说,开发一款小程序不仅要承担企业任务,还需要具有符合小程序的特性,符合用户使用习惯,便于用户快速理解等特征。一旦用户能快速明白该小程序的类型、小程序的使用方法等,小程序被普遍使用的概率就会增大。而实现这些目的的关键之一,在于小程序的精准定位。那么一个企业在开发小程序时应该如何定位呢?本章就为小程序开发者介绍三种小程序产品定位分析方法,包括需求分析、目标人群分析和竞品分析。

3.1 需求分析:找出痛点,明确用户需求点

在人们普遍对新事物需要一个接受过程的情况下,小程序作为一个新事物,该如何让人们快速接受它,把人们变为小程序的使用者呢?这就要求开发者对

小程序进行需求分析。需求分析的目的就在于明确用户的需求点，让小程序可以直接切入用户痛点，引发情感共鸣，获得超高的用户使用率。

下面将通过关联性分析、定性访谈分析、聚合统计分析这三种需求分析方法，论述在小程序的开发阶段该如何进行有效的需求分析，让需求分析真正起到作用。

3.1.1 关联性分析：能干什么，不能干什么

互联网时代让很多事物都达到了互联互通的目的，有时一个新产品的出现，就会引起整个市场的变化。特别是微信，它的每次大动作都有可能颠覆一个时代。例如，微信推出的“朋友圈”功能，改变了国内社交网络的格局；微信推出的“微信支付”功能，改变了国内移动支付的格局；微信推出的“微信公众号”功能，改变了国内内容产业的格局。那么微信这次推出“小程序”，将会改变国内的什么格局呢？

从目前市面上的小程序类目来看，小程序已经赋能各行各业，已不仅仅是眼球经济。五花八门的小程序之所以会深入我们生活的方方面面，归根究底还是解决了用户的痛点需求。所以小程序开发者一定要先明确用户的痛点需求，这一点对大型企业来说更加重要，毕竟大企业所涉猎的业务层面太多了，这就要求小程序开发者必须挖掘核心点，依据侧重点开发相关小程序，从而建立起自己的匹配效益，突出自己的特色。

如何利用小程序的功能，将小程序的功能与产品的特点相结合，从而借助小程序在日后的推广活动中更好地实现推广和盈利。例如，一家快餐店的店主想要开发一款快餐类小程序，这类小程序开发的重点是要突出点餐系统，而对于线下零售类小程序来说，则要突出电商功能，让顾客能够更加方便地选择商品。行业不同，开发的小程序定位也不同。

所以，在开发设计小程序之前，开发者一定要多看多听，明确你将要开发的小程序是什么类型，属于哪个领域，是餐饮类小程序？还是出行交通类小程序？又或是其他类别？还要清楚你所开发的小程序能干什么，不能干什么，毕竟小程序基于“小”的特点，不能承载太多的复杂功能。下面以美容院行业小程序为例，讲一下小程序开发者如何进行关联性分析。

在一般情况下，开发一个适合美容院使用的小程序时，开发者要先分析商家目前存在的问题。比如，一家美容院在服务高峰时，常常因为到店顾客太多，床位或技师不够，导致客户流失。在这种情况下，给用户提供一个可以在线预约到店的时间、预约技师的功能就是实现错峰服务到店客户的关键，如图 3-1 所示。

图 3-1　服务预约小程序示例

小程序开发完成后，用户可以通过“附近的小程序”或线上好友分享进入美容院商家的小程序。用户在下班路上预约一个水疗按摩服务，到店即可享受服务。这样对商家来说免去了接听电话预约环节，降低了人力成本；对用户来说也节约了等待时间，提升了体验。

那么这样的一个美容院服务预约小程序，是否要增加美容资讯等内容呢？其实是不必要的。对用户来说，这个小程序最主要的就是服务预约功能，用户点开这个小程序的目的很明确，想预约美容服务，开发者只需在最短的时间内帮助用户解决问题即可。资讯类内容，完全可以放在公众号中。相比而言，这样一个 O2O 类小程序，嵌入服务管理系统更为重要，可以帮助商家快速处理服务预约信息，进行核销管理。

从这方面来看，小程序开发者要有关联思维，找各类小程序在功能方面的共同点，剔除冗余功能，添加新功能，这样不仅会让自己省不少心思和精力，而且还可以让自己有更多的时间优化功能、创新功能。

从以上案例可见，小程序开发者在开发某一功能时，一定要选定某一个用户场景，弄清楚你要解决用户什么样的问题，不能什么问题都想解决，让自己的小程序什么都能干，这样不仅违背了小程序“简单”的定位，也会将用户的需求弄乱。所以，小程序开发者在开发小程序的时候要先给自己定好位，不要设计太复杂的功能，你所开发的小程序，只需要能够解决用户需求的一个核心功能即可。

3.1.2 定性访谈分析：能帮助用户解决什么问题

小程序发布了这么久，除了身在行业里的人，到底有多少用户真正知道如何使用小程序？为此，编者公司的猫妹采访了很多小程序的重度用户，包括线下服务业、在校大学生、全职妈妈等角色。到底普通C端用户是如何看待小程序，有哪些想法，小程序是否能真正解决他们的痛点呢？下面整理出5个较有代表性的回答：

1. @昭昭baby 26岁，女，广告公司

猫妹：您平常会用哪些小程序呢？

@昭昭baby：一开始，我会用一些到店支付类的小程序，后来发现好多东西都有小程序。总体来说还是很方便的吧。但是我很反感好多商家推出太多没啥必要的小程序，好麻烦。

真正是有用的还好，不然对于我这种“懒癌末期”的人来说，不要让我总是重新学习，这会给我的人生造成负担。我不需要那些“看起来是要把我们的生活变简单，实则是把我的人生变复杂”的东西。

猫妹：那现在你每天使用哪些小程序？比如早上出门前，先用肯德基小程序预定早餐，出门直接去拿，然后用摩拜小程序骑共享单车到公司之类的。

@昭昭baby：对，我就是反感这个（咬牙切齿）。

2. @土墨 23岁，男，宠物医疗

猫妹：您平常用得最多的小程序是哪一类呢？

@土墨：用得最多的是外卖类的小程序，不用下载App就能使用了。像宠物医疗属于服务行业，有时忙起来经常忘记吃饭，更别说出去买了。

我发现外卖小程序有很多红包啊，商家的平台中都有。说到这个，之前我经常在“饿了么”订同一家店的外卖，后来这家店的老板，悄悄地在饭盒旁边放了一张他自己店铺的小程序码的纸条……从此我就直接在他自己的小程序里下单了。

猫妹：您认为小程序会火吗？

@土墨：街边的店有App吗？卖早餐的阿姨有入驻什么平台吗？没有吧？但他们都有微信支付的二维码。所以我觉得，如果小程序能跟微信支付一样，可以覆盖到小的商家或者个人的话，那它火得理所应当。

猫妹：现在很多用户都还没有使用过小程序，在时间上，小程序到底什么时间能火爆，您着急吗？

@土墨：时间？不着急啊，微信支付也是用了好久才有今天的成就的，要给新事物一些耐心。对我来说，手机上扫个码就能解决的事，就别添别的麻烦了好吗？

3. @Mandy 25 岁，女，编辑/策划

猫妹：您用得最多的小程序是哪一类呢？

@Mandy：基于 LBS（地理位置）附近门店的小程序用得比较多吧，还有吃饭、买奶茶什么的，如果商家有小程序，我也会用的，一般他们线上买单也有优惠。

还有，像领店里的会员卡、买单送积分什么的还是比较方便，现在很多人都不带卡不带现金出门了，报电话报卡号很浪费时间，能在手机上扫个码就解决的问题就不要给我添别的麻烦了，好吗？不过，现在好像很多人还没有用小程序的习惯，我认为还是得再普及一些。

猫妹：您认为小程序给您带来的最大改变是什么？

@Mandy：内存空出来好多，不用再下一堆 App 了。

4. @曹姨 41 岁，女，全职主妇

猫妹：阿姨，您觉得小程序怎么样呢？

@曹姨：我觉得小程序很好玩啊！是我儿子教我玩的，以前我经常在京东、贝贝网、拼多多买东西，手机里好几个 App，手机内存总是不足，东西删了又删，照片都没有了，很烦。

猫妹：您怎么想到用小程序的呢？

@曹姨：最开始是我儿子告诉我，用拼多多的小程序也一样可以买东西，但就不用再下载 App 了。现在我光是购物的 App 就卸载了四个，手机空了好多。

还有，我现在看电视、视频时也能直接在小程序里看了，但只有腾讯视频，要是能多接几个平台过来就好了，到时候我肯定马上卸载爱奇艺的 App 了。总之，现在的社会发展太快了，我们再不跟上一点，怎么跟孩子聊到一块去？而且现在我要是有什么想做的，都会第一时间看看有没有相关的小程序，哈哈！

5. @进击的黑猫 21 岁，男，市场营销专业在读

猫妹：你们几个同学在一起讨论过小程序吗？

@进击的黑猫：其实，我们学生会也有很多对小程序有兴趣的同学，大家自发组织了一个以小程序为主题的讨论组，闲着的时候就在研究有什么好玩的小程序，也有同学在学做小程序。所以相对于其他同学，我们现在见过和用过的小程序算是比较多的了。例如，早上我会先用小程序开共享单车，骑到教学楼，然后也会用像“懒虫背单词”“小打卡”这种帮助学习和自律的小程序。还有像“活动行”“小经费”“MoSplash”“花帮主识花”“猫眼电影”等，包括我们自己管理的公众号，也经常用到“公众平台助手”小程序。

反正现在只要有什么想做的，第一时间会去看看有没有小程序提供这类服务，而不是到什么服务平台里面找。

经过采访，我们发现现在各类人群都在或多或少地使用小程序，有些人对小程序持悲观态度，有些人对小程序持乐观态度。但整体上来看，对小程序持乐观态度的人更多。而且这些人更看重小程序为他们提供的各种各样的服务，以及小程序为他们节省了更多的手机空间。借用第一位用户的话作个小结：小程序作为工具，应该以解决用户需求为原则，而不是看起来为用户提供了服务，实际上增加了用户的负担。好产品会说话，只要你的小程序真正解决了用户的问题，用户自然会来找你。

可见，笔者通过访谈分析，了解了小程序的发展态势及用户青睐小程序的原因。那么对小程序开发者来说，如何进行定性访谈分析用户需求呢？

定性研究分析的目的是能够定性地理解隐藏于深层中的原因和想法。定性研究的资料收集方式有深度访谈、焦点组访谈、民族志、扎根理论、参与观察、案例研究、生活史、口述史、行动研究等。

这里我们所要谈论的主角便是深度访谈。深度访谈是资料收集方式，也是一种定性方法——一种由采访者和被采访者围绕某一问题或主题进行一对一的、无结构/半结构的、直接自由地交流沟通的定性访谈研究方法。我们在这里姑且将其称为定性访谈分析。

访谈的内容只有当经过分析之后才能被转换成有价值的结论。把通过访谈所获取到的被采访者内心深层对产品的想法进行研究分析，有助于产品开发者将被采访者所提出的问题和想法融入产品的开发设计中去。

定性访谈分析的优点在于它具有很强的开放性和自由度，访谈会更加深入和细致。对采访者来说，他可以获得一种能向被采访者深层挖掘信息的机会；对被采访者来说，他的回答范围可以更加多样化，不再受问卷调查法那种既定题目与答案的局限，因而能表达出更多关于访谈主题的想法观念。图3-2所示为该定性访谈分析的几个特点。

对于小程序来说，通过定性访谈分析来获取被采访用户内心的真实想法和对小程序的意见与建议，可以让小程序开发者关注到用户的需求——用户对于这类小程序比如餐饮类小程序有什么样的功能需求，继而在小程序的实际开发过程中，结合定性访谈分析所得来的用户需求与建议来准确定位小程序应有的功能，以帮助用户解决实际的需求问题。

在前期制定以小程序为主题的定性访谈计划时，要首先明确访谈的目的是

1) 访谈在一个自然情景下进行，访谈时间较长，一般会在半小时以上。

2) 访谈的问题层层深入，通常会以连续询问的方式来鼓励被采访者对回答作出更深层和更明晰的解释。

3) 分析的主要方式是借助获取的访谈资料来进行归纳推论。

4) 访谈的资料数据分析往往会和资料数据的收集同时进行。

图 3-2　共性访谈分析的几个特点

什么，任务是什么。例如，“是为了探求小程序目标人群的痛点需求，以便开发出来的小程序能帮助目标人群解决痛点”“你希望该类型小程序能满足你的什么需求”。在明确了目的与任务后，还应当对所访谈内容做适当的层次分解。

其次，要明确访谈对象。若想获得与小程序相关的准确而有效的信息，访谈对象的选择也很重要。依据所开发的小程序的类型，访谈对象应当有所不同，访谈对象可与小程序的目标人群重合。

再次，要准备访谈的工具，除了基础的问卷和访谈提纲以外，采访者还应准备用作访谈记录的设备包括纸笔和录音设备等必要工具。

在定性访谈分析中，访谈是一部分，分析是一部分。在访谈结束后进行系统的分析，也可以与访谈同步进行，将其融入访谈过程中。访谈结束后的系统性分析可以理解为资料信息的重组和连接，将获取到的有关小程序的意见和建议进行系统的整理，根据预先设置的访谈目的，将有效的小程序信息重新排列组合，从中总结出被采访者对于小程序最有价值的信息，以帮助用户解决目前存在的需求问题。

总而言之，使用定性访谈分析是为了帮助开发者发现目标人群的需求问题，帮助开发者找到小程序的准确定位，从而让最终开发出来的小程序可以解决目标人群在访谈中所提出的需求问题。

3.1.3　聚合统计分析：用户核心需求点是什么

聚合统计分析是指将分散的东西聚集到一起，然后再统计分析相关内容。对某一类小程序来说，用户的需求既有相同点，又有不同点，而聚合统计分析的目的就是把用户的相同需求点挑选出来，并将这些需求点作为用户的核心需求点，然后开发出符合用户核心需求点的小程序。

开发者在小程序设计初期，要先找出用户有哪些方面的需求，然后再针对某一个或者多个需求做出正确而合理的判断，最后确定用户的核心需求，制定小程序的核心功能。而对于用户的一些无关紧要的需求，要果断舍弃。下面以网易有道词典小程序为例，分析一下如何专注于一项核心功能开发小程序。

网易有道词典是全球首款基于搜索引擎技术的全能免费语言翻译软件，集成中、英、日、韩、法多语种专业词典，切换语言环境，即可快速翻译所需内容。网页版有道翻译支持中、英、日、韩、法、西、俄 7 种语言互译。网易有道词典 App 是一款多语种的网络词典，查词、取词、划词均支持英、日、韩、法、德、俄、西、葡 8 种语言，而且日、韩、法语单词及例句都可点击发音，清晰流畅，可以帮助用户轻松学习多国纯正口语。另外，网易有道词典还新增了图解词典和百科功能，提供了一站式知识查询平台，能够有效帮助用户理解记忆新单词，而单词本功能更是让用户可以随时随地导入词库背单词。

可见，网易有道词典的功能有很多，除了“词典”和“翻译”功能外，还覆盖了学习、考试、记录、社交等场景。有道词典的每一个功能对应着用户的某种需求，为了最大化地满足用户的需求，提升用户的体验，有道开发了很多功能点。以网易有道词典 App 为例，其包含的内容可以说是包罗万象，包括词典、翻译、学习、考试、记录、社交等功能模块。可以说，网易有道词典 App 几乎覆盖了词典、学习、翻译以及周边的所有功能，如图 3-3 所示。

图 3-3　网易有道词典 App 功能页面

在网易有道词典小程序推出之前，有道词典 App 就已经荣获“最受用户欢迎在线教育 App 奖”，可见，用户对各语种的学习和翻译的需求还是非常大的。自小程序推出之后，网易又在第一时间推出了网易有道词典小程序，以便能抢先占领更多市场。从 App 到小程序，载体环境发生了变化，于是率先筛选出核心功能点就变得很重要。

如何筛选出网易有道词典的核心功能呢？开发者要先弄清楚网易有道词典的原始定位，即做网络“词典”，其他功能都是在“词典”的基础上扩充或者延伸而来的。所以，网易有道词典小程序致力于网易有道词典的原始定位，只展现了“词典”这个核心功能。网易有道词典小程序页面如图 3-4 所示。

图 3-4　网易有道词典小程序页面

考虑到选择用小程序查词典的人群使用频率不高，对他们来说，可能恰恰是被孩子问到这个单词是什么意思或是某次出差旅行遇到了生僻单词，像这样的一些小场景。因此，网易有道词典小程序的页面只保留了“翻译”这一核心功能。点击“输入要翻译的文本”，在输入框内输入“hello”，则出现很多前缀是“hello”的词句。如果单击要翻译的词语“hello”，则出现如图 3-5 所示的内容。

图 3-5　网易有道词典小程序页面

在词语“翻译”功能上面，网易有道词典小程序和App中为用户提供的服务很相似，但两者在功能上还是有一些区别的。比如，在输入方式上面，网易有道词典小程序仅支持手动输入，而有道词典App还支持语音、拍照等输入方式。在查词/翻译功能上面，无论是网易有道词典小程还是有道词典App，虽然两者均支持中、英、日、韩、法、德、葡、俄等多语种翻译，但是网易有道词典小程序舍弃了精品课、单词本、笔记等功能只保留了最核心的查词/翻译等功能，是一款精简版的App。

网易有道词典小程序虽然做了一些舍弃，但其“瘦身”工作基本上不影响用户的核心诉求，其应用还是非常广泛的，用户可以方便地查询中、英、日、韩、法、德、葡、俄翻译，而且不再占内存，用户可以“即用即走”，是很多用户外出的必备工具。

在做小程序功能规划时，开发者要致力于小程序所具有的触手可及、用完即走的特性。由于这些特性，所以如果先前已有原生App的话，那么不能说绝对，但绝大多数的小程序，在功能规划上必定是要与原生App有所区别的。毕竟小程序不是原生App的照搬，或者是将App中的所有功能都移植过来。当然，小程序也并不是原生App的精简版，只保留你所认为应该保留的功能，而没有考虑到小程序的性质特点，以及小程序所面向的用户群体，只将App做简单的精简并不能被称为所谓的“小程序”。

因此，在做小程序时如何回答“App中这个核心功能，能否适用小程序的应用场景”这个问题，才是关键。

3.2 目标人群分析：数据化、可视化

对要开发的小程序进行目标人群分析，有利于找出小程序用户的核心需求点。根据分析得出目标用户群体的行为轨迹、用户画像等信息，为小程序下一步的功能设计服务，使得小程序的功能完美满足用户的核心需求。

开发者在做小程序的目标人群分析时，要注意用户信息的数据化和可视化。数据化不同于数字化，它不是简单地把数据转为二进制码，而是一个以量化的形式展现，将现象转为可使用制表来分析的过程。可视化也不是仅止于简单地使用图表来表示数字，而是通过用图表示数据的方式来帮助人们发现隐藏在数据背后的规律。

目标人群分析的数据化和可视化又可表现为三个方面：用大数据搞清楚小程序消费用户画像、利用大数据找出用户行为轨迹和采用用户画像获取用户基本信息。在分析小程序目标人群时，做好这三方面内容的数据化、可视化，有

助于帮助小程序开发者完成精准的产品定位。

3.2.1 用大数据搞清楚小程序消费用户画像

大数据是近年来互联网界的热点话题。使用大数据的目的并非是将庞大的数据信息掌握在手中，而是借助大数据的力量，对那些具有研究分析价值的数据进行专业化的处理。例如，我们在淘宝搜索时，页面上会出现类似于“你可能对这些产品感兴趣”的字样，这就表示我们在淘宝上的搜索行为轨迹已经被系统后台记录下来，系统再通过大数据的分析计算向我们做出产品推荐。

在用户分析方面，大数据的价值主要表现在两个方面：一方面，利用大数据技术细分客户群体，然后为每个群体定制特别的服务；另一方面，利用大数据技术可模拟现实环境，发掘用户新的需求，同时提高投资回报率。

当然利用大数据技术分析前，必须先采集大量数据。那么如何采集各类用户信息，用大数据技术分析小程序消费用户画像呢?

大数据采集是指利用多个数据库来接收 Web、App、传感器形式等客户端的数据，并且用户通过这些数据库还可以对收集的数据进行简单的查询和处理。例如，电商通常会采用传统的关系型数据库 MySQL 和 Oracle 等存储每一笔事务数据。除此之外，常用的数据采集工具还有 NoSQL 数据库，包括 Redis、MongoDB 等。

当然，这些数据的采集需要在产品开发出来后。在开发产品之前，我们可以通过一些行业报告，来获得一些行业数据，大致分析出某类产品的消费人群画像。下面我们就以酷客多《2018 首份小程序电商行业生态数据报告》为例，对小程序电商消费人群做分析梳理。

1. 用户使用小程序购物原因分析

从酷客多公布的数据报告来看，70% 左右的电商类小程序用户每月都会有购物行为。用户之所以会选择在小程序中购物，54.4% 的用户是因为小程序的设计相较于 App 页面简洁方便、操作简单，能给用户带来轻量化、干净简洁的消费方式。从 70% 的复购率来看，小程序对特定人群的吸引还是很大的，而受吸引的关键要素是简洁、易操作，这就意味着想做电商类小程序的开发者可以把握住这个关键点。

2. 小程序电商用户年龄分布

从酷客多公布的数据报告来看，小程序电商的核心用户更加偏年轻化，其中，40% 以上的用户集中在 20 ~ 39 岁之间。年轻群体的审美、习惯如何？这是开发者需要进一步研究的。

3. 小程序电商行业地区分布

60%左右的小程序电商用户主要集中在一线城市，其中，热度最高的城市是上海，其次是北京、深圳、广州。原因是小程序“线上应用 + 线下场景”的组合优势恰好满足了移动互联网生态的刚需，而且小程序电商在一线城市的附加值更高。不过，随着小程序越来越成熟，杭州、苏州等沿海城市的小程序用户也在逐步增加。

4. 小程序电商行业营销发展方向

小程序已经进入了大爆发时期，什么样的内容是用户最重视的呢？由于小程序在微信中具有社群优势，所以小程序电商行业的营销方式将向“去中心化”和“社群化”方向发展（见图 3-6）。

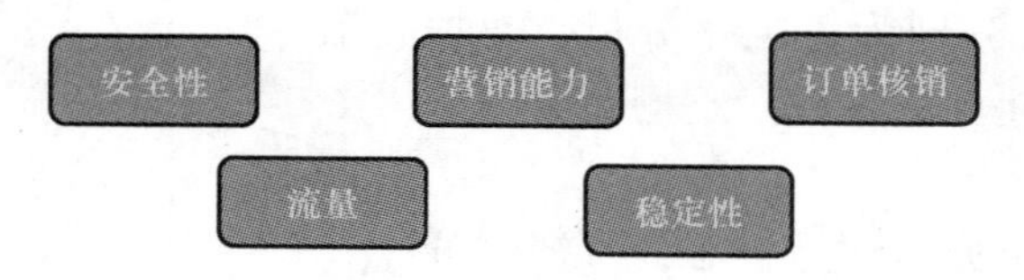

图 3-6　小程序电商用户最重视功能

对酷客多发布的 40 多款营销插件进行数据分析发现，优惠券、分销、拼团和砍价这四款是用户使用频率最高的，电商类小程序促活拉新也主要依靠这些营销手段。

从以上对报告的解读中我们可以知道电商类小程序人群分布、年龄段、使用习惯、当下电商小程序热点等信息，这在一定程度上，让我们在开发前已经对目标人群以及目标人群的需求做到心中有数。当然，开发者可以参考多家行业报告，以获得更多更准确的信息。这个方法对百货零售、生活服务、餐饮、美业等行业也同样具有参考价值。

3.2.2　利用大数据找出用户行为轨迹

除了分析小程序的人群画像外，用户行为轨迹分析对优化小程序至关重要。

用户的每一次网络活动都会产生大量的用户行为轨迹。假设现在要开发的是一个电商类小程序，用户行为轨迹一般来说就包括从用户产生购买意愿到最终支付订单的全部过程。用户的心理是多种多样的，在这个过程中，用户的一些细节行为则会有所不同。有些用户可能先浏览其他商品，再三比较后决定最终购买的商品；有些用户的目的很明确，不浏览、不做选择，直接选中商品完成支付。

所以，虽然用户网购的一般过程是相同的，但在细节上却是多样化的。通过大数据的统计处理，开发者可以快速有效地掌握用户在同类电商小程序上的商品浏览细节、用户的支付行为选择、用户在该页面上的留存时间等行为轨迹。

用户的行为轨迹会展现出其在使用小程序时所产生的问题。在对照同领域或同类型小程序的用户行为轨迹时，小程序开发者要分析什么样的行为轨迹说明了什么样的问题。这些问题往往就是影响用户决策的重要因素。

所以，小程序开发者需要总结这些问题，以这些行为轨迹所反映的问题来确定目标人群在不同阶段如考虑阶段、行动阶段等的不同需求。同时开发者还可绘制出一个用户行为轨迹图，让用户行为轨迹变得数据化和可视化。若出现行为轨迹不完整的情况，开发者也可及时予以修正。

大数据分析一般会包括五个方面（见图3-7）的内容，分别为可视化分析、数据挖掘算法、预测性分析、数据质量和数据管理、语义引擎。

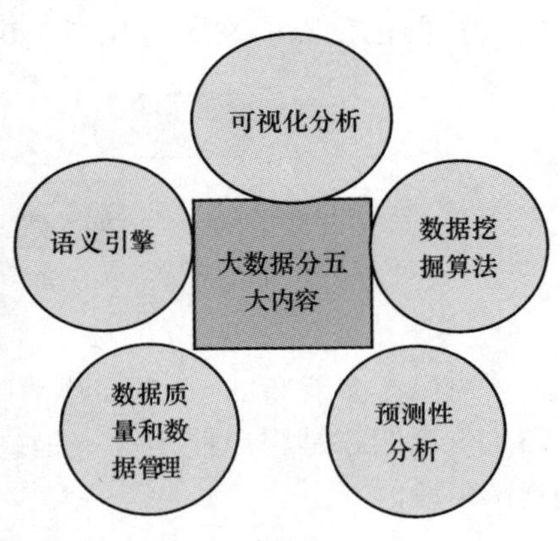

图3-7　大数据分析五大内容

其中，数据挖掘算法是核心；可视化分析可向小程序开发者展示直观的用户行为轨迹数据特点；预测性分析是要求小程序开发者从采集的用户数据中挖掘出用户行为轨迹的特点，继而建立起模型预测未来用户行为轨迹的变化；语义引擎与人工智能相关联；数据质量和数据管理则是用于保证所分析的用户行为轨迹数据具有真实性。

小程序开发者需要总结行为轨迹所反映的问题，让开发出来的小程序更具有针对性，以这些来确定目标人群在不同阶段如考虑阶段、行动阶段等的不同需求。同时开发者还可绘制出一个用户行为轨迹图，让用户行为轨迹变得数据化和可视化。若出现行为轨迹不完整的情况，开发者也可及时予以修正。

总之，快速掌握小程序目标人群的用户行为轨迹、确定小程序目标人群在不同阶段的行为意义、绘制用户行为轨迹图……可以说都是借助了大数据的力量来实现的。在市面上，已经有多个可提供大数据分析的平台涌现，这些大数据分析平台一般都会提供用户数据采集、数据建模等内容，如“神测数据”“GrowngIO 大数据可视化分析平台”“微指数”等，小程序开发者可通过这些大数据分析平台来帮助自己进行小程序目标人群的分析。

3.2.3 采用用户画像获取用户基本信息

标签是一种特征标志。采用用户画像就是将小程序的目标人群标签化。小程序目标人群标签化有利于计算机的统计分析，便于将用户画像数据进行归类处理，让小程序的用户基本信息如性别、年龄、地域等内容可视化。构建起一个小程序目标人群的用户画像，可有助于小程序开发者快速地获取到小程序用户的基本信息。建立起小程序目标人群的用户画像模型有以下几点作用，如图3-8所示。

1. 便于小程序的精准定位，令设计出来的功能可直戳用户痛点，从而实现小程序的精准营销。

2. 便于用户信息标签化统计，包括用户的基本信息和其他附加信息如喜好、目标、活动场所等。

3. 便于进行更深层次的用户数据挖掘，发现用户行为之间的隐藏关联性。

4. 有利于完善小程序功能，为小程序用户提供个性化服务。

图3-8 建立小程序目标人群用户画像模型的作用

用户画像对于小程序开发来说必不可少，但清楚了构建小程序用户画像的作用还不够，明白如何构建小程序的用户画像才是关键。构建用户画像主要分三步走：

第一步，采集基础数据。用户画像的核心是数据。小程序开发者先列举出构建用户画像所需要的基础数据。例如，所开发的小程序是面向在校大学生的用于记笔记的工具类小程序，那么开发者就可以列举出一些有关大学生这个用户群体的基础数据，包括性别、年级、喜欢的课程类别、是否有记笔记的习惯、对于线上记笔记持有的态度等。

小程序开发者可采取网络问卷调查或者实地走访调查在校大学生的方式来采集基础数据。这两种方式是小程序开发者了解小程序目标人群特征的重要渠道。问卷调查可节约人力和时间，实地走访调查，进行用户访谈可帮助开发者近距离接触目标人群，有利于获取第一手数据资料。

第二步，分析建模。在构建用户画像所需要的基础数据收集完毕以后，小程序开发者需要分析这些基础数据，建立起一个小程序用户画像的可视化模型。开发者将采集来的在校大学生用户群体的基础数据进行整理分析，提炼出关键要素，必要时还可辅以一些现有的关于大学生群体研究的资料报告，总结出在校大学生用户群体的标签。

再者，开发者在第一步采集基础数据的时候，也还可以同时采集同领域或同类型小程序用户画像的基础数据，在第二步分析建模时，通过多个用户画像模型的对比分析来精准定位自身小程序的功能服务。

第三步，画像呈现。小程序用户画像的呈现应从显性画像和隐性画像两个方面来进行。显性画像是指对小程序目标用户群体可视化特征的描述，如上述已经提到的性别、年龄、地域，以及职业、年级、兴趣爱好等。隐形画像则与显性画像相对应，是指对小程序目标用户内在深层次特征的描述，如在校大学生在不同年级时的想法变异。

小程序开发阶段，想要获取用户的基本信息要依靠用户画像的构建。用户画像模型的构建要建立在所获取的小程序目标人群的真实数据上。只有根据真实准确的用户数据来分析，小程序的精准定位才有可能实现。开发者还要注意用户画像是处于不断修正的状态中的。开发者需要及时地对用户画像做分析和对比。

3.3 竞品分析：少走弯路，更胜一筹

竞品分析简单来说就是指分析竞争对手的产品。做小程序竞品分析的目的在于知己知彼，百战不殆——通过与竞争对手的小程序的对比分析，为自身小程序总结经验教训，避免出现相同的错误，同时还可借鉴对方优点，优化自身小程序。

有对比才有进步。竞品分析一方面让小程序开发者掌握竞争对手的产品动态，发现不足之处和优势之地，另一方面帮助开发者在开发小程序时少走弯路，避免相同错误，在吸取对方小程序优点的基础上再做优化，令自身小程序可以更胜一筹。

小程序开发者做竞品分析有三种方法，分别是利用 SWOT 来找准合适竞品、利用统计表格来筛选竞品分析维度、通过做市场研究来关注竞品的动向。

3.3.1 利用 SWOT 分析，找准合适的竞品

“适者生存，不适者淘汰”。通过竞品分析可以学习对手的长处，弥补自己的劣势，令自身小程序的市场竞争力不断增强，在多变的市场中可以长期生存而不被淘汰。基于此，我们可以使用 SWOT 分析法来做小程序的竞品分析。

SWOT 分析法又可被称为态势分析法，常常被企业使用，用于制定企业的战略决策和企业产品的竞品分析。“S”代表竞争优势（Strength），“W”代表竞争劣势（Weakness），“O”代表机会（Opportunity），“T”代表威胁（Threats）。竞争优势与竞争劣势均属于企业内部因素，机会与威胁则均属于企业外部因素，如图 3-9 所示。

外部环境 \ 内部环境	竞争优势（S）	竞争劣势（W）
机会（O）	SO：优势+机会 最大限度地发展	WO：劣势+机会 借助机会回避弱点
威胁（T）	ST：优势+威胁 借助优势减少威胁	WT:劣势+威胁 采取收缩合并措施

图 3-9　SWOT 分析法分析图示例

使用 SWOT 分析法分析需要先通过调查，将调查的内容——小程序的竞争优劣势、机会以及威胁等列举出来排列成矩阵，再把这些企业内外部的竞争影响因素有机结合并加以系统性的分析，最后得出结论，帮助企业制定小程序开发设计的战略决策。

在小程序上，SWOT 分析法可被用来寻找其合适的小程序竞品。这要求开发者将自身小程序分别与收集的多个小程序进行对比分析。通过分析列出自身小程序与其他小程序的优劣势的方式来准确定位出合适的小程序竞品。

小程序之间的竞争优劣势可从小程序的成本、品质、功能、服务等方面来对比分析。成本包括开发成本和运营成本；品质包括小程序的性能稳定性、界面美观性、使用流畅性以及对于用户的适用性等；功能则主要是指小程序核心功能的使用效果；服务是指小程序所能提供的服务种类。

因为我们要找准竞品，所以要与自身小程序进行竞品分析的小程序必须有一定的可比性，最好将范围限定在同领域或同类型的小程序之中，如同为餐饮类小程序，同为电商类小程序等。使用 SWOT 分析法分析已具有可比性的小程序将有助于开发者更容易地找出合适的小程序竞品。

但是这也并不是说只能在同领域或同类型的小程序之间进行竞品分析，一些不同类型的小程序之间也可能会存在功能体验上的重合，所以这就要看竞品分析者对市场以及产品的特性是否理解到位了。

机会是指企业的产品占有某一领域的绝对优势；威胁是指企业的产品在某种环境下的不利因素，这种不利因素若不加采取措施进行控制就会削弱企业的竞争力。机会与威胁这两个企业外部因素受经济、社会、科技、政策等影响。

基于这些影响，企业可以为自己的小程序设问。例如，对于经济方面的影响可以设问：企业当前的经济发展情势如何？小程序的目标用户人群的收入如何？对于社会方面的影响可以设问：小程序当前的整个市场情势如何？市场对于该小程序的需求性有多大？目标用户人群的消费水平如何？对于科技方面的影响可以设问：是否有可以助力小程序发展的新技术产生？关乎小程序的技术壁垒是否被突破？对于政策方面的影响可以设问：国家对于小程序市场的一些政策是否有所转变？是否颁布了新的政策法规？表 3-1 所列为部分企业外部因素的受影响内容。

表 3-1　企业外部因素的受影响内容

经　济	社　会	科　技	政　策
经济环境 经济周期 货币供给 利率汇率 产品成本 ……	市场对产品的需求 生活方式的转变 用户群的消费水平 竞争对手的发展处境 ……	新技术的发明 突破技术壁垒 新技术的传播和普及 代替技术 ……	政府的稳定性 贸易法规 经济政策方案 税收政策 扶持政策 ……

将这些关乎小程序的机会与威胁通过设问分析来一一列出，有助于企业对自身小程序的外在因素有一个准确清晰的把握——哪些是自身小程序的机会，哪些则是威胁。小程序所面临的机会和威胁一旦明朗，再结合与多个竞争对手小程序的优劣势来分析，即把小程序的企业内外因素结合起来分析，删去不符合预先设定的竞品分析目的的竞品，留下符合分析目的的竞品，从而准确找出自身小程序的核心竞品、重要竞品和一般竞品。

另外，企业若能将根据 SWOT 分析法分析所得的自身小程序与竞品的优劣势和外部因素列成一张大表，随时记录企业的内外因素，以动态分析自身小程序与众多竞品所处的内外环境，那么企业精准定位合适的小程序竞品便能进一步地顺利实现。

3.3.2　利用统计表格，筛选竞品分析维度

竞品分析一般会从以下五个维度切入，分别为战略层、范围层、结构层、框架层、表现层。维度中的具体内容如图 3-10 所示。

但这只是对一般情况而言的竞品分析维度，在多数情况下，竞品分析的维度会依据实际分析人员的岗位职责、分析目的的不同而有所变化和侧重。“灵活

多变”可谓竞品分析的重要原则之一。

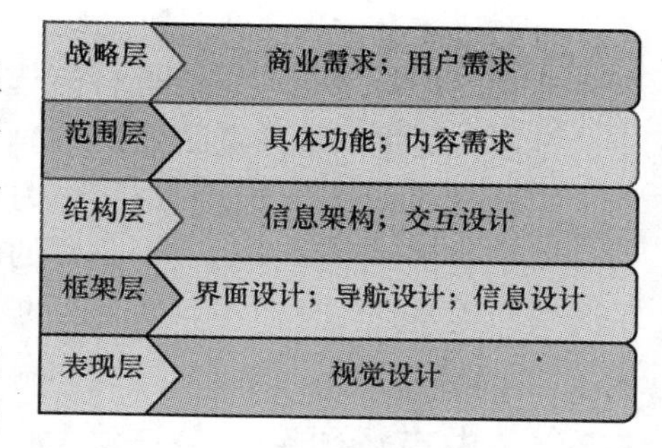

图 3-10　一般竞品分析的五个维度

这五个维度是竞品分析的大方向，但由于产品的类型不同，所以每个维度在产品中的重要性也会有所不同，也许在这个产品中交互需求是重点，但在另一个产品中就不是。

小程序的竞品分析也是如此，其维度内容同样也包含商业需求、用户需求、功能设计、内容需求、信息架构、交互设计、界面设计、导航设计、信息设计、视觉设计等在内，但每个小程序的重点则可能不尽相同。面对小程序竞品分析的这种情况，小程序开发者就需要对竞品的分析维度有侧重性地进行筛选。

筛选小程序竞品分析的维度时，若以纯文字的方式来展现分析内容是一种费时费力而得不偿失的做法。所以，若要将分析内容得以清晰直观地展现出来，统计表格便是一种有效方法。

相比于传统的纯文字表达，统计表格的优势在于数据信息清晰直观，没有累赘的语言。鉴于统计表格本身具有自身的形式框架，所以表格中的内容填充也就不容易遗漏，即便有所遗漏也能迅速发现并补上。所以竞品分析的维度若以统计表格的形式来展现，可以让分析者一目了然，有助于其准确地筛选出应该需要进行分析的竞品维度。表 3-2 所列为某餐饮类小程序竞品分析维度筛选的统计表格示例。

表 3-2　某餐饮类小程序竞品分析维度筛选的统计表格示例

竞品优先级（星级）	餐饮类小程序 1	餐饮类小程序 2	餐饮类小程序 3	餐饮类小程序 4	餐饮类小程序 5	……
用户需求	★★	★	★	★★★	★★★	
内容需求	★	★★★	★	★	★★★	
具体功能	★★★	★	★★★	★★★	★★	
界面设计	★	★★	★★	★★★	★	
……						

统计表格各式各样，表 3-2 只是众多用于竞品分析维度筛选的统计表格中的其中一种，开发者可根据自身小程序的类型、功能以及分析目的来选择最恰当的统计表格样式来筛选小程序竞品的分析维度。除此之外，开发者还可根据同一小程序在不同发展时期的特点来思考小程序变化的原因和发展前景，以精准地筛选出小程序竞品应该分析的维度。

有对比才有发现，通过这种统计表格的形式，开发者可以直观且快速地将罗列出来的小程序竞品维度进行筛选分析，继而选择出与自身小程序关联最紧密的维度做更进一步的竞品分析。

在筛选竞品分析维度时，切忌为了罗列而罗列，为了对比而对比。筛选的过程不是盲目地罗列和对比，重要的是要在罗列和对比竞品维度的同时做深度的分析，而不是仅停留在竞品表面的不同对比结果上。

3.3.3 做市场研究，关注竞品动向

无论做什么产品，都要先做好竞品的市场调查和市场研究。在做竞品分析过程中，对竞品的动向要时刻关注，知己知彼，才能及时采取有效措施应对激烈的市场竞争。

假如我们要做一款旅游类小程序，这时我们除了要有自己的设计理念以外，还要做一些市场调查，研究一下市面上已经有哪些旅游类小程序，以及这些小程序未来的动向有哪些?

例如，“同程旅游”小程序为用户提供火车票、机票、汽车票、酒店产品预订等服务。同程旅游作为小程序的首批内测企业，已经在旗下各产品线上完成了小程序的线下布局，并正式全面开放上线。

“同程旅游”小程序的界面设计，比较简洁，功能项展示清晰，如图 3-11

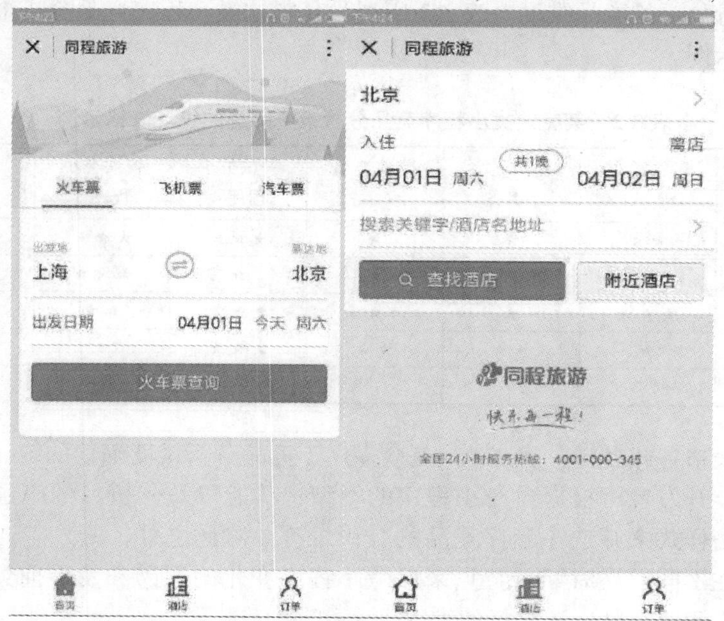

图 3-11 “同程旅游”小程序页面

所示。在操作方面，几个步骤即可帮助用户完成购买。另外，同类产品如“去哪儿”小程序等操作与“同程旅游”小程序基本大同小异。

“同程旅游”小程序很好地解决了用户在出行过程中会遇到的各种状况。例如，火车站购票窗口排队时间长，官网购票验证码识别难度高，机票预订流程复杂，VIP 准入门槛高，机场餐食价格贵，景区购票、入园拥挤等问题。“同程旅游”小程序在这些方面做了差异化服务，提升用户体验。

当然，除了要分析“同程旅游”小程序以外，还要分析其他同行的小程序。例如，“租租车出国去哪玩”小程序是租租车旗下的小程序，它可以为出国旅行的用户提供出国自驾游租车服务，以及找到适合自己游玩的自驾线路，同时免费办理国际驾照证件。这款旅游类小程序的界面设计为：H5 界面设计，通过左右滑动选择喜好，交互良好，简洁美观，如图 3-12 所示。

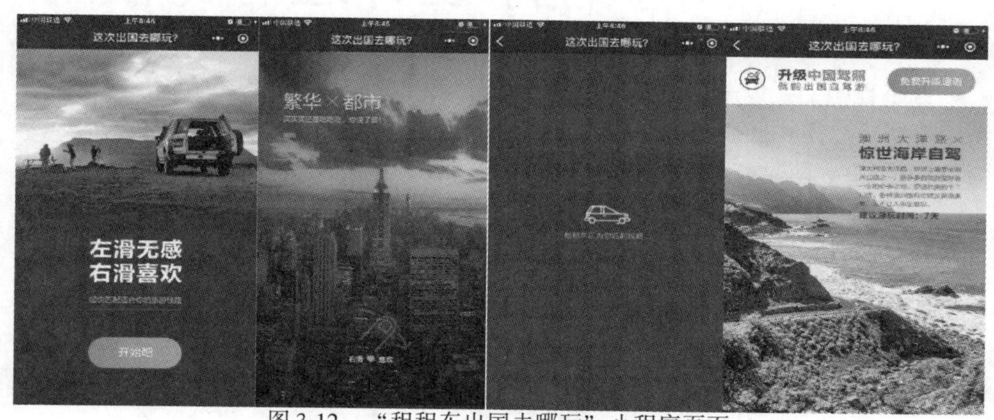

图 3-12　“租租车出国去哪玩”小程序页面

在操作方面，“租租车出国去哪玩”小程序功能简单有趣，互动式操作。用户在选择自己感兴趣的场景之后，系统可以帮助用户匹配最佳的出游路线及详细攻略。由于这款旅游类小程序只针对出国自驾旅游的用户，对于国内自驾旅游市场没有涉及。所以，“国内自驾旅游”这个定位可能是租租车的动向之一。当然，对于关注旅游类的小程序运营者，也可以从这方面找突破口。

除了“同程旅游”“租租车出国去哪玩”小程序以外，旅游类小程序还有很多，如“熊猫签证”“朋友家精选民宿”“春秋航空特价机票”等。对于想做旅游类小程序的人来说，要多关注、多分析这类的小程序，找出同行所做的小程序中哪些内容是值得自己借鉴的，哪些内容是自己不需要做的。只有了解了市场，才有可能做出用户想要的小程序。

总之，在分析同类小程序时，除了注重分析用户的需求点、了解同类小程序应用的功能及设计外，还要搞清楚关注竞品的动向。然后再结合小程序的规则及其框架，分析设计属于自己的小程序应用。

第4章

小程序设计理念与技巧

自小程序上线以来，将其和 App 进行比较的做法就络绎不绝。有人将开发 App 的那一套模式搬到开发小程序上，有人认为小程序是精简版的 App，有人认为小程序与 App 有着本质区别。

小程序并不是 App 的精简版，更不能直接套用 App 的开发模式。小程序有自己独特的性质——触手可及、无需安装、无需卸载、用完即走，这些特性令小程序在其开发设计上也是有一套自己独特的设计理念和技巧。

本章将从小程序的功能设计理念、界面设计理念和小程序设计时需要注意的技巧这三大方面来论述小程序该如何进行开发设计。

4.1 小程序功能设计理念

小程序功能设计理念要契合小程序“触手可及、用完即走”的定位理念。小程序不同于功能丰富多样的 App，它是一个轻量化的工具型应用，所以在做小程序功能时要注意突出核心功能，不附多余的功能，让用户真正做到即用即走。概况来说，一款能让用户拥有良好体验的小程序，应该符合三点：一是功能方面，小程序更单一；二是设计方面，小程序更简洁；三是使用场景方面，小程序更明确。

小程序要想获得用户的广泛使用，其具有什么样的功能便是开发者重点关注的对象。所以开发者在设计小程序功能时，除了要注意遵循用完即走的理念，突出核心功能，还要掌握小程序目标用户群体的需求是什么。做到对小程序本身以及小程序用户这两方面的考虑，小程序的功能设计才会具有合理性。

本节将分三个部分来阐述小程序的功能设计理念。这三个部分分别为：随时进入，随时离开；小程序是工具不是平台；微信释放的能力，能用的都用上。

4.1.1 随时进入，随时离开

小睡眠小程序的创始人邹煜晖曾讲述过团队在开发阶段的实况。她提到，做小睡眠小程序时，在最初的功能计划里大刀阔斧地砍掉了绝大多数的功能，只保留了1/16，后期还在纠结使用一个界面还是两个界面，最后基于小程序的工具性质以及用完即走的理念，只使用了一个界面。这一做法最后促进了小睡眠上线3日，获得100万+用户的好成绩。

小程序“用完即走”定位理念的具体表现就是用户在使用小程序时可以随时进入，随时离开。这是小程序最为显著的特性。正因为可以随时进入，随时离开，小程序并不会占据手机的大量存储空间。“小而快”是小程序最明显的优势。

所以，开发者设计的小程序功能必须使小程序的优势可以有效地发挥出来。这就要求开发者要对小程序“用完即走”的理念真正理解透彻。开发者所设计的小程序的功能必须简约，不能将App上的那一套功能全部照搬过来。

一个产品、一个应用的主要职责就是做好它的本职工作，其他的任务并不是它应该做的事。如果因为附加的任务而影响了核心任务的完成，那便是产品应用功能设计上的主次不分。下面我们通过美篇小程序的案例，看看它是如何定义“用完即走”并取得成功的。

美篇小程序在2017年国庆前上线，在国庆长假后，接连在新增榜、上升榜、分类榜完美实现了第一的三连击，随后又冲进总排行榜前十名。美篇原本在App上就有着2500万用户，早已具备了成熟产品的矩阵，一直以来厚积薄发，比其他小程序有着更大的优势。

但美篇小程序的成功和它“用完即走”的便捷性设计理念是密不可分的。美篇的便捷性体现在两个方面：一是图文编辑便捷，二是图文分享便捷。

编辑简单就会吸引大量用户参与，低门槛，支持手机操作，可插入音乐图片等内容。只要素材准备好，一个小学生也能花几分钟就做出一个精美的美篇图文。另外，美篇小程序的分享转发按钮也做了些设计，老用户分享是吸引其他用户参与的一个重要来源。当用户在美篇上通过图文故事的形式，发布自己珍藏的照片和经历时，很容易得到互动甚至转发，这时候用户就很有可能再次回到美篇对图文进行编辑与修改。

我们也可以理解为美篇用故事把用户和产品连接起来，重新定义“用完即走”，即用完后带着故事一起走。用完即走，其实只是一个开始。每天有无数的故事和图片通过美篇小程序传播出去，用户在使用完美篇后，不会多做停留，但在下一次需要时，用户习惯将被再次唤醒，依然会使用美篇小程序。这种

"创作型"的交易大大提高了用户黏性。如今美篇小程序每天都有3万多篇文章发布，得到数十万次的分享。

除了美篇以外，还有不少小程序都在"用完即走"上做得相当出色。比如"共享单车"，只需要通过扫码取车，在使用完毕关锁后自动支付，无须用户担心其他的事情。同样，在餐饮小程序上点餐，无须排队，只要通过扫码就可以下单，还可以对商家催单。

4.1.2 小程序是工具不是平台

上面我们说到过小程序的设计理念："触手可及，用完即走。"也就是说，小程序是互联网服务的一种有效形式，是线上线下的一种工具。小程序的主旨是为微信用户提供各类基础的需求服务。作为肩负连接人与服务任务的小程序，与其说它是一个平台，倒不如说它是一种工具应用更恰当一些。工具的作用是在遇到问题时提供帮助，小程序的作用便是如此。所以在设计小程序功能时，要对小程序是作为一个工具应用而存在的概念有个清晰的认知，并且要明白设计出来的小程序功能是要可以被用来真正解决用户需求问题的。

比如"小睡眠"的创始人邹煜晖曾经表示，"小睡眠"并不是从流量方面入手，而是考虑怎么去把功能性服务应用起来。所以产品的开发，要从用户需求、服务价值与用户体验方面为起点出发。那么，为什么小程序这一工具的开发要满足邹煜晖提到的三个方面呢？下面我们来详细解说一下。

1. 用户需求

小程序如今出世一年多，各家竞争也开始进入白热化，只有向用户需求妥协，懂内容、懂用户的小程序才能在竞争中立于不败之地。所以商家在设计小程序功能时，一定要依托用户需求，建立起用户与小程序的连接方式，为用户创造更多价值。

2. 服务价值

小程序的服务价值是构成用户满意度的重要因素之一，用户在小程序的使用过程中，不仅注重产品本身的价值，还会注重产品的附加价值。小程序的服务价值越完备，顾客的满意度越高，从而对小程序的发展越有利。因此，小程序在提供优质产品、满足客户需求的同时，还要向用户提供完善的服务。例如，咖啡厅可以通过小程序设置优质的积分管理服务，让用户享受附加价值的同时，提高了用户黏度。

3. 用户体验

小程序开发者必须先修炼好内功，把小程序打造成一个切合用户需求的工具，再去从商业化的角度寻求突破，这样才有可能取得成功。下面我们通过“群应用”小程序的案例，看看我们的创始团队是如何利用“ABCD”（AI“人工智能”、Big Digital“大数据”、Cloud“云技术”、Design“设计”）黑科技把“群应用”小程序打造成一个“小程序行业新物种”的。

（1）人工智能（AI）让交互更聪明

AI技术是这两年的风口，人工智能最强大的地方是会深度学习，简直比对象还贴心。它会认真地记录你的习惯，猜测你的偏好，甚至会比你自己更懂你。

群应用的“拍名片”和“日程”中的语音发起约会就运用了这个黑科技。例如，随手拿一张纸质名片拍一拍，AI技术能标注海量数据，将纸质名片上的姓名、公司、职位、地址等信息自动分类，转成电子版存入你的群应用，如图4-1所示。

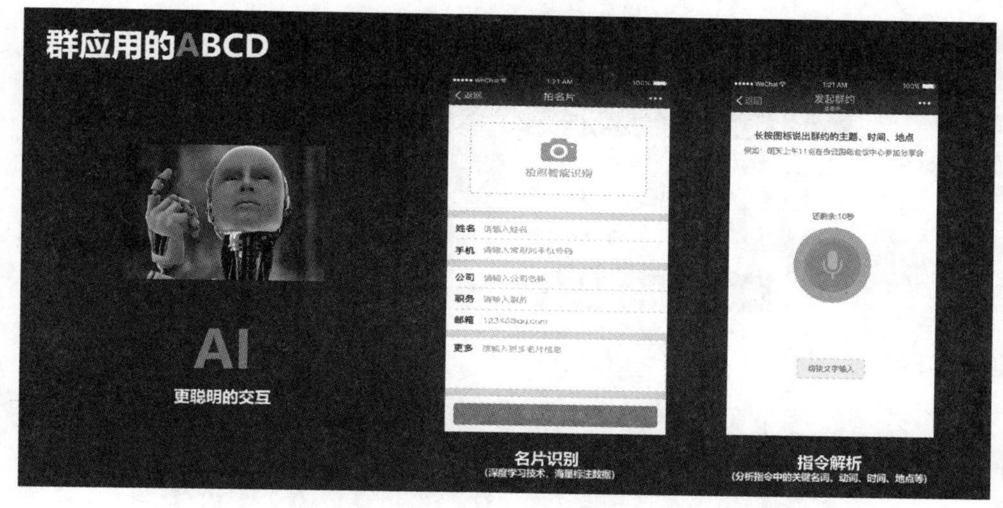

图4-1　群应用“名片识别”和“指令解析”模块页面

另外，在群应用菜单栏“日程”中，若选择语音发起约会，AI技术会自动识别语音中的名词、动词、时间、地点，帮你设置好提醒。

（2）大数据Big Digital让创建更高效

群应用的用户数量早已超过1000万，因此，在后端，也已形成千万级别的企业信息库。

所谓“取之于民，用之于民”，这个庞大的数据库能帮助用户更快捷地创建名片。无论是企业名称、职位还是公司税号，只要输入关键词，剩下的就会自动检索补充，如图4-2所示。

图 4-2　群应用“公司库”“职位库”和“税号库”模块页面

例如，我们在公司栏输入“群应用”，则会立即跳出公司全称，还会同时在“发票码”处匹配公司税号，如图 4-3 所示。可见，群应用让开发票变得更简单。

图 4-3　群应用“开发票”模块页面

（3）云技术 Cloud 保证稳定流畅

我们一般都会在上班时间用群应用发名片。由于换名片往往发生在商务社交场景，白天跟夜晚、周末和工作日，用户量的差异还是非常大的。群应用的应用与电影院相似，人多的时候 300 人的厅都是满的，人少的午夜场可能只有十几人。但是，为了应对人多的时刻，座位必须设置 300 个，这给企业造成了极大浪费。

而群应用的云技术是“弹性”的。用户大量涌入时，可以在 1 分钟内将后端体系支撑量扩大到 10 倍，当用户平静时，后端的资源又会逐渐释放，既节约企业成本，又不会影响用户体验。群应用弹性支撑用户的动态增长流程如图 4-4 所示。

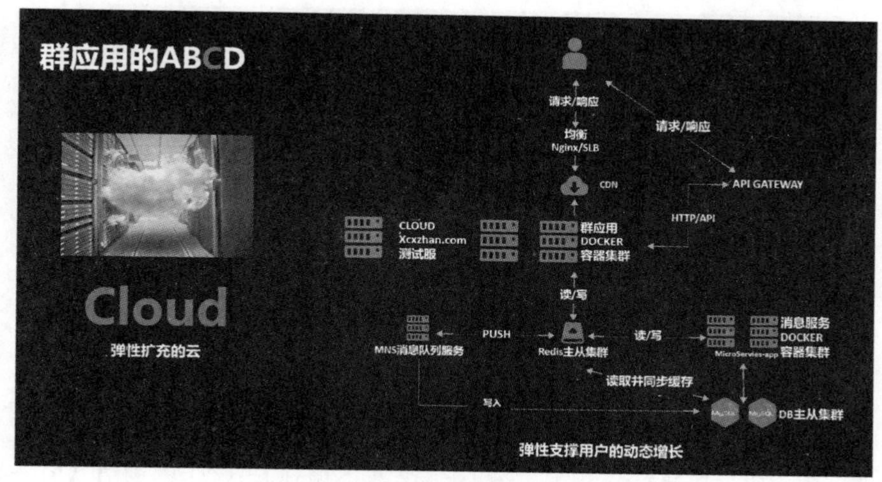

图 4-4　弹性支撑用户的动态增长流程

（4）设计 Design 极简让人人会用

对比如图 4-5 所示的四张图，你觉得哪个名片创建最方便呢？可能大部分人

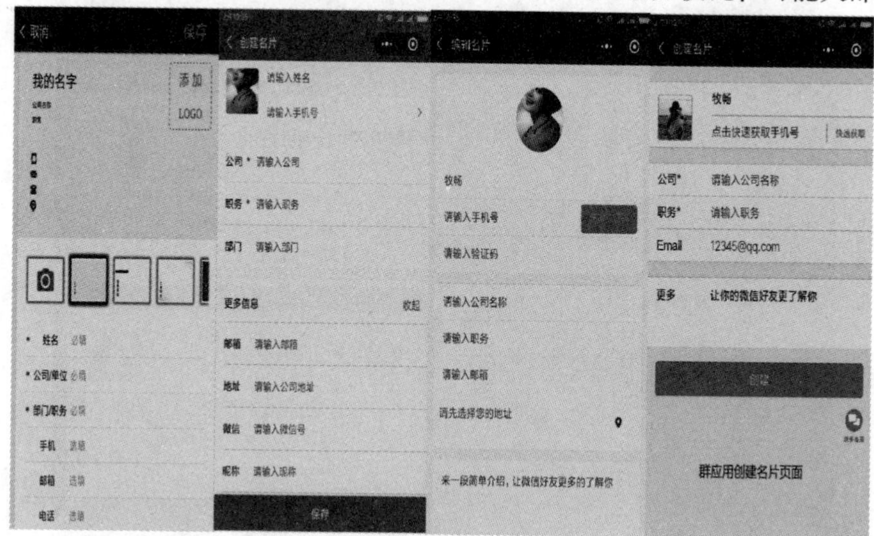

图 4-5　创建名片应用对比

都会选择群应用。

其实，四者都一样，只需填写三项即可创建一张基本的名片，但是在视觉设计上，其他三张略显复杂，有压迫感。

而群应用遵循极简设计，将多种功能都放在了再次编辑页面上，你可以在创建完后自主对名片进行图文、地理位置补充（见图 4-6）。

图 4-6　群应用“名片展示”“名片创建”和“编辑名片”模块页面

群应用创建名片的操作简单、低门槛，不仅能做到人人会用，还让人喜欢用。

1）没有对方微信，但又想和附近的人换名片怎么办？于是，群应用就开发了“摇一摇”，3 公里内同时在摇的人，就可以相互换名片，如图 4-7 所示。

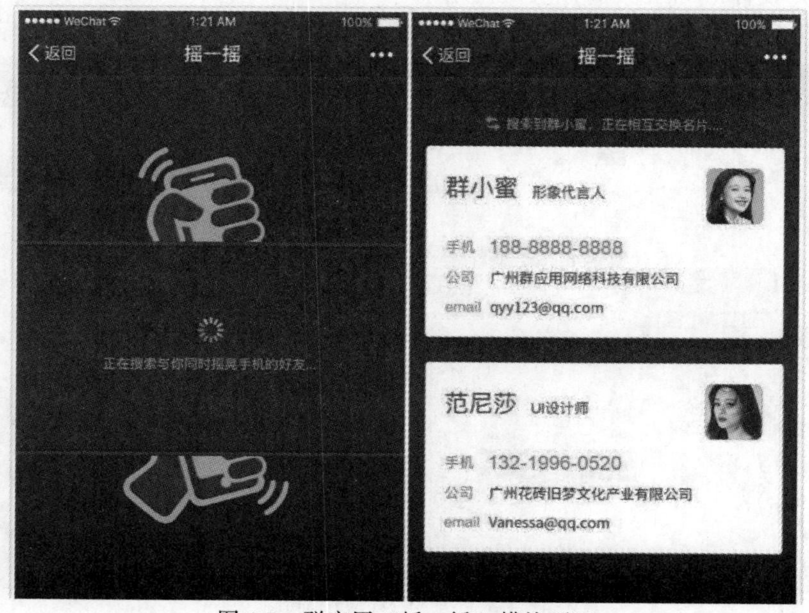

图 4-7　群应用“摇一摇”模块页面

2）线下聚会几十个人在场，想一键批量换名片可以吗？于是，群应用就开发了“小雷达”，10公里范围内同时打开群应用“小雷达”，就可以实现一键换名片，如图4-8所示。

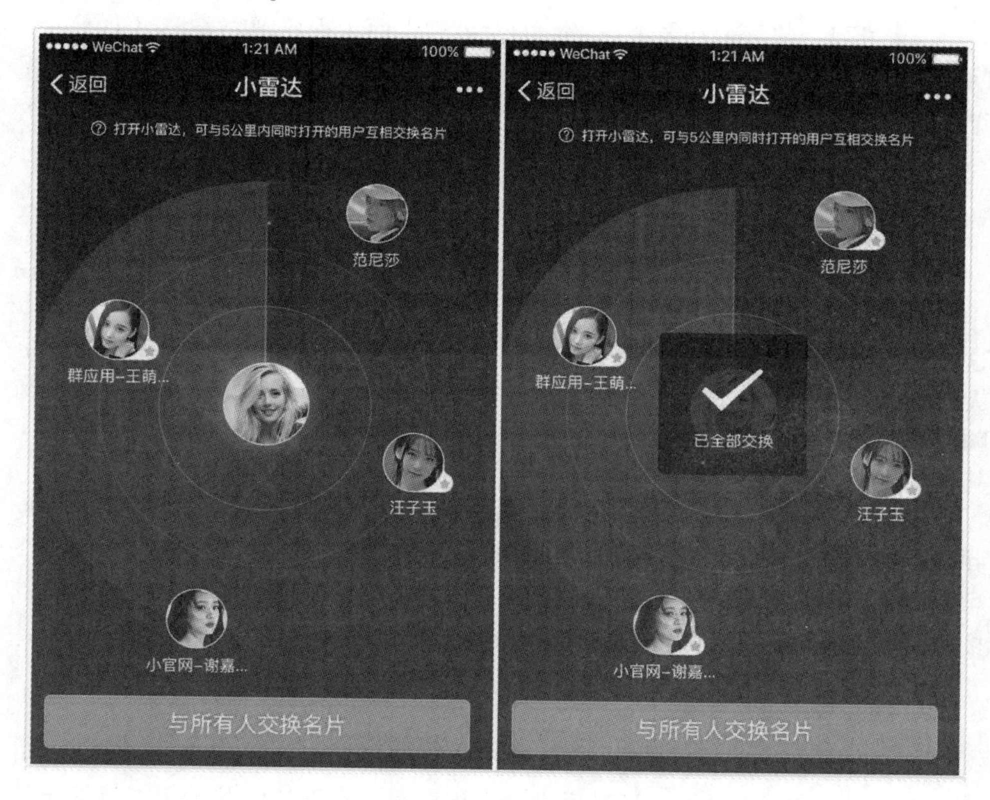

图4-8　群应用“小雷达”模块页面

3）对方没带手机，群应用也都帮你想好了给他递名片的办法。只要用群应用的“隔空传”功能，输入对方手机号码，你的名片就会以短信方式发给对方。

总之，从体验上来说，群应用小程序遵循了“用完即走”的理念，帮助用户提高它效率的同时也给予用户更好的体验。

4.1.3　微信释放的能力，能用的都用上

近一年来，小程序不断推出新功能，比如“手机号快速填写及会员卡开卡组件开放”“公众号模版消息可打开相关小程序”“绑定时可发送模版消息”等。微信频繁推出的新功能让商家对小程序的未来充满期待，其实开发者在制作小程序产品时也大可以放开手脚，做出令用户满意的作品。因为对开发者来

说，充分利用小程序释放的能力，已天然拥有了以下优势：

1. 降低商家成本

商家开发一款 App 还要考虑平台的兼容性，而小程序则完美地解决了这一问题。小程序建立在微信的基础上，商家注册流程简单，审核时间短，大大缩短了开发周期。除此之外，小程序功能强大，涉及多个行业，推广流程更是被不断地简化，大大降低了开发和运营的成本。

2. 多渠道营销

小程序可以通过微信本身的社交功能，为产品赋能，体现商业价值。小程序产品简单的交易模型是利用微信的天然社交优势，获取大批流量用户，并以这些流量资源转化为交易关系。最后，通过运营推广实现不断地裂变，实现更大的价值，提高用户留存率。例如，许多女性用户在购买产品时，经常会烦恼购买哪一款产品，这时用户可以通过小程序卡片的形式，把产品分享给好友让其帮忙，既解决了用户的问题，又达到了传播的效果。

小程序的营销方式多种多样，线上拼团是营销策略之一，用户将产品转发并实现拼团，最后与商家达成交易。除此之外，一些商家还可以通过关联公众号，进而发布文章，当粉丝喜欢商家的产品时，可以通过公众号中的小卡片直接购买。粉丝还有可能将产品推荐给其他人，产品就得到了二次传播。

3. 线上线下推广到位

对于新生的任何程序来说，开发与推广都是同等重要的，推广到位才有可能获得红利。微信本身拥有流量巨大，小程序建立在微信的基础上，就等于站在巨人的肩膀上，更容易被用户接受。线上商家通过微信平台可以接触大量用户，不断积攒用户，最后实现有效引流。而不少应用是用户必须使用但使用得少的，小程序给用户提供了一个不错的选择，其方便快捷的特性让用户的使用体验得以提高。

例如，星巴克社交礼品卡的功能广受欢迎，就是找对了小程序的线上场景，礼品卡与产品相结合，用户可以通过赠送礼品卡的方式把自己的祝福表达出来，轻而易举就促进了星巴克产品的销售；而南方航空则在小程序的会员服务里，设置了里程查询和兑换功能，让用户通过小程序获取更多的方便。除此之外，京东、唯品会、蘑菇街等都在小程序上自建商城，交易得到很好的转化。

小程序为线下商家也提供了更精准的引流，其“搜索附近小程序”功能更是让用户快速寻找到附近商家，为二者提供了方便。在线下场景，让更多用户得到贴心服务；而摩拜单车也通过扫一扫，让用户方便快捷地骑走一辆自行车；

GAP也通过在小程序中分发优惠券，实现线下有效引流。

总之，无论是线上还是线下，小程序都已自带了不少推广方案。对开发者来说，只要用得充分，在小程序推广上也能剩下不少心思，甚至能实现产品的自增长。

4.2 小程序界面设计理念

作为一个轻量化应用，小程序的界面设计必须也同样给人以“轻”的使用体验，这是由小程序的特性所要求的。而要做到这一点，其界面设计就需要遵循以下四个理念：

1）友好礼貌，减少无关设计。

2）页面清晰明确，来去自如。

3）利用手机特性，让界面操控便捷优雅。

4）统一规格，让视觉更规范。

下面就从这四个理念来论述小程序的界面设计理念。

4.2.1 友好礼貌，减少无关设计

我们常常使用的手机应用是因为它们方便快捷，只要在手机上动动手指就可以通过这些应用来完成自己的需求服务。然而，我们也常常会因为手机应用的多余设计而感到恼火和反感。

也许有人会觉得设计越多样化越好，其实这对于小程序而言并不是绝对的，作为轻型应用的小程序并不完全适合丰富繁杂的设计。丰富多样的设计的确会令人眼前一亮，但若没有把握好设计的主次，那么原本应该呈现丰富多样效果的设计也只会令人感到累赘多余、杂乱不堪。

例如，在打开某一App的瞬间，手机界面上就总会突然跳转出一个邀请参与某某活动的对话框，可这往往并不是我们所感兴趣的，甚至还会令我们产生对该App的厌烦感，因为这个对话框阻碍了我们快速获取核心功能服务，而且这样的对话框有时还会因无法正常关闭而导致App卡崩无法使用。

这种情况是任意一个使用者都不希望碰到的。而对于一个主要满足用户各类需求和各类服务的“小而快”的工具型应用小程序，使用者也更希望在小程序上能够直接迅速地获取所需的服务。

所以，为了明显地突出小程序的核心功能作用，让用户在使用过程中不被额外的内容所干扰，小程序在做界面设计时就应该减少那些与小程序本身服务目的无关、无用处的设计元素，以减少多余元素对用户使用体验的影响。

当一个小程序可以礼貌性地向用户展示应用上所有的功能服务时，用户也就能以一种愉悦的心情在小程序上进行操作，获取自己需要的服务。

以“滴滴出行”小程序为例，当使用者通过小程序搜一搜打开“滴滴出行”小程序时，就会看到如图 4-9 所示的界面。

图 4-9　“滴滴出行”小程序界面

图 4-9 所展示的是打开“滴滴出行”小程序所出现的首页界面。可以看到，在该界面的底部位置标示着“您好，您现在想去哪儿”“您在哪儿上车”“您要去哪儿”以及“呼叫快车”的字样，这一设计非常明确地传达出“滴滴出行”小程序的服务内容就是打车，用户在使用时也一目了然，只需要输入出发地和目的地就能一键呼叫快车，方便又迅速。

抛开上述所提到的这些界面中的设计，我们可以显而易见地发现界面中再没有其他什么多余的设计了。整个首页界面只有打车这一个核心功能服务的设计，侧边折叠的“计价规则”“个人中心”也都是为打车这一核心功能所服务的必要设计，既不会干扰小程序的主功能，又在用户需要的时候可以找得到。总的来说，“滴滴出行”小程序首页的界面设计可以说是友好礼貌的，并且页面设计简洁无累赘。

4. 2. 2　页面清晰明确，来去自如

作为一个向用户提供需求服务的应用，小程序在最初做界面设计时就应该

有义务告知用户该如何进行操作，例如，页面该如何跳转切换，功能切换该从哪里操作，某功能应用该如何关闭退出，另一个功能应用又该如何打开……保证小程序页面的清晰明确，有助于用户在使用小程序的过程中来去自如，产生愉悦的使用体验。

要想让用户在使用小程序的过程中来去自如，便不得不提小程序界面的导航设计。无论使用哪一个手机应用，我们都能看到其会有导航的设计以供用户实现页面、功能的跳转切换。设计导航的意义也就在于此。

导航是应用中用来保证用户来去自如而不“迷路”的最重要因素。导航负责告诉用户当前所处的位置，以及该怎样去到下一个目的地和回到原先的位置等问题。在小程序的所有页面中都会有微信自身所提供的导航栏，为用户统一解决在哪儿、去哪儿以及如何回来的问题。

正是由于这种微信所自带的导航栏，用户在微信这个生态体系中不需要因为不同类型的小程序的不同设计而改变原有的使用习惯，因为微信所统一提供的导航栏已经让用户形成了一种统一的使用习惯。

导航区、标题区、操作区是微信导航栏的三个组成部分。其中导航区的设计会因为手机时 iOS 系统还是 Android 系统而有所不同。

使用 iOS 系统的手机打开小程序会发现小程序的导航区拥有关闭和返回两个操作，其中“返回”会出现在打开小程序后的第一个页面，而在小程序的次级页面中，“返回”和“关闭”操作均会出现。

使用 Android 系统的手机打开小程序会发现小程序的导航区只有“关闭退出小程序”这一种操作，若要执行“返回”操作而非“关闭”操作，用户只需按下 Android 系统手机屏幕上自带的“返回”键，一般为最右键。

由于微信导航栏是直接由微信的客户端继承而来的，所以小程序开发者并不需要对微信导航栏进行自定义的设计，但是微信导航栏的颜色还是需要进行自定义的设计的。小程序的导航栏支持一些基本的颜色自定义选择，小程序开发者可以依据自己的喜好或是小程序整体的设计理念从中确定出微信导航栏的颜色，只要保证能和主导航栏图标以及小程序整体界面的和谐感即可。

除此以外，导航栏中最重要的一个设计是跳转关系的设定，只有当导航中的各个层级——小程序之间的页面跳转被合理地设计后，小程序的导航系统才能正常工作，真正体现出导航的意义所在——让小程序用户来去自如。

若导航只用于在小程序中的普通线性浏览，那么开发者只需使用微信所提供的导航栏——微信导航栏便可。

但若并非只用于普通的显性浏览，那么开发者就应该在小程序中设计页面内导航。在小程序的页面中添加自定义导航时，开发者应当根据小程序本身的功能设计需要来确定，并且最好保证自定义导航的简单与简洁，因为导航的作用就是为用户指引方向，如果导航自身的层级关系都不明确，处于一种凌乱状态，那么更别提为用户提供来去自如的使用体验了。

明确小程序导航栏中层级关系的设计和区分，有助于让导航明晰可见，让用户可以在设计明确的小程序导航的指引下来去自如，顺利地完成自己想要的需求服务。

4.2.3 利用手机特性，让界面操控便捷优雅

从过去的小屏幕按键型手机到如今的全面屏触屏手机，可以说手机的功能样式已经越来越精致。然而，全面屏的触屏手机虽然给予了用户更棒的视觉体验效果，但也正因为触屏的关系，导致触屏手机的输入准确性远不如过去的键盘手机和计算机键盘。

触屏手机的键盘是一种“软键盘”，软键盘存在于手机屏幕当中，每个键盘字母所占有的空间有限，尤其是26键的软键盘，再加上手指触屏所具有的不稳定性就会很容易导致输入错误。例如，可能原本是要输入字母“a”，但却错误地输成了旁边的字母“s”。有时候将错误输入的信息发送出去往往会带来些许尴尬。

所以，针对如今手机所具有的特性，小程序开发者在设计小程序界面时应当减少需要用户触屏输入的版块内容，改以通过一些接口或控件的方式来满足和提升用户的使用体验。以“群应用”小程序日程管理功能为例，如图4-10所示。

图4-10 “群应用”小程序“日程”功能

在“群应用”的日程管理功能中，就支持语音和文字输入两种模式来说，用户既可以通过键盘文字输入，也可以通过长按图标说出日程主题、时间、地点，群应用小程序将智能识别相关关键词，帮用户转成文字日程并设置好提醒。语音输入几乎完全免除了用户使用键盘手动输入的操作，改用录音的方式既可以让用户感到操作便利，又可以让用户感到新鲜有趣。对设置日程来说，也方便高效了不少。

因此，开发者在设计小程序时，也要考虑到触屏手机键盘占位密集的问题，如果遇到用户不得不以手动操作键盘的方式来输入信息时，开发者应当把选择权交给用户，由用户自己来做出输入决定，而非强制性地将小程序的输入方式设计为手动输入这一种。

另外，开发者也可以通过提供历史搜索记录的方式来帮助用户快速直接地输入信息。开发者可以在文字输入框的下方向用户展示一些搜索历史的关键字词，用户可以从这些历史记录的关键字词中寻找到自己想要输入的信息，以减少键盘的手动输入，避免误操作的发生。

由于触屏手机的软键盘输入方式没有硬键盘输入的精确度高，所以开发者在设计小程序的界面控件时还要对手机屏幕的热区面积有所考量。如今，手机品牌多种多样，各个品牌的手机款式各不相同，其手机屏幕也或大或小，分辨率不一，这就致使不同手机都会有自身最适合的用于手指点击的像素尺寸。

但开发者并不需要对这一问题非常担心，因为尽管不同手机会有着各自最适合的像素尺寸，但一般都会在7~9毫米的物理尺寸范围之内。而且微信自身还提供了标准组件库，在该标准组件库中，所有的控件在最初设计时都已经把将手指的触屏效果以及和手机屏幕的适配性考虑在内。所以开发者在设计小程序界面时只需要使用标准组件库中所提供的控件或者仿照该组件库中的控件来设计便可。

除标准组件库外，微信还向各个开发者提供了 Photoshop 设计控件库和 sketch 设计控件库，帮助开发者确保小程序在手机页面上的操作性能例如加载流畅性，让小程序界面的操控变得既便捷又优雅。微信仍在不断地完善小程序的开发组件和接口，开发者在设计小程序时除了自定义设计外，借助微信本身所提供的力量也是非常必要的。

4.2.4 统一规格，让视觉更规范

每当学校组织广播体操活动时，都会要求队伍排列整齐，一是为了做操时有足够的活动空间，二是为了塑造一种视觉上的规范感，有利于展现出学生们良好的精神面貌。毕竟整齐和谐的队伍总会让人赏心悦目。

与做操队伍要排列整齐一样，开发者在做小程序界面设计时同样需要关注小程序视觉上带给用户的和谐感。统一、规范的界面设计容易给用户留下良好的印象和使用体验。

小程序的视觉规范包含三方面内容，分别为字体规范、列表视觉规范、表单输入视觉规范。开发者做好这三方面内容的设计，小程序视觉上的规范感就基本上可以保证。

文字是人们获取信息的主要和直接来源，公众号的推文、小程序的界面导航等几乎都是以文字呈现出来的，使用者只要看到具体的文字，就能基本知道它所表示的是什么意思。

人们通过文字来获取信息的方式是阅读文字——眼看、口读。所以若想要用户能够快速、准确地通过阅读文字来获取小程序上的信息，那么开发者就需要注意设计过程中小程序界面的字体规范。字体规范包括字体字号和字体颜色。

在微信体系中，字体字号会和系统字体保持一致，11pt，13pt，14pt，16pt，17pt，18pt，20pt 这些由小到大依次排列的字号均是小程序的常用字号。11pt 一般用来说明一些用户并不需要关注的文本信息，如通常位于页面最下方的“版权信息”；13pt 一般用来说明页面中的一些辅助信息，如网页的链接地址；14pt 一般用来说明页面中的次要描述文本，如列表摘要；16pt 一般用来说明页面中的主要描述文本，如正文内容；17pt 一般用来说明页面中的首要层级文本，如消息气泡和列表标题；18pt 一般用来表示页面中的大按钮；20pt 一般用来表示页面中的大标题，如结果页面等单一页面。

根据不同的文本信息来设置字体字号，形成字号规范，有助于用户区分信息的主次地位，明确知道哪些是主要内容，哪些是次要内容。这样的设置时间一久，用户便能依据小程序的字号来辨别主次信息，形成一种阅读习惯。

字体颜色是字体规范中的另一个注意点。小程序的字体颜色选择通常有五种，分别为黑色（Black）、灰色（Grey）、蓝色（Blue）、红色（Red）、绿色（Green）。小程序中的主要信息一般会用黑色字体表示；次要信息一般会以灰色字体表示；表单缺省值和时间戳一般用浅灰色（Light Grey）字体表示；内容较多且为主要文本内容的说明性信息一般用中度黑（Semi Black）字体表示；小程序页面中的链接则一般为蓝色字体；绿色字体一般表示已完成的内容；出现错误的内容一般用红色表示。

对于用户在小程序上的阅读体验来说，其字体的字号大小以及颜色深浅都是影响因素。字号过大不利于用户在单个页面上获取到较多的信息，字号过小则需要用户凑近手机阅读，不易阅读且有损视力。字体颜色的选择则会影响用户视觉上的清晰度。

所以，开发者在设计小程序界面时要注意字体字号的大小设置，做到以字号大小来区分页面中的主次信息，且字号要符合用户的正常阅读习惯；界面的字体颜色则要确保用户在使用小程序时能将页面内容看清楚、看明白。

除字体规范以外，小程序开发者在设计时还需注意列表视觉规范和表单输入视觉规范。列表视觉规范和表单输入视觉规范如图 4-11 所示，左图表示列表视觉规范，右图表示表单输入视觉规范。

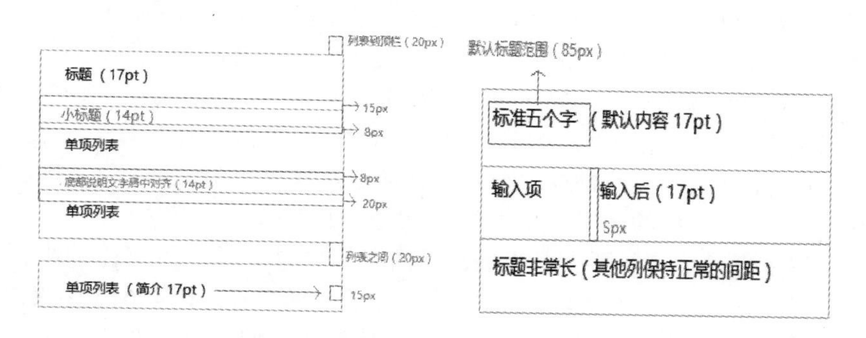

图 4-11　小程序页面列表视觉规范与表单输入视觉规范示例

小程序开发者可以按照图 4-11 所示的数据来设置小程序页面中的列表视觉规范和表单输入视觉规范。

总之，字体规范、列表视觉规范、表单输入视觉规范这三者都需要小程序开发者在设计过程中尤加注意。因为对于小程序用户来说，将小程序页面中的字体、列表、表单等设置成统一的规格，并以规范统一的最终页面展示出来，用户才会在使用小程序的过程中不仅感到视觉上的赏心悦目，还有整个使用体验上的赏心悦目。

4.3　小程序设计技巧

小程序是微信生态体系中的一个重要成员，它依附于微信这个超级社交 App，天生就具备微信的一些功能服务与流量优势。小程序的定位是让用户实现触手可及的服务体验，但这并不意味着开发者只能局限于工具思维。开发者在设计小程序时要关注小程序自身的特性与定位，将小程序置于微信这个大生态圈中去考量，而不是孤立地做设计。

4.3.1 背靠大树或成为大树

用户要使用小程序，首先就要打开微信，这是通常的程序。在大多数情况下，用户都是在微信中与小程序见面。不难看出，小程序与微信之间存在着密切的联系。如果把微信比作一棵大树，那么小程序就是大树下的乘凉者。小程序若想发挥出应有的价值作用，背靠微信这棵大树无疑是最好的选择。

如今，微信已经是国民 App，无论是年轻人还是中老年人，手机上几乎都会装一个微信。根据微信所发布的《2017 年微信数据报告》显示："2017 年 9 月的日登录用户达 9.02 亿，与 2016 年相比增长了 17%；日发送消息次数达 380 亿，与 2016 年相比增长了 25%；公众号越活越账号数达 350 万，月活跃粉丝数达 7.97 亿……"微信的使用广泛度和活跃度可见一斑。

小程序依靠微信获取了大量流量，下面我们可以通过"美宜佳"小程序是如何借助微信小程序在 15 天内拿下 20 万 + 会员、两个月内招募 66 万 + 会员的。

对商家而言，利用优惠活动推广运营产品是常见的手段，然而每次优惠活动结束后一般都会出现：

1）用户领取优惠券后，商家无法得知用户是谁。

2）商家无法知道用户是否使用了优惠券。

3）商家无法了解用户到底喜欢什么样的商品。

……

于是，无数商家在每一次做完优惠活动后，都会反问自己"这次优惠活动是不是真的有用?"。同样，以"加盟"模式运营的美宜佳同样也面临上述烦恼。未来解决"优惠是否有用"这个难题，美宜佳会员中心总监李芳提出了把"优惠和会员"结合在一起的想法，即用优惠触达用户，再把用户转化为会员。而成功达到"优惠 + 会员"模式的目的，李芳觉得借助小程序是最直接、最有效的方法。于是，主打"让利、优惠"的"美宜佳优惠券"小程序上线了。那么美宜佳是如何利用小程序把"眼熟用户"变成"忠诚会员"的呢?

1. 会员注册简单

用户登录"美宜佳优惠券"小程序后，系统会自动向用户发送获取用户基本信息的请求，待用户授权之后，无须填写复杂信息，即可自动成为会员。而且会员注册和领取优惠券是同步的，这样就减少了用户的操作，让会员注册更简单。"美宜佳优惠券"小程序页面如图 4-12 所示。

图 4-12 “美宜佳优惠券”小程序页面

此外，“美宜佳优惠券”小程序里的所有优惠券都有精准的数据记录，如图 4-12 所示，这样的设计可以让优惠券的去向更明朗。

2. 连接“线下 + 线上”会员

宜美佳借助附近小程序、公众号、微信支付以及卡包、模版消息，打造多元化入口，连接“线下 + 线上”会员。

（1）附近小程序

借助“附近小程序”功能，美宜佳可以让用户直接领取优惠券。

（2）公众号

美宜佳会定期在公众号里推广门店优惠券，目的是把公众号粉丝变成会员。

（3）微信支付

无论是线上用户，还是线下用户，美宜佳都会在付款时主动引导用户在

“支付”后进入小程序领取优惠券。

（4）卡包

从“卡包”也可以跳转到“小程序”，这个功能可以促使会员循环领取优惠券。

（5）模版消息

借助“模版消息”，美宜佳可以根据会员的喜好，主动向用户推送个性化优惠券。

除此之外，美宜佳还主攻线下用户，在门店的收银台桌贴、海报、宣传单等用户可以触达的地方，做一些明显标识，以便提醒用户进入小程序领取优惠券。之后，美宜佳还上线了“外卖小程序”，打通美宜佳门店的配送能力，并利用多入口、多形式向会员输出各种内容和服务，精准连接线上线下会员。未来，美宜佳还会继续在小程序流量上发力，并不断开放平台，从而为会员提供更好的体验和服务。

当然，我们除了可以背靠小程序这棵大树以外，还可以成为被称为大树的小程序。按照小程序现如今的发展趋势，想要成长为一棵大树也不是不可能的事。小程序想要成为大树，那就要做到以下几点：

1. 小程序应该独立出来

小程序想要成长为大树，就要形成一个独立的品类，创造出属于自己的市场需求。小程序现如今依靠微信获取大量用户，但有不少功能也被微信的社交思维所束缚。小程序如果独立出来，必定有自己更广阔的天地，就像当初的微信。当初微信也是借助 QQ 推波助澜才能发展壮大的，但它并没有一直都依赖于QQ，而是不断突破自我，创造市场需求，最后开发了摇一摇、附近的人等功能，在移动互联网社交通讯历史中闯出一片天地。

小程序可以借助微信的力量将自己独立起来，就像是在移动的巨大浪潮中摇摇晃晃的小舟，为了寻求稳定发展，其团队必然时刻寻求突破，培养出鹰的眼睛、狼的战斗力，最后建立起自己强大的市场。

2. 步步为营

想必很多人都记得巨人集团曾经投入大量资源，并借助五粮液酒厂这一大流量入口，就是为了能让其旗下的黄金酒一飞冲天，快速占领保健酒的市场。但是事与愿违，五粮液黄金酒的品牌塑造得并不算成功。相反，同样是保健酒的劲牌劲酒通过稳扎稳打、步步为营，在保健酒市场上打下良好的基础，培养顾客忠诚度，最后获得顾客一片好评。

小程序想要发展壮大，应该吸取黄金酒的教训，不宜过快扩展。如果在一开始就高速发展，很容易使市场逐步失去控制，难以为用户提供优质的服务。

小程序可以借助微信的力量守住市场、步步为营，让市场得到稳定增长，为自己的发展奠定良好的基础。

3. 积累储备兵力

小程序应该像iPhone学习，把握好自己的战略节奏，在适当的时机推出新功能，让用户感受到最好的服务。小程序只要掌握足够多的资源，那么在与竞争对手持续作战时，就可以将资源依次投入市场，获取市场的主动权，从而引导行业发展，成为众多树木中的参天大树。

无论是背靠大树还是成为大树，小程序只有具备足够强的实力才能在竞争中立足，成为行业的佼佼者。

4.3.2 不局限于工具思维，基于服务做拓展

小程序虽然需要有工具的简洁和特性，但是这并不表示开发者只能以工具思维来设计小程序。从用户角度来说，他们可能会把小程序当作工具来使用，便于自己快速解决问题，但作为小程序的开发者，决不能只停留在工具思维这一个层面上。小程序的核心是服务，那么开发者就应该基于服务这一核心向外做拓展延伸。

这里举个例子，某阅读类App团队正转投开发阅读类小程序，由于对小程序和App之间的概念并不清晰，所以在一开始设计小程序功能时，他们便只是单纯地将App中的内容搜索和图书聚类功能照搬到了小程序上。他们本以为会大获成功，可事实却告诉他们这一同根生的阅读小程序并没有达到他们预期想要的理想效果，用户对该小程序并不买账。

该团队经过对App和小程序的一系列的讨论分析后，意识到了原先存在的问题，他们决定跳出开发App时的固有思维模式，将思维出发点回归到最原始的地方——“阅读”这件事本身上来思考用户对于阅读的真正需求点。例如，怎样才能激发用户一直阅读的兴趣？用户在阅读时是否有做笔记、加书签的需要？最后，他们就做笔记这个需求对小程序的功能设计做了深挖和拓展，一切的思考与努力最终也没有白费，该阅读类小程序的使用情况逐渐转向了良好的方向发展。

这个故事是要告诉小程序开发者们，有时候在一个思维方式下走不通的时候，卸下固有的工具思维枷锁，以另一种拓展的思维来设计小程序会是一条新的出路。

小程序应该有一个核心的功能服务，但小程序在开发设计时，也应该以核心功能服务为基础，寻求拓展延伸。像上述故事中所提到的做笔记、加书签的

功能均未偏离阅读这一事件本身，单纯的阅读可能只是看和读，笔记与书签功能是与阅读紧密相关的功能服务，是由阅读这一核心事件而延伸出来的。基于小程序的核心服务来做与其相关的拓展，可以为用户带来更多的使用期待，甚至是自发主动地将小程序唤醒。

4.3.3　最好在自有 App 中切入社交关系

“小程序会取代 App 吗?”许多网站或者应用都在问这个问题。事实上，小程序不仅不会取代 App，还要在自有 App 中切入社交关系。小程序与 App 并不冲突，早在 2017 年 9 月，就有网友爆料，小程序支持跳转网页了。在“微信棋牌群排行”小程序中，点击游戏 icon，即可跳转到下载相应 App 的网页。小程序如其所言，“从一开始就没有打算取代 App。”这个能力的出现让大家更能看见小程序的诚意。基于微信社交生态，从小程序导流去下载 App，正说明了两者是可以并存的，甚至是相辅相成的。

微信本身拥有 10 亿用户的巨大流量红利，这是小程序被众多开发者看好的原因之一。但是当这批流量平均分配给成千上万的公众号，阅读量却达不到 5%，所以众多开发者都蜂拥而上，争抢小程序红利。在这种情况下，小程序想要被用户找到，主要渠道还是通过以下几个：二维码、微信搜索、模版消息、附近小程序、关联公众号，以及好友分享，如图 4-13 所示。

图 4-13　小程序流量入口

在这几个流量入口中，只有小程序二维码可以分散到其他渠道，其他的都要依靠微信生态才能进行。大家最期待的途径是微信关系链，但其实质是微信的重要命脉，想要得到这一关系链的可能性并不大，并且从长远角度来看，这并不符合发展规律。

但是 App 不一样，App 的用户群是大约 20 亿的智能手机用户，它能从整个互联网生态中获取流量（见表4-1），流量渠道十分丰富，还能在实现完整功能的基础上衍生各种形态。

表4-1　App获取流量的不同渠道

App流量池	
渠道分发	
第三方应用市场	应用宝、360手机助手、百度手机助手、PP助手、豌豆荚等
手机厂商市场	华为、小米、oppo、vivo、魅族、美图手机、锤子等
苹果正版越狱	XY手机助手、爱思助手、itools、同步推等
效果类原生广告	
资讯类信息流	今日头条、智慧推、一点资讯、畅读、搜狐汇算、新浪扶翼、Zaker等
社交类信息流	粉丝通、广点通、微信MP、百度贴吧、阳阳等
浏览器信息流	UC浏览器、QQ浏览器、猎豹、小米等
DSP信息流	有道DSP、多盟DSP、力美DSP、Imobi、Admob、聚效等
工具类信息流	wifi万能钥匙、酷划锁屏、红包锁屏、万年历、墨迹天气等
国内外网盟	快友、mobvista、yeahmobi、glispa、matomy等
视频类	爱奇艺、优酷、搜狐视频等
SEM/ASO	百度SEM、360SEM、神马SEM、appstore ASO等

App基于Android和iOS两大移动操作系统进行开发，功能比小程序更开放，运营以及推广限制较少，想法更有创意。不仅如此，App能够实现深层级的功能跳转，让用户得到更好的使用体验，这是小程序目前做不到的。

通过对比，我们可以看出微信获取流量的渠道以及开放性远远不及App，面对这种情况，商家应该更多地去考虑如何将自有App中的流量引进小程序中，让二者相辅而成，共同盈利。

4.3.4　融入微信生态，不能孤立地做设计

小程序存在于微信中，依微信而生，是微信生态中的重要成员，它被寄予连接人与物、人与人、人与服务的重大期望，与微信生态中的功能服务息息相关，给人一种“牵一发而动全身”之感。作为用户与服务的重要连接者，开发者在最初设计小程序时就应该将微信生态的整体搭建纳入考量的范围。图4-14所示为微信生态圈的示例。

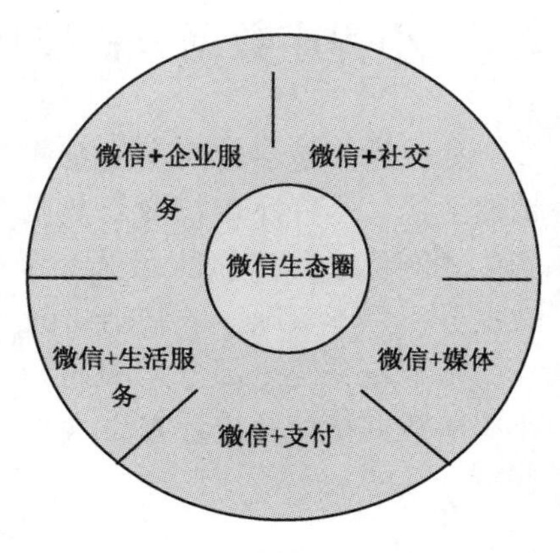

图4-14　微信生态圈

在“微信+企业服务”中，小程序是企业订阅号和服务号的补充和提升。企业原先未能通过订阅号和服务号实现的目标可由小

程序来继续完成。开发者在设计小程序时，也可以考虑从补充公众号能力的角度出发。例如，推出电商购买、抽奖打卡、社区交流等个性化服务。

在“微信+社交”上，小程序有着不可忽视的社交优势。小程序基于微信这个强大的社交平台，有不少功能都融入了不同的社交玩法。比如在“欢乐坦克大战”小游戏中，玩家可以直接邀请好友甚至是群友进行实时对战，还可以把自己的优秀战绩晒出去。因为“欢乐坦克大战”的这一社交属性，不少玩家自建微信群，让小程序的社交属性发挥得更为彻底。除了小游戏，小程序在社交方面还有多种花样玩法，像小名片等都要在微信的基础上实现社交。

在“微信+媒体”中，目前微信已经对小程序开放了多种广告投放形式。特别是小程序与小程序间跳转，开发者在设计过程中，就可以预留出小程序跳转位置，作为广告位或自家小程序矩阵的入口。

在“微信+生活服务”中，微信电子发票、微信卡券等都是开发者需要注意的。例如，微信智慧加油站，以一个小程序为载体，实现免下车加油、完成付款并开具发票。高效便捷的背后，其实是小程序在设计过程中很好地打通了微信生态中电子发票、微信支付等能力。

“微信+支付”很常用，线下门店点餐买单、线上电商购物、内容付费、游戏道具购买，小程序需要做商业变现，或承担支付功能，微信支付已经备好接口，这给开发者提供了不少便利。

我们可以看到，现在的小程序与微信生态已经融合得很好了。过去说到小程序，大家会下意识将其与微信公众号、朋友圈等区分为独立的体系，而随着越来越多小程序与微信原生态的连接，它们已经越来越融合，正在逐渐将微信生态体系构建完整。

4.4　小程序数据分析技巧

如今越来越多的商家或企业都加入了小程序，不计其数的小程序每天都在悄然上线，小程序市场愈发热闹。然而，设计开发小程序只是前奏，只有运营到位才能将小程序做大做强，吸引更多的用户。想要解决小程序的运营问题，数据分析是不可缺少的基础知识。

本节将分两个部分来阐述如何对小程序进行数据分析。这两个部分分别为小程序数据指标及统计方法以及小程序 AARRR 数据分析方法，可供广大小程序开发者参考。

4.4.1 小程序数据指标及统计方法

小程序是当下最热门的话题之一。随着小程序日渐成熟，市面上出现了很多统计小程序数据指标的方法和统计工具。当然，关于小程序的数据指标有很多，我们没有时间也没有精力一一进行分析，而是要通过精益分析的思维，从海量数据中找准小程序的几个核心数据指标，而这些核心指标通常会蕴藏在运营概览数据指标或者用户行为数据指标里面。

1. 运营概览数据

关于小程序运营概览数据指标，微信官方为我们提供了若干指标，比如打开次数、页面浏览量、访问人数、新访问用户数、入口页、受访页、分享次数以及分享人数等，如图4-15所示。以上这些指标和网页或者App里面的指标类似，所以，大家对这些指标应该会比较熟悉。

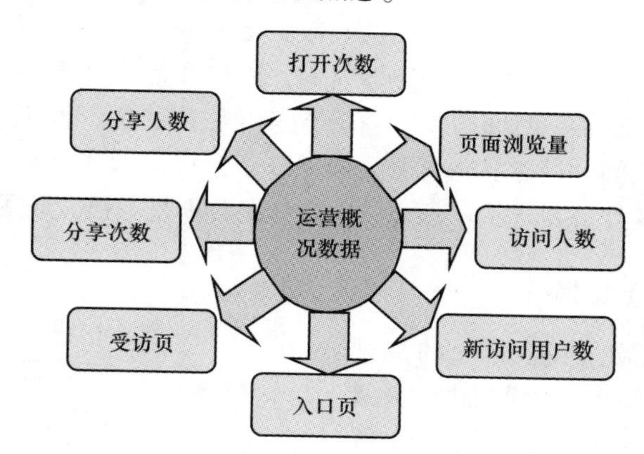

图4-15　小程序运营概况数据指标

（1）打开次数

打开次数是指用户打开小程序的总次数，其计算规则是用户从打开小程序到主动关闭小程序或超时退出计为一次，即一次打开次数是一个Session（会话）。

（2）页面浏览量

页面浏览量是指用户访问小程序内所有页面的总次数，其中，多个页面之间跳转、同一页面的重复访问可计为多次访问。

（3）访问人数

访问人数是指用户访问小程序内所有页面的总用户数，其中，同一用户多次访问不重复计数，只能计为一次。

（4）新访问用户数

新访问用户数是指用户首次访问小程序页面的用户数，其中，同一用户多次访问不重复计，只能计为一次。

（5）入口页

入口页是指用户进入小程序访问的第一个页面。另外，小程序中的每个页面都可以做成二维码推广，此概念与“落地页”类似。用户通过扫描不同的二维码，可能出现不同的入口页，这也可以作为一个数据指标，但是这个数据指标的概念还是比较新的，也应该引起我们的注意。

（6）受访页

受访页是指用户进入小程序访问的所有页面。

（7）分享次数

分享次数是指用户分享小程序的总次数。

（8）分享人数

分享人数是指用户分享小程序的总人数。

从以上运营概况数据指标来看，这些数据更多局限于运营概况，属于结果型数据指标。而且这些数据指标无法告诉我们，用户在使用小程序过程中发生了什么。例如，我们观察某一时间段的“打开次数”数据指标，发现这一时间段这类数据下跌了，而我们也只能发现这类数据下跌了，根本无法分析出我们的小程序出现“打开次数”下跌的原因。所以，运营概况数据是有很大局限性的。

2. 用户行为数据指标

由于运营概览数据指标的局限性，用户行为数据指标就显得尤为重要了，特别是有效的用户行为数据指标。用户行为数据指标主要包括以下 5 种（见图 4-16）。

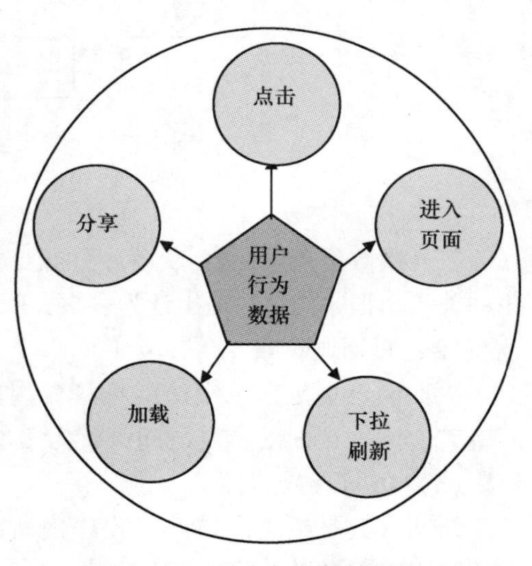

图 4-16　用户行为数据指标

如果把这些用户行为数据指标串联起来，并把它们放在合适的时间维度上，那么我们就可以看到用户的行为流和事件流。如果我们能把这类数据分析好，那么小程序的数据分析就是非常有意义的，否则我们所做的数据分析就显得意义不大。

毋庸置疑，用户行为的数据量的级别是很庞大的，我们也不可能对这些数据都一一分析，关键还是要找到真正重要的用户行为，即有效的用户行为，这些数据才是我们需要仔细分析的。以“点击”数据指标为例，用户在我们的小程序里可能会进行多次点击，那么我们应该关注用户在哪些方面的点击呢？下面以豆瓣评分小程序和今日头条 lite 小程序为例，向大家说明一下什么是有效的用户行为数据。

（1）豆瓣评分小程序

豆瓣评分是一个可以帮助用户查找电影评分的小程序。对于豆瓣评分小程序来说，哪些属于有效的用户行为数据呢？在豆瓣评分小程序的首页（见图 4-17）中，“搜索”模块说明用户在主动、明确地查找某部电影，这正是这款小程序期望达到的目的，所以，主动搜索就属于有效的用户数据。

图 4-17　豆瓣评分小程序首页页面

在评论区域，既有一些“短评”，也有一些“影评”，如图 4-18 所示。其中，“短评”模块中分为“最新短评”和“最热短评”，这些都是内容较短的评论；“影评”则是一篇长篇大论，详细叙述了电影里的一些情节以及作者的一些感想。

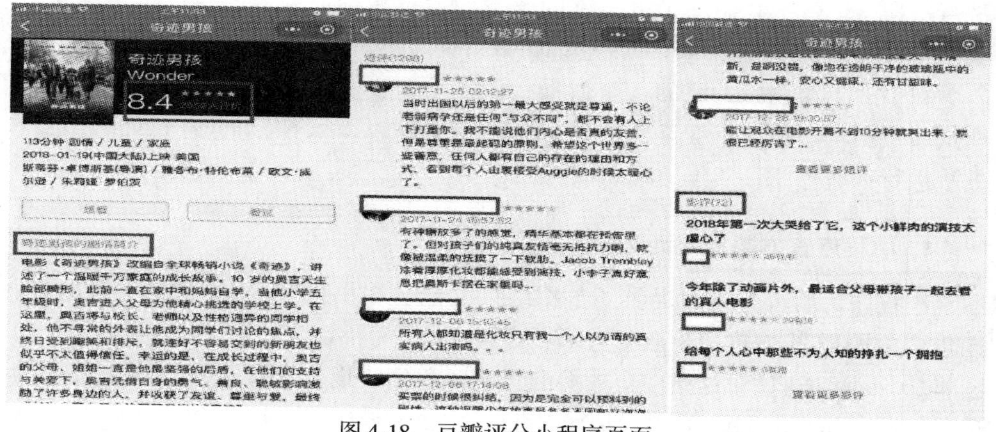

图 4-18　豆瓣评分小程序页面

（2）今日头条小程序

今日头条是一个专门做内容或咨询的小程序，“下拉刷新”“加载”这些都属于它的有效用户行为，如图 4-19 所示。从用户角度来说，“刷新”“加载”都是代表用户对这些内容有需求；对于今日头条小程序来说，用户的“刷新”“加载”次数越多，今日头条越是有更多的机会进行广告展现，进而获得更多的商业变现空间。

图 4-19　今日头条小程序页面

当然，除了用户数据概况数据指标和用户行为数据指标以外，还有用户特征数据指标。用户特征数据指标包括设备机型、网络类型、地域特征等。其他的还有用户渠道来源，无论是 Web 时代还是 App 时代，线下推广区分渠道都是一件棘手的事情。但是，小程序通过二维码可以很方便地连接线下，而且线上推广也很有优势。总之，二维码通过添加渠道参数，可以很方便地在不同渠道进行推广。不过，我们除了分析不同渠道的数量指标以外，还要把渠道信息放到用户特征信息里面，这样才能让数据分析体现出价值。

在讲述了小程序关键的几个数据指标之后，接下来要学习的就是如何去获取这些数据？目前，小程序数据统计方法主要有以下三种，下面对这三种统计方法进行一一介绍。

1. 小程序官方数据统计

小程序的后台为我们提供了数据统计功能。在小程序后台，我们可以看到比较全面的概览数据。例如，小程序的在线访问量以及产品的使用情况，如图 4-20 所示。通过对这些后台数据的分析，我们可以全方位地了解到小程序的运营情况。而且我们除了能看到历史统计数据以外，还可以看到实时数据，这样我们可以随时看到有多少人正在使用我们的产品。

除了小程序概况数据以外，小程序官方还提供了一定的用户行为数据，针对用户行为的监测，我们通过监测数据分析，可以更好地计算出小程序运营的具体情况。然而，小程序后台上面并没有对小程序做用户来源的统计。既然小程序为我们提供的官方统计数据并不全面，我们还需要借助其他统计工具了解小程序运营种。

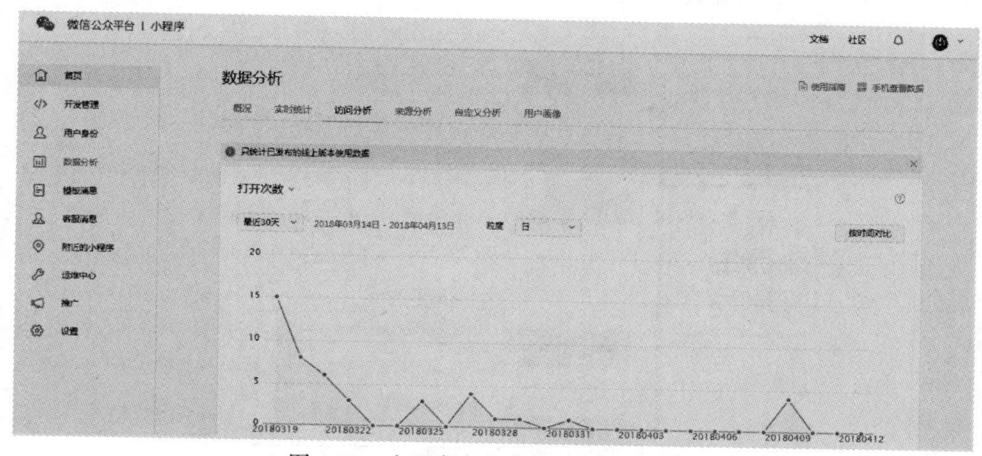

图 4-20　小程序官方数据统计后台页面

2. 第三方埋点统计

第三方埋点统计是一种比较老的统计方法，也是被大多数人所认可的统计方法之一。它的具体操作方式是为每一个用户行为定义一个事件，当事件触发的时候，生成信息并且上传，然后进行统计。第三方埋点统计方法能够统计的数据比较全面，因此在当时受到广泛使用。

埋点统计虽然能够记录的数据比较全面，但是它有一个无法忽视的缺点——成本太高。埋点统计，在开发方面所需时间太多，不仅需要开发人员花大量的时间去计划和开发，而且它的不确定性也太高，比如不埋点就无法得到数据，在埋点时犯了一些技术性的失误以至于造成了埋点的遗漏或者错误，都会使数据有所偏差。

而且埋点统计后的数据无法回溯，即使发生了错误，也无法看到之前的数据并与之对比，自然也就不能找到问题所在。所以，我们在利用第三方埋点统计方法前，一定要投入大量的时间和精力，仔细规划好每一个步骤，可以避免不必要的失误，规避风险。下面列举一些埋点统计的数据指标，如图 4-21 所示。

对小程序各项数据进行统计时，也可以采取自定义/第三方埋点统计方法，在开发小程序过程中，设计一些必要的“埋点”，这种统计可以全方位地了解小程序在运行过程中的各种数据。

3. 无埋点统计

无埋点统计方法也是比较火的统计方法之一，它操作便捷，只要定义一个需要统计的数据指标，即可进行数据分享。这种自定义数据分析方法，由于用法十分灵活，所以很多人都倾向于使用这种统计方法。

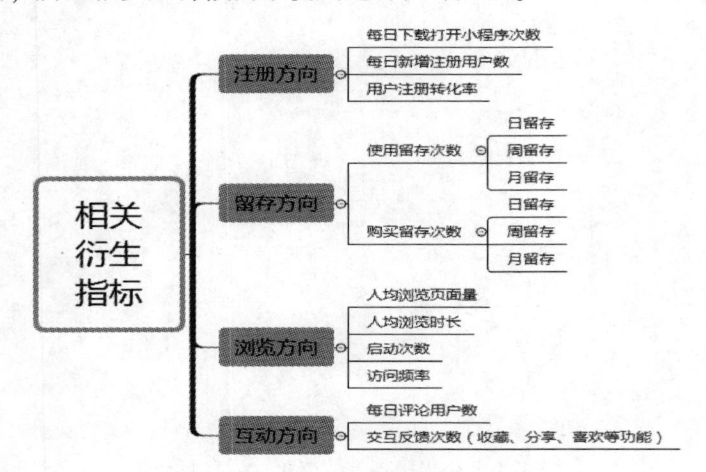

图 4-21　埋点统计数据指标

针对小程序而言，想要获得它的用户行为、用户特征、页面浏览量、访问人数等多个数据，只需要一次性集成 SDK（开发工程师为小程序的不同功能建立应用软件时的开发工具的集合）即可。下面列举一个关于小程序数据通过无埋点统计的操作流程，如图 4-22 所示。

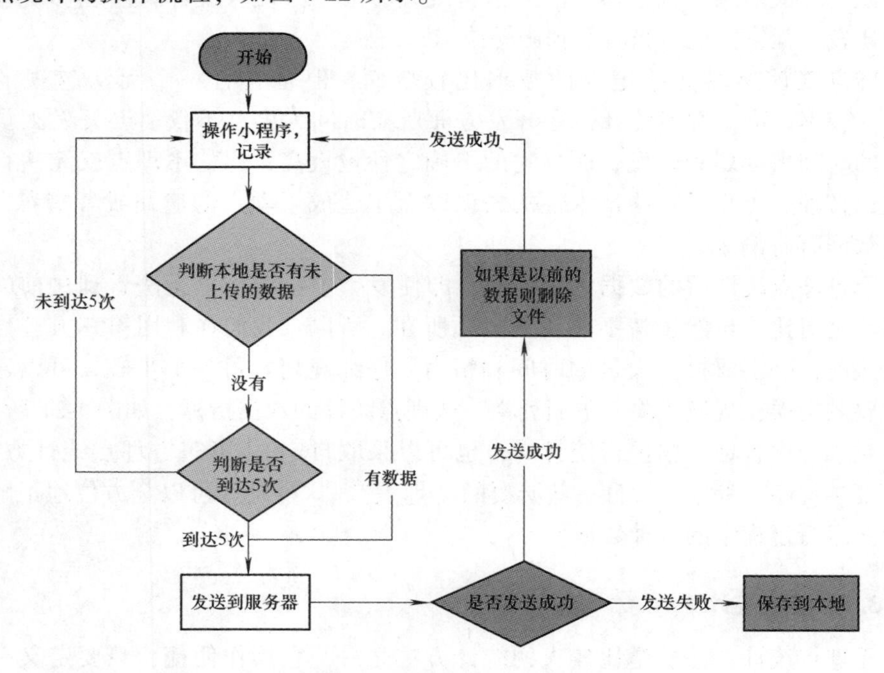

图 4-22　无埋点统计操作流程

有了无埋点统计方法做基础，再加上合理的人工配置，可以方便、快捷、有效地完成数据统计工作，既节省了时间，又提高了工作效率。

总之，通过以上对小程序主要的数据指标的了解，以及常用数据统计工具的学习，我们可以对各类小程序进行数据分析，以便可以更精准地定位小程序、运营小程序。

4.4.2 小程序 AARRR 数据分析方法

如果一家企业将市场上所有的数据都进行分析，不仅工作量大，还没有太大的价值，而围绕主题进行分析才能被称为有价值的分析。对数据进行有价值的分析是管理者做出正确决策的基础，价值不大的数据分析很容易让管理者决策失误。同理，用户增长是所有小程序都注重的主题，小程序的数据分析首先就要围绕着数据增长而进行。

与用户增长相对应的数据分析法是 AARRR，即用户获取（Acquisition）、激活用户（Activation）、提高留存（Retention）、获利变现（Revenue）与推荐传播（Referral），如图 4-23 所示。

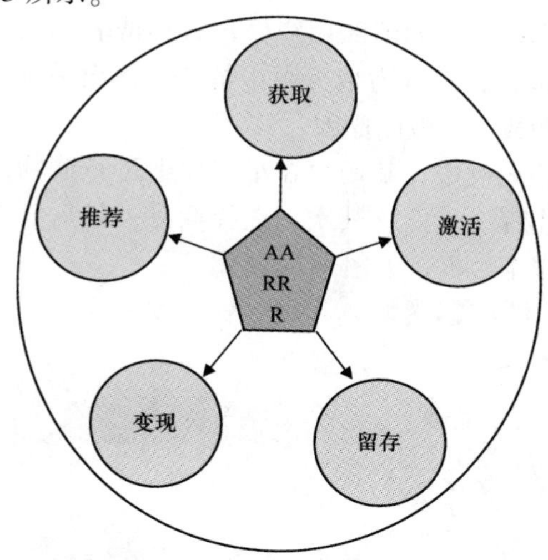

图 4-23　AARRR 数据分析法

下面我们来看一下，如何通过 AARRR 数据分析法对小程序用户增长进行较为全面的分析。

1. 获取

推广是需要成本的，所以在推广时商家要考虑优化推广渠道，提高用户转化率，从而降低成本。评估小程序的用户成本时，应该以用户打开小程序并完成某种有效动作作为标准。

小程序二维码推广是目前最重要的推广方式。某O2O小程序以相同成本分别在几个不同场景进行线下投放，进入小程序的方式就是通过扫码。下面是该小程序针对这次投放效果所做的数据，见表4-2。

表4-2 某O2O小程序投放效果

渠 道	扫描进入	下 单	支付成功
地铁站	2651	232	198
学校	2320	21	4
商城	4899	132	36
写字楼	1546	75	37

根据表4-2显示可见，该O2O小程序的评价标准是“下单”以及“支付成功”，完成这些动作的用户才是标准的有效用户行为。小程序数据分析时一定要以有效用户行为作为标准，才能针对推广做出正确的决策。

2. 激活

激活用户即让小程序里的活跃用户做出宣传或者购买等有效行为。小程序的数据分析要根据这些有效行为指标做出解读，得出关键点，从而根据关键点分析出激活用户成功或者失败的原因。

比如说在刚刚的案例中，某用户在小程序上进行购物，必定经过以下三个步骤：首先，进入小程序页面；其次，选择商品；最后，支付并完成订单。经过这三个步骤得出以下数据，如图4-24所示。

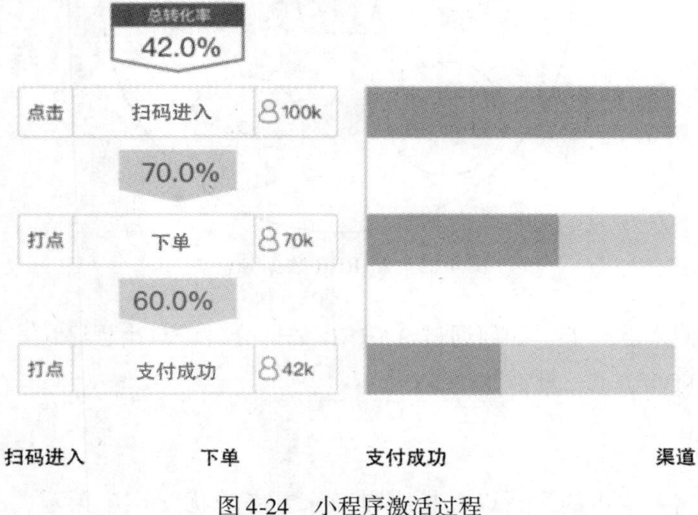

图4-24 小程序激活过程

通过图 4-23 所示的数据分析，商家就可以轻松了解哪方面的用户流失最多，并采取相应措施，提高用户的激活率。

3. 留存

小程序的留存率依然以用户的有效行为为标准，计算相关用户在一定时期内访问产品的次数。留存分析中的“魔法数字”概念也是很重要的，现在有不少社交巨头也都在使用这类数据。例如，某社交应用新用户在第一周添加 5 个好友，则该用户次周留存率将会高达 85%，如图 4-25 所示。

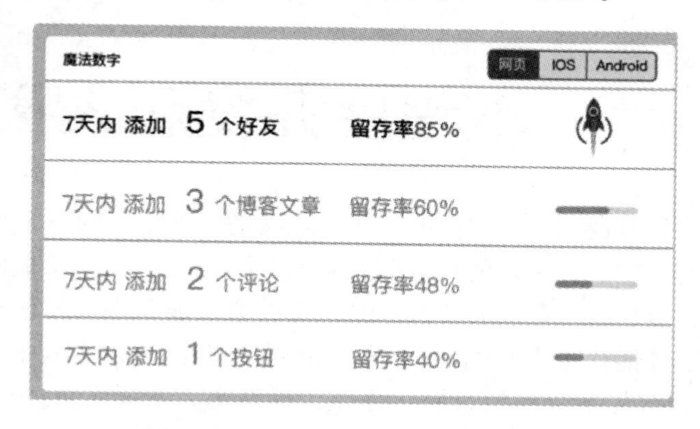

图 4-25　找到小程序留存的魔法数字

小程序也可以运用魔法数字提升用户留存率，比如上面案例中，小程序可以针对次周留存达到 85% 的用户推出“买二送一”等推广策略。

4. 变现

小程序必须实现有效变现，才能持久、健康地增长。小程序的数据分析可以采用 A/B 测试的方式，比如某小程序给部分用户推送广告，并根据用户的反感程度优化广告内容，并重新调整投放人群，从二者中取得平衡，实现有效变现。

5. 推荐

小程序可以通过组合标题、文字注释、图片，从而转发到微信群进行传播。小程序通过分析可以找出最佳的图文组合，从而提高小程序的传播率。同时，在数据上可以对传播小程序的用户的特点、分享前的共性操作等进行分析，从而得出提高传播率的关键点。

小程序进行数据分析时，并非要把 AARRR 的全部环节都计算出来，而是通过具体问题分析出该优化的环节，使小程序得到长远发展。

第5章

小程序开发和人员分配

在一个互联网产品的产出过程中，开发阶段是至关重要的一个环节。我们开发的小程序要想受到广大用户的喜爱和频繁使用，就必须在开发小程序前对小程序进行产品定位分析，这在本书第 3 章中已经做了详细介绍。只有前期的定位分析工作做好了，才能让正式上线后的小程序顺利地朝着预想的目标和结果前进。

现在越来越多的企业都想布局小程序，根据实力不同，企业可以选择不同开发的方式。对于互联网企业来说，自建开发团队进行小程序开发的难度不大。对于非互联网企业来说，想要快速创建一个小程序，借助第三方开发平台是个不错的选择。第三方开发平台中又可分为定制开发和模版开发。

本章节将从小程序开发的基本步骤、小程序开发的几种选择和小游戏开发的注意事项三个方面阐述。

5.1 小程序开发基础步骤

小程序的开发终究是要基于微信公众平台的。所以，无论是自建开发团队，还是借助第三方开发平台，在开发小程序之前，涉及企业相关信息和微信公众平台基本信息的，还是需要企业自己去完善的。例如小程序注册、完善小程序基本信息，本节将给大家讲述小程序开发的具体基础步骤。

5.1.1 小程序注册流程

与公众号一样，想要拥有小程序并让其正式上线必须先进行小程序注册。

对于刚刚接触小程序开发的人员来说，有必要清楚小程序的注册流程。成功注册是小程序运营的正式开始。

虽然注册的流程不算难，但由于小程序是实名认证，注册实体也多种多样，难免有些烦琐。所以现在要给大家详细地讲解一下小程序的注册流程。

小程序的注册方式有两种，分别是在微信公众平台直接注册和通过已认证的公众号快速注册。接下来向大家一一介绍这两种注册方法。

方法一：在微信公众平台直接注册，注册流程如图5-1所示的前5步所示：

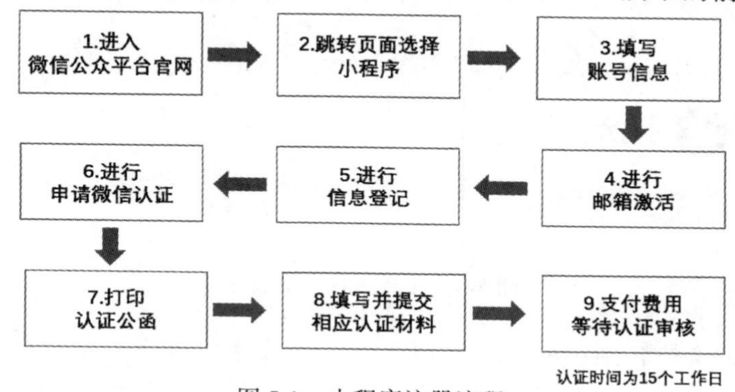

图5-1　小程序注册流程

首先，打开微信公众平台网页。在微信公众平台的网页右上角可看到“立即注册”的字样，如图5-2所示框选的部分。

图5-2　微信公众平台网页“立即注册”

单击“立即注册”字样，网站页面便会跳转到具体的注册页面，在该注册页面上有四种账号类型供开发者选择，如图5-3所示，分别为订阅号、服务号、小程序、企业微信。在这里我们选择左下角的“小程序”。

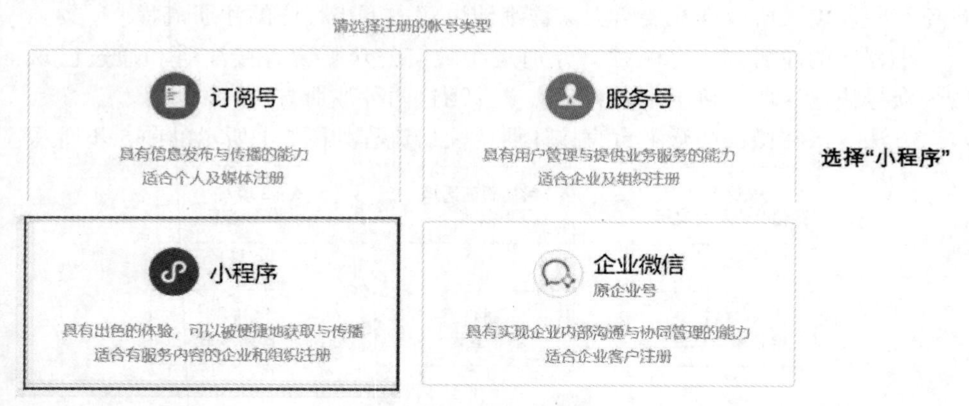

图5-3　注册账号类型选择

接下来便会跳转到小程序的注册页面。在该注册页面主要有三步骤内容需要开发者完成，分别为账号信息的填写、邮箱的激活和信息登记。注意，此处要填写的邮箱必须是未绑定微信号、未注册过公众号的邮箱，此处建议申请一个新邮箱填写。账号信息所要填写的具体内容如图5-4所示，主要是邮箱和密码的设置与确认。

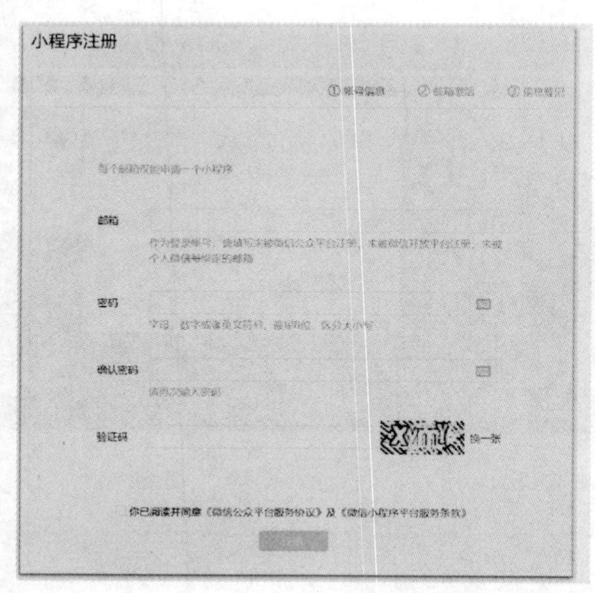

图5-4　填写账号信息的具体内容

在信息填写完毕后将会进入邮箱激活的页面，微信会往注册用户的邮箱中发一封激活邮件，用户要登录邮箱点击链接，邮件激活步骤就完成了，如图5-5所示。

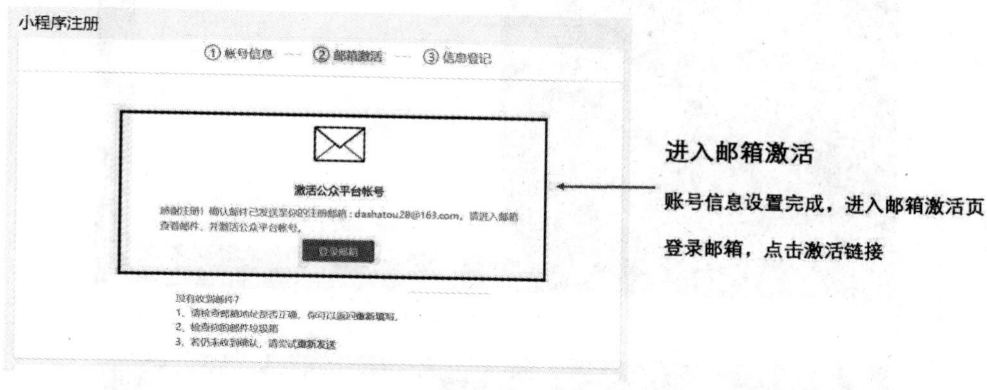

图5-5 邮箱激活页面

由于小程序只支持“真实用户”注册，因此每个用户都需要进行信息登记，如图5-6所示。由于用户的主体不同，需要完善的内容也不一样。

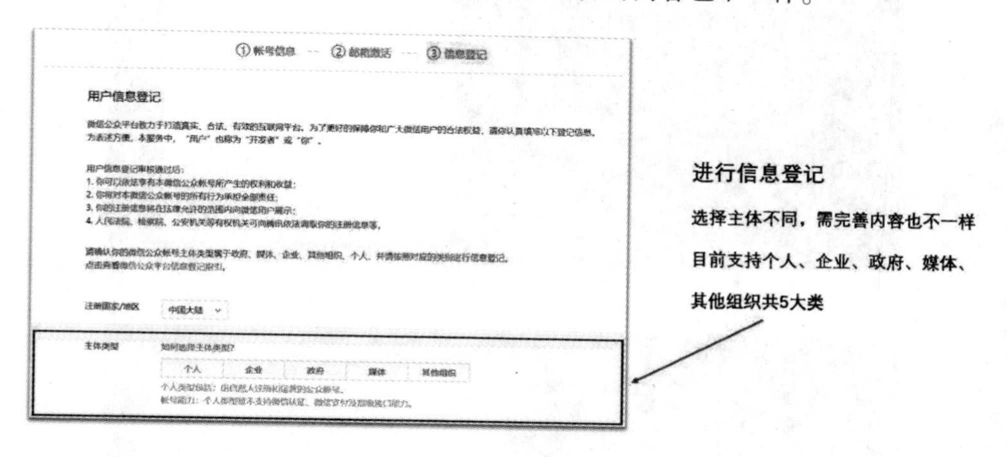

图5-6 信息登记页面

目前，小程序支持的主体有5种类型，分别如图5-7、图5-8、图5-9、图5-10、图5-11所示。其中最常见的为个人类小程序和企业类小程序，若涉及商业展示或微信支付等内容，建议选择企业类申请者。

以上就是第一次注册小程序且未注册过公众号的用户所需要完成的流程，通过这些流程，大家可以详细了解具体步骤，在申请时避免出现失误的情况。

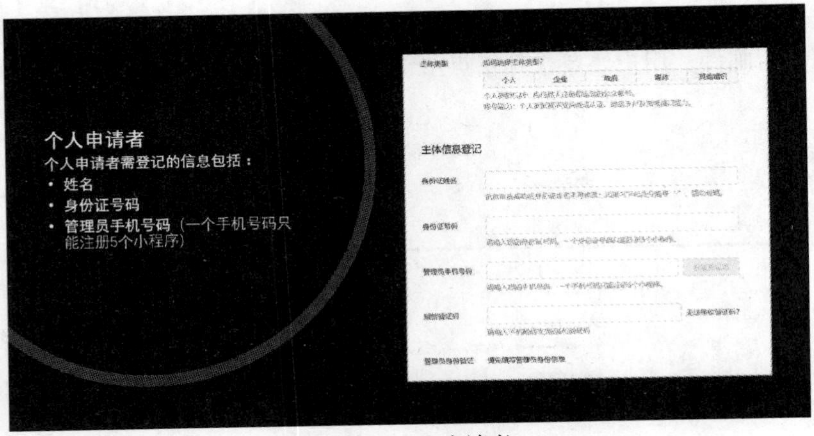

个人申请者
个人申请者需登记的信息包括：
• 姓名
• 身份证号码
• 管理员手机号码（一个手机号码只能注册5个小程序）
主体信息登记

图 5-7　个人申请者

企业申请者
企业类主体需要登记的信息包括：
• 企业类型（企业、个体工商户）
• 企业名称
• 营业执照
• 管理员信息等

图 5-8　企业申请者

政府申请者
政府主体需要登记的信息包括：
• 政府全称
• 注册方式
• 管理员信息等

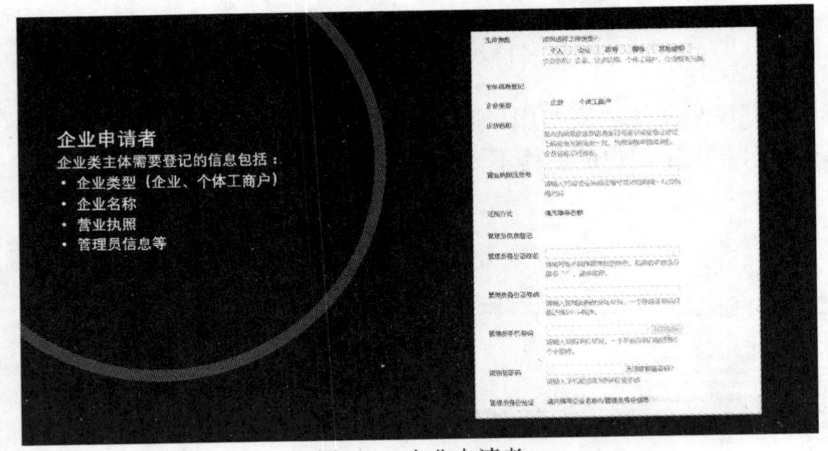

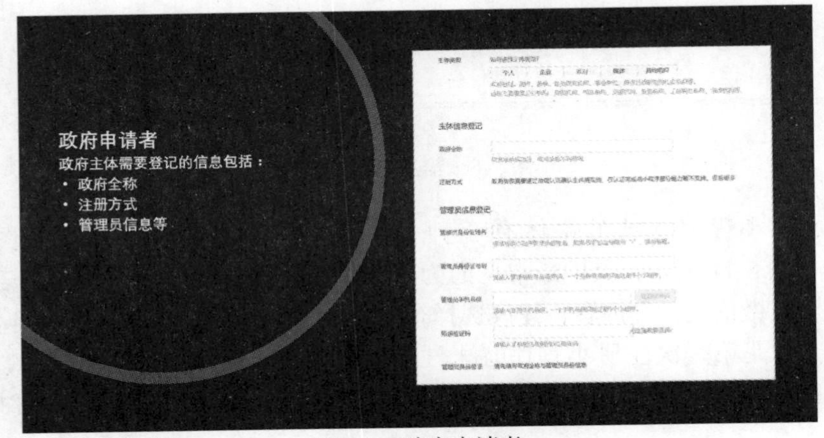

图 5-9　政府申请者

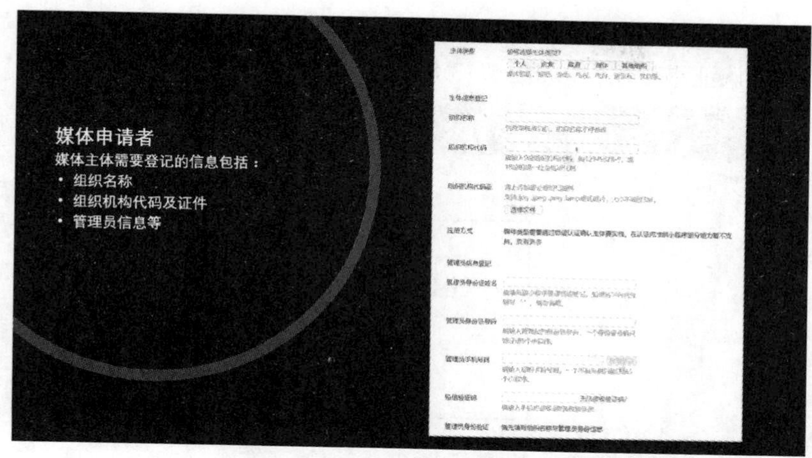

图 5-10　媒体申请者

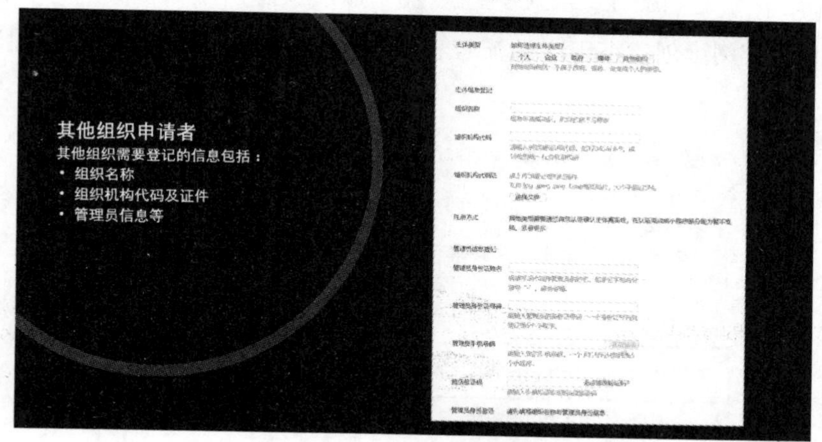

图 5-11　其他组织类主体

方法二：通过已认证的公众号注册

如果用户已有经微信认证过的微信公众号，那么就可以通过复用企业资质快速注册小程序。注册流程如图 5-12 所示。

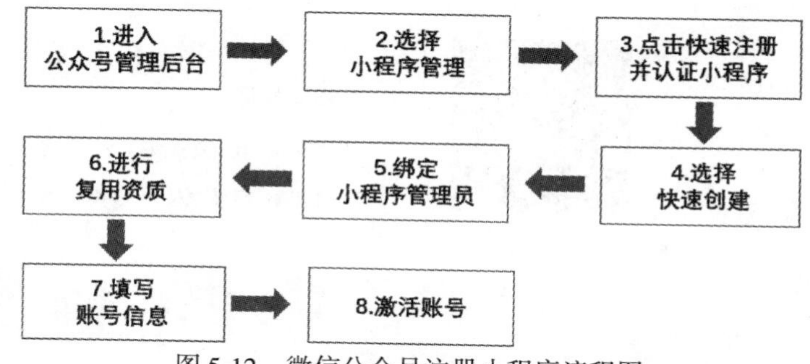

图 5-12　微信公众号注册小程序流程图

首先，进入公众号管理后台首页，选择小程序管理按钮，进入页面后单击“快速注册并认证小程序”，如图 5-13 所示。

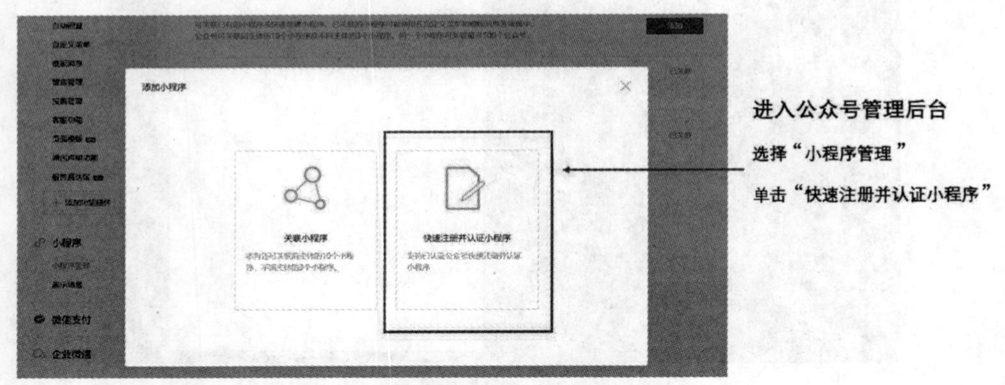

图 5-13　公众号首页“快速注册并认证小程序”

用户详细阅读创建小程序的流程，在框内打钩，并选择“快速创建”，如图 5-14所示。

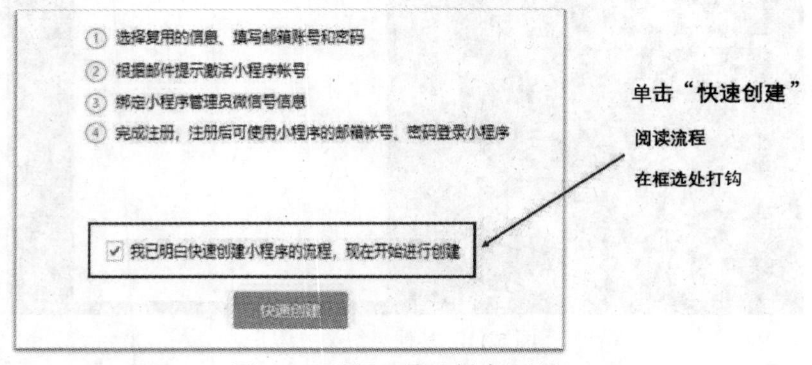

图 5-14　选择“快速创建”按钮

用户随后绑定小程序管理员，可以与公众号管理员一致，如图 5-15 所示。小程序管理员就是以后负责运营该小程序的人。

图 5-15　绑定公众号管理员

用户进行复用资质（见图 5-16），也就是说在这一步用户可以选择授权给公众号管理员，让他同时作为小程序的管理员。同时，已通过认证的公众号可以将微信认证资质同步给小程序，免去了小程序微信认证的步骤。

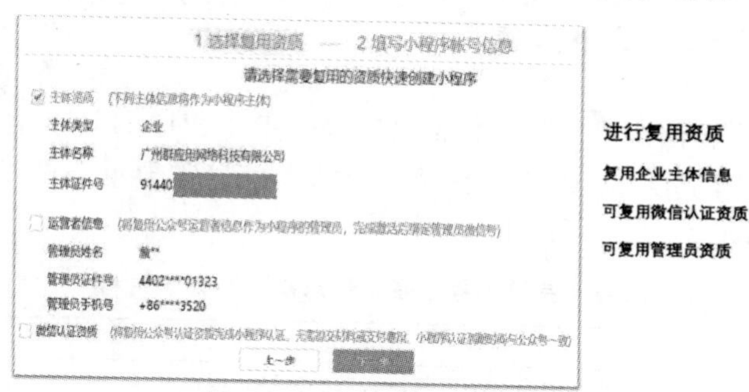

图 5-16　用户进行复用资质

最后，像方法一的教程一样，填写账号信息，并且激活账号，如图 5-17、图 5-18 所示，使用微信公众号的注册小程序的步骤就完成了。

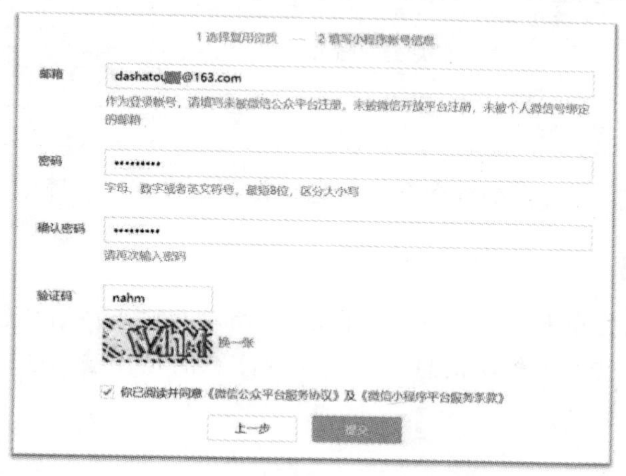

图 5-17　填写信息页面

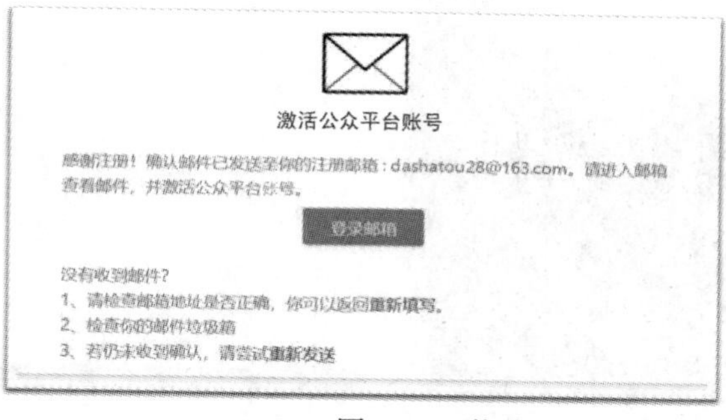

图 5-18　激活账号页面

目前，注册微信小程序的途径就是以上两种方法，用户大概了解过后，就可以动手操作起来，创建一个属于自己的小程序。

5.1.2　完善小程序基本信息

在注册完小程序后，企业商家必须尽快完善小程序的基本信息，才能保证小程序能够尽快上线。商家完善小程序的基本信息需要准备一些相应的材料，具体内容见表5-1。

表5-1　完善小程序基本信息需要准备的材料

详细资料	说明
小程序名称	小程序名称不可与他人的小程序名称重复
小程序头像	头像不允许涉及政治敏感与色情；图片格式必须为：png，bmp，jpeg，jpg，gif；不可大于2M；建议使用png格式图片，以保持最佳效果；建议图片尺寸为144px＊144px
介绍	小程序功能介绍（介绍与名称必须相符；不超过120字）
服务类目	服务类目需与营业执照经营范围一致（后台直接选择即可）
附近小程序地址	与营业执照一致
添加客服	客服微信号

根据相应材料，我们把完善小程序基本信息分为五个步骤，具体如下：

1. 输入账号与密码

搜索并进入“微信公众平台”官网，如图5-19所示，输入注册小程序时所使用的账号和密码，并进入小程序信息后台。需要注意的是在输入账号与密码时，注意区分符号的大小写。

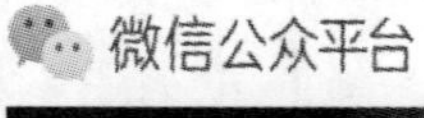

图5-19　“微信公众平台”官网页面

2. 进入完善信息页面

在小程序信息后台首页上，单击“填写”选项，进入完善信息页面。

3. 按照系统提示填写相应信息

进入页面后，系统会弹出相应提示让商家根据实际情况填写信息，保证信息的真实性。其内容如图 5-20 所示。

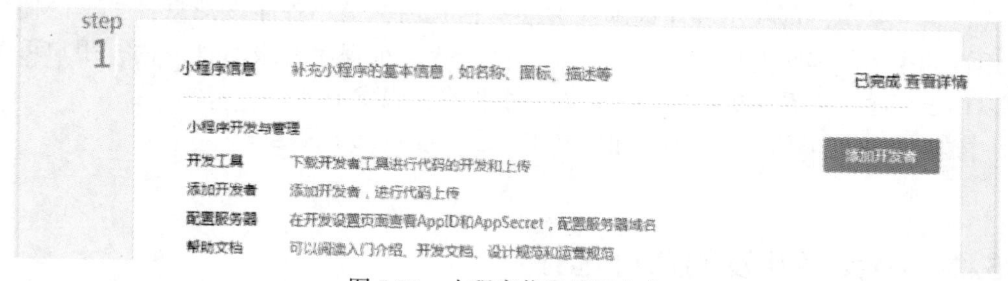

图 5-20　小程序信息填写内容

商家填写信息时，要注意名称不能与其他商家的小程序名称、订阅号与服务号重复，而小程序介绍要跟自己的名称相符。头像最好选择突出商家标记的照片，服务类目可以自行选择。

4. 添加“附近的小程序”功能

“附近的小程序”这个功能自开放以来，不少门店通过其收割了大批流量红利。但事实上，即使没有线下门店的企业小程序，也可以在“附近的小程序”中展示。下面是具体操作步骤：

需要登录小程序后台，在“附近的小程序”里进行上述操作，如图 5-21 所

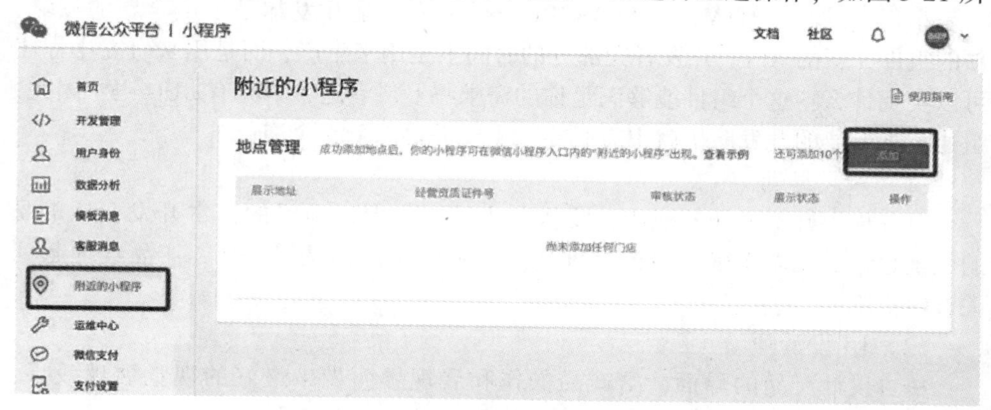

图 5-21　添加附近小程序

示。通过“附近的小程序”选项，单击“添加”按钮填写企业基本信息。需要注意的是添加内容中营业资质地址需与营业执照要保持一致。按页面指引填写完信息，经微信审核后，小程序就会在“附近的小程序”中出现了。

5. 添加客服

通过“客服消息”选项，单击“添加”按钮，最后输入客服的微信账号，将其与小程序绑定起来。添加客服消息按钮组件后，会出现两个客服消息会话入口：一是用户可在小程序内唤起客服会话页面，给小程序发消息；二是已使用过的小程序客服消息会聚合显示在微信会话“小程序客服消息”内，用户可以在小程序外查看历史客服消息，并给小程序客服发消息。

完成以上五个步骤，小程序的基本信息已经得到了完善。

5.2 小程序开发的几种选择

在本章概述中提到，小程序开发企业可以根据自己的实力选择自建团队开发，或借助第三方开发平台，其中第三方开发平台中又可分为定制开发和模版开发。本节将展开讲述如何选择适合自己企业的开发方式。

5.2.1 自建开发团队开发小程序

对于有实力的企业来说，自建开发团队是个不错的选择。自建团队开发对于开发内容有很高的自主权，能开发出令用户更加惊喜的小程序，在质量上也更容易把控。但自建开发团队除了成本高以外，对技术要求也非常高。

小程序虽然与 HTML + JAVASCRIPT 类似，但是开发却是一个全新的领域，新的组件，新的 API。开发者大部分的时间不是用来生产，而是用来研究小程序可以实现什么？这个组件能够满足你的需求吗？或者这个 API 有 BUG 吗？因此，组建一支专业的开发队伍就很有必要，主要需要以下 5 个岗位：

（1）产品经理

负责规划好整个开发流程，安排各人员工作保证项目的正常开发，最重要的就是总结功能需求确定好产品框架。一个产品最终是好是坏，产品经理起到关键性作用。

（2）UI 设计师

负责设计产品的界面，给产品操作和展现界面带来最好的视觉展现效果，一个 UI 设计师的设计功力决定了产品给用户第一眼的感受。

（3）前端工程师

在UI设计出界面图，将其以代码的形式实现，将设计人员设计的各种美轮美奂的特效效果以代码的形式搭建出来。

（4）后端工程师

后端框架的搭建，和前端一前一后一起将产品的整个框架搭建出来。

（5）测试人员

负责收尾工作，在产品搭建出来后，进行全面的测试，找出系统不合理的地方以及bug，测试排除所有问题无误后，产品正式上线。

5.2.2 小程序外包开发

我们说小程序开发门槛低，也是相对于App开发而言，对于没有开发能力的团队来说，小程序还是有一定的技术门槛的。基于小程序开发的市场需求，大量的小程序模版商开始衍生。根据业内人士的估计，目前只有15%的小程序是由企业自主研发的，另外的85%则是企业通过“外包定制+使用小程序模版”的方式来研发的。而在这85%的占比中，外包定制占了20%的比例，使用小程序模版的比例则高达80%，如图5-22所示。

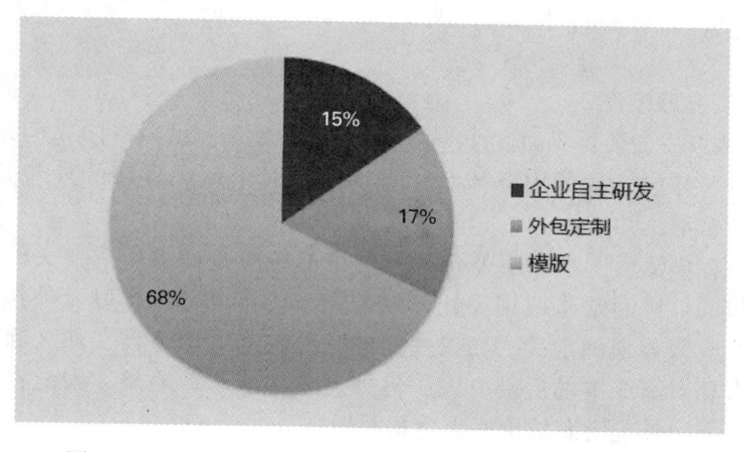

图5-22 外包定制和使用小程序模版在85%中的各自占比

那么商家该如何辨别不可靠的小程序第三方平台？又该怎样找到可靠的外包商呢？且看下文慢慢道来。

首先商家需要了解当前小程序的第三方市场是一个怎样的形势。小程序第三方开发市场包括小程序模版商和定制外包商。定制外包商可以根据企业需求开发小程序，个性化但价格会高一些。模版商相对而言价格较低，操作简单，但功能模块统一。小程序第三方平台的出现，特别是模版商在一定程度上也推动了小程序的发展。如今市场上比较有名的小程序第三方模版平台有小官网、微盟、有赞、小鹅通等。

另外，在当前的小程序定制外包开发市场上，存在着这样的景象：一方面，小程序外包商的迅速发展让传统商家有了更多选择的空间，小程序的进入门槛得以降低。另一方面，由于许多模版商都只顾抢夺小程序的红利，所以导致开发出来的小程序质量良莠不齐。企业商家在选择时要警惕两点：

1）留意企业的资质，特别是打着腾讯官方旗号的开发商，切勿相信。腾讯从未授权给任何企业为小程序指定开发商。

2）了解企业的技术团队。小程序的整个开发过程包含前端、后端、UI、API设置等内容，至少需要3～5个人才能完成。如果对方只有单人开发的话很有可能会出现后续服务跟不上的问题。

了解第三方开发平台的基本信息后，就可以进入下一个环节，一般而言，通过外包商来定制小程序的服务流程大抵是这样的：

1）填写一份详细的需求列表。

2）外包商对客户的功能需求进行分析。

3）双方确定产品功能。

4）评估项目所需的时间以及费用。

5）签约。

6）画产品原型图。

7）进入开发阶段：界面设计→后台小程序开发→测试→整合→上线→升级。

商家清楚外包开发的服务流程，有助于及时了解小程序的外包开发进程，而不至于什么都不知道。

服务流程摸清后，小程序外包开发的价格也应是商家所需要关注的。小程序技术外包的价格通常是根据委托开发的商家的不同需求，以及外包商自己所能提供的对应服务来确定的。如果使用的是外包商的服务器，那么除去前端设计，还会有相对高成本的后端开发，另外还要保证服务质量，因此在工程量比较大的情况下，外包定制的价格也会相对较高。

在项目完成后，外包商后期一般会提供1年的免费维护，包括版本的普通升级、不改变产品逻辑前提下功能的更新、服务器的维护以及页面的优化等。第二年开始，小程序的服务年费（升级费）一般会按照项目的15%左右收取。

上述这些内容均是商家辨别小程序外包开发商是否可靠的依据。当商家自身对小程序外包开发的相关操作和流程都大体了解时，他才能凭借自己的这些知识储备来找到可靠的外包商。在商家寻找可靠外包商的具体过程中，可以从以下六点入手：

1）要去实地观察：通过实地考察，商家可以直观地看出该团队是否够专业。

2）看公司规模大小：整个团队程序员的架构要与项目成本相匹配，如果小程序的项目成本是几十万，而这个技术外包团队却只有 3、4 个人，那么这个团队就是存在问题的。

3）看程序员的比例：作为技术外包公司，程序员应该占总体人员 80% 左右的比例。若比例过低，则很可能公司的销售人员比较多，那么转包的风险就会比较大。

4）看过往的实际案例：过往的案例可以体现出一家技术外包公司的技术水平究竟如何。

5）是否是代理：看外包商是直接接手你的项目还是通过转包的方式，一般而言，代理公司的服务质量往往差强人意。

6）看公司的口碑：可以通过朋友介绍或到社区去发掘一些优秀的外包公司。

5.2.3 外包 vs 模版开发到底怎么选

通过以上两个小节的介绍，不少商家都犹豫了：小程序制作，到底该用模版，还是找个外包定制开发？现在我们就从 3 个方面出发，看看小程序第三方模版与定制开发具体有哪些区别，以及你的产品到底适合选择那种方式？

1. 成本对比

作为商家，严格把控各项成本与质量是十分关键的。而模版与定制开发最明显的区别，就是价格了，两种模式的对比见表 5-2。

表 5-2 模版与定制开发的对比

	模　版	定制开发
价格影响因素	价格受功能与设计等因素影响，但相对定制开发，价格还是较低的	可完成个性化需求，价格按需而定。成本相对较高
迭代	由模版商统一更新或升级，无法单独迭代，无须费用，但等待时间较长	可及时进行今后迭代，效率较高，根据迭代内容来确定是否另外收费
参考价（主流价格）	1000 ~ 30000 元/年	10000 ~ 100000 元以上

（1）关于价格

模版：大多数模版商将模版区分为以下几种，区别大多在于功能与设计的增减：体验版、基础版、标准版、高级版。

虽然价格受此因素影响，但与定制开发服务相比，模版的价格还是较低的，甚至有时候购买一个模版，价格可能只有定制开发的十分之一。

外包定制开发：提供一对一量身定制服务，价格由产品需求决定。并有产品经理与商家对接，所以价格相对较高。

（2）迭代成本

模版：更新或升级不需要另外付费，但当你想实现某一个新功能时，只能提交建议，然后等待模版商更新。并且具体时间是由模版商决定的。

外包定制开发：在合同保证的售后时间内可以随时进行售后服务，有优化、迭代需求都可及时响应。费用方面，不同的外包商计费方式也不同，一般以升级迭代的内容而定。

2. 周期对比

很多商家知道可以用模版和外包定制开发的方式做小程序，但问题是，去哪儿找优质的模版资源？哪里有更多的模版商推荐？而表 5-3 就从三个方面对比了这两种方式的区别，方便商家在周期方面选择模版考虑得更为全面。

表 5-3　模版和外包定制三种周期的对比

	模　版	定制开发
寻求合作周期	周期短，从行业公众号媒体、行业微博等渠道，都可以获取到模版商资讯或广告，如“造程序”公众号	周期不定，由于开发成本较高，会需要更长时间考察
开发周期	无须再次开发	按需求而定，明确需求后的小程序纯开发周期约 5 ~ 15 个工作日
迭代周期	如需新增功能，可向模版商提建议，但具体执行与时间都由模版商决定	普遍每年一次迭代，如有重大 Bug 可立即修复，如需延伸迭代，费用另计

（1）寻找周期

模版：在相关的行业公众号、媒体、微博、门户网站等，都能看到小程序和模版资讯。还有许多模版商招收全国各地代理，这些代理商也会以各种方式打广告。想找到模版资源已经不算难事。

第三方模版无须再次开发，授权给小程序后进行页面设置即可。以小官网为例，企业商家通过手机或计算机操作，几分钟就能完成小程序的授权。但值得注意的是，快速生成小程序的前提是你之前已经准备好企业素材。例如小程序账号注册、文案、图片、模块调整等。这个过程所需时间因人而异（1 小时、半天、三天或更久都有可能）。

定制开发：在没有外包商资源的情况下，想要找到可靠的外包商，这当中寻找 + 考察的时间，所需要的时间相对更久，会让整个项目进度变得比较模糊。

（2）开发周期

模版：无须再次开发，使用小程序授权即可使用，一般要几分钟，快的例如小官网，30秒即可完成授权。

定制开发：小程序的开发周期实际上并不长，确认需求后，开发周期约5～15个工作日左右（根据实际需求而定）。

3. 功能对比

许多小程序行业大咖们都提到过：用户觉得好用，才是真正好的小程序。不管是用模版还是定制开发做出来的小程序，实用才是最重要的。下面我们可以从行业种类、覆盖面、功能三个方面做出对比这两种模式的实用性，见表5-4。

表5-4 模版和外包定制实用性对比

	模　版	定制开发
种类	商城类、资讯类、电商类、预约类、展示类、官网类、家政类、社交类、同城类、点餐类、外卖类、教育类、数据统计类等	左边有的我都有
覆盖行业	婚庆、电商、餐饮、预约门店、酒店、家居、KTV、健身房、珠宝行、服装、房产、建材、教育、美妆等	左边覆盖的都能覆盖
功能	在线预约、在线下单、视频、音频、点餐、点外卖、资讯展示、官网展示、数据统计等等85%的功能需求	除了左边涵盖的，还可以满足另外15%的个性化需求

这样对比来看，是不是感觉模版被碾压了？其实还不能这么早下定论，先看下去再说。对于模版来说，要适用于绝大部分商家，是最重要的。优秀的模版商会在原有的功能上不断进行优化，或根据市场需求迭代模版功能。而对于常规行业、没有太多个性化需求的商家，使用模版的功能已经是非常足够的了。

例如，我们平常看的牙医门诊，希望用小程序实现客人线上预约，并展示服务类型和企业介绍，这种情况，只需预约和官网展示功能就可以满足，如图5-23、图5-24所示。这类小程序不仅符合预算，且可快速启用，太复杂的功能反而会画虎不成反类犬。

那么，在定制开发方面，很明显，它能够满足常规需求的同时，更能满足商家个性化的需求。例如，工具类、游戏类小程序，因其种类、功能繁杂，这时候只有定制开发，才能实现各种天马行空的开发理念。

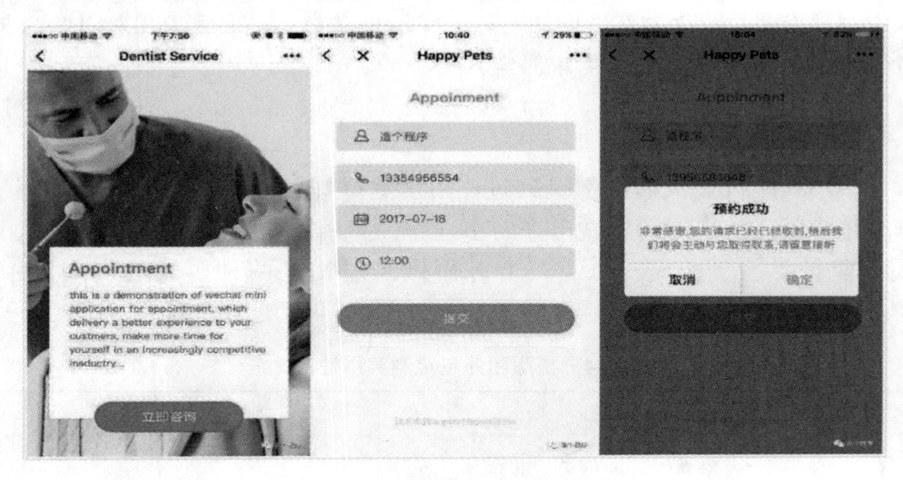

图 5-23　预约类模版生成小程序

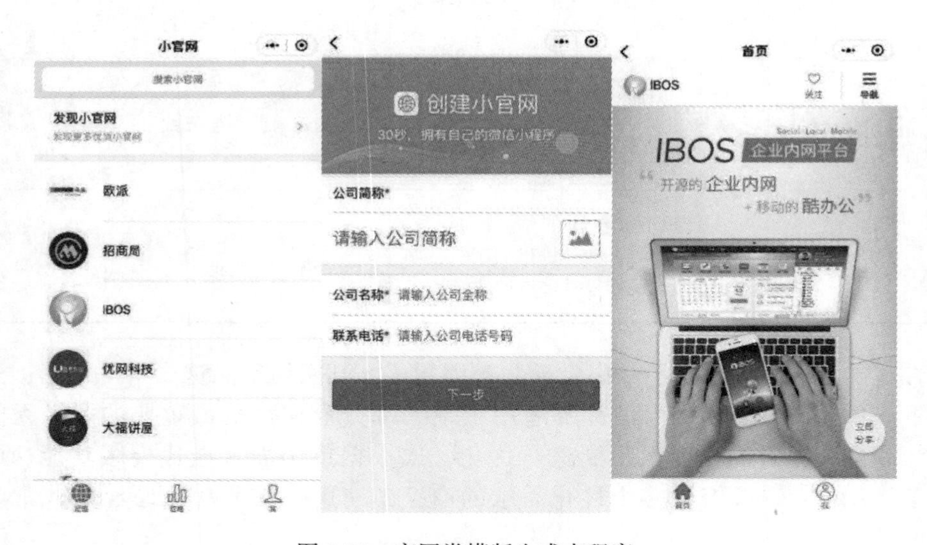

图 5-24　官网类模版生成小程序

例如，香蕉打码（见图 5-25）、思维导图 Nodes（见图 5-26）、三言两鱼（见图 5-27）或一些拍卖类、直播类的小程序，这些较为复杂的业务模式和业务场景，交互、设计、功能都需要 100% 符合产品预期的小程序，只适合选择定制化开发。

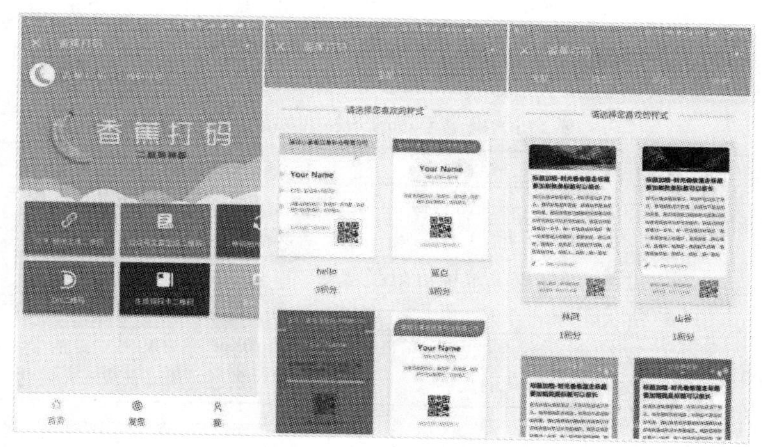

图 5-25　香蕉打码小程序

图 5-26　龙珠直播小程序

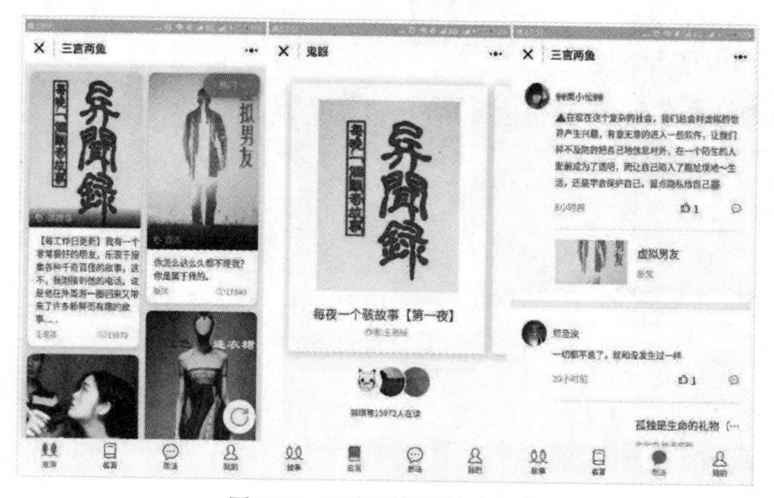

图 5-27　三言两鱼阅读小程序

通过以上三个方面的对比，大家脑海里也有了一个比较清楚的概念，为了大家看得更清楚，我们再做一个模版与定制开发的利弊比较，见表5-5。

表5-5　模版与定制开发的利弊比较

	模　版	定制开发
利好	费用成本低、所见即所得、可以即时启用、开发（等待）周期短	可满足个性化需求、任何天马行空的想法。页面能避免“撞款”
弊端	实现功能、覆盖范围有限、迭代较难	费用成本高、开发周期相对较长、无法即时启用、无法即时查看成果
适用人群	预算有限、标准化服务行业、业务简单、高度标准化的人群	非标准化服务、复杂的业务模式和业务场景、使用场景或不差钱的人群

模版开发小程序最大的优势在于费用成本较低，可以即时投入使用。也为更多中小商家提供更多机会，打通了更多获客与变现的渠道。同时，对于小程序这类新型物种，每个人都是在摸索中前进，而开发成本的降低，能够使商家将资金与精力回归到产品与用户本身，良性循环。

而定制开发，可以实现个性化需求已是最大亮点。例如，我们上面提到的那些例子，以及一些高度商业化的知名企业（麦当劳、星巴克等，如图5-28所示），除了需要实现符合品牌形象的功能，也不会希望与别人的小程序“撞款”，在这种情况下，定制开发是更好的选择。

图5-28　星巴克用星说与i麦当劳小程序页面

举个例子，第三方模版和定制开发，就像我们在优衣库买衣服，和找设计师量身定制的区别。在优衣库里，有多种款式与尺码（见图5-29），你可以随意试穿、挑选到合适为止，并能马上看到上身效果。

图 5-29　优衣库门店图

但买单后，这件衣服（模版）后续的保养等问题，大部分由自己处理，如果你想改个袖口、加个钉子之类的，或许商场（模版商）可以帮你处理，但如果你想在你买的西服上加上铆钉元素，这种比较个性化服务商场是做不到的。

而定制则相当于手工制作，裁缝可以根据你的身高、腰围、体重、肩宽为你量身打造，另外在面料的使用上可以完全满足的你的喜好，款式设计上能实现你最天马行空的想法，如图 5-30 所示。

图 5-30　量身定制

但是定制的服装，从设计 > 制造 > 成品试穿 > 细节修改 > 落地，需要花费的时间会比在商场里直接购买要长上许多，并且价格相对较高。

如果商家有个性化的想法，需要 100% 实现构思，或由于自身（业务）原因，市面上的衣服（模版）无法达到你的预期，就可以选择定制。比如姚明要买一套西服，普通人的优衣库是无法满足他的需求的，只能选择定制了。

最后我们来总结一下，模版和定制化开发分别适用于哪些商家或企业。

（1）模版

1）业务简单型：预约服务、外卖订餐、纯官网展示、纯预约服务、点餐外卖等。

2）高度标准化：电商、KTV、发廊、资讯展示、酒店。

3）中小商家、预算有限者。

（2）定制开发

1）功能复杂：拍卖、大型网购系统等。

2）业务复杂型：如首个高校小程序——砺儒小课堂，支持线上查课表、扫码考勤、在线选课、上传文件等功能，光使用模版是无法实现的。

3）创意型：如表情包、花帮主识花、包你说等新型创意小程序。

4）强个性化需求型：共享单车、政府/官方机构，如博物馆及直播类小程序。

5）部分工具功能型：传图识字、墨迹天气、微软小编等。

5.3 小游戏开发的注意事项

作为小程序的重要分支，小游戏的开发又有哪些注意事项呢？由于游戏的内容比较复杂，形态多样，目前小游戏的开发需要组建专业团队或定制外包完成。当然也不排除之后会有出现专门的小游戏模版商，帮助企业快速生成小游戏，应用于品牌营销等。本节主要聚焦原生小游戏开发的一些注意事项。

5.3.1 小游戏开发的 3 个注意点

在 1.3.1 “什么是小游戏” 一节中提到，小游戏是基于 canvas 和 WebGL 的图形引擎，和浏览器的运行环境不同，没有提供 BOM 和 DOM API，提供的是 wx API。通过 wx API，开发者可以调用 Native 提供的绘制、音视频、网络、文件等能力。小游戏运行环境如图 5-31 所示。

正因为运行环境不同，所以，基本上所有基于 HTML5 的游戏引擎都不能直接迁移到小游戏中使用，因为 HTML5 引擎可能或多或少都用到了 BOM 和 DOM 这些浏览器环境特有的 API。只有对引擎进行改造，将对 BOM 和 DOM API 的调用改成 wx API 的调用，引擎才能运行在小游戏环境中。具体内容可以在微信公众平台《小游戏开发文档》中查看。

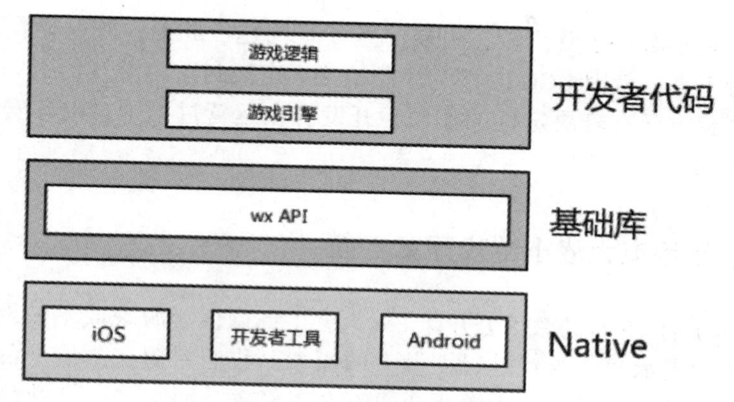

图 5-31 小游戏运行环境

虽然 H5 游戏不能直接搬到小游戏上，但改动的难度也不会太大。另外，小游戏作为微信的内嵌环境，能使用微信独有的支付和社交功能，这对开发者来说，能离变现更近。

除了技术方面，开发一款怎样的小游戏，也是开发者们需要注意的。从春节微信官方公布的小游戏报告统计中可以发现，Top 5 分别为：跳一跳、星途 WEGOING、欢乐斗地主、欢乐坦克大战、大家来找茬。前 5 个中，仅 1 款为棋牌类小游戏，1 款竞技类小游戏，其余 3 款均为休闲类小游戏。而在微信首次发布的 17 款小游戏中，竞技类仅 1 款，棋牌类为 6 款。从上榜率来看，棋牌类小游戏遇冷，休闲类小游戏受欢迎度更高。

事实上，分析微信用户打开小游戏的动机，大致为分两种情况：一种是消磨碎片化的等待时间，另一种则是受到社交圈环境影响。开发者也可根据这两点设计小游戏产品。跳一跳多人版游戏模式如图 5-32 所示。

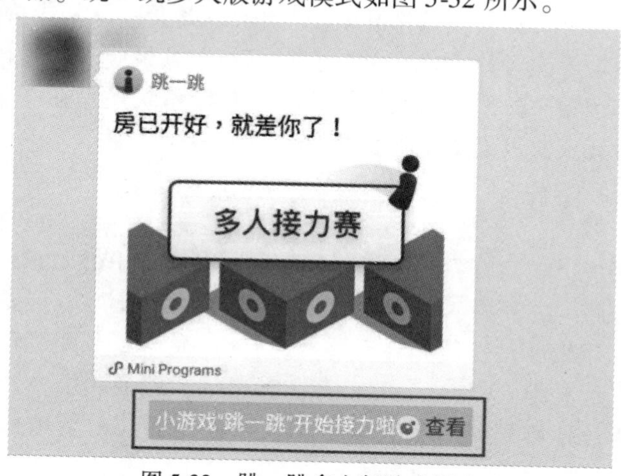

图 5-32 跳一跳多人版游戏模式

另外，在小游戏运营阶段，也要注意安全问题。此前，红遍微信的益智类小程序头脑王者，就因 UGC 内容不符合相关规定被封。小游戏的形态丰富，易裂变，而平台方又有着决定性的作用，开发者在运营过程中，内容安全问题也是需要注意的。

5.3.2 欢乐坦克大战小游戏开发复盘

2018 年 1 月 15 日的微信公开课 Pro 大会上，微信小游戏成了最重要的热点之一。张小龙表示“小游戏是近期最大的探索，我们希望在微信平台里面有很多高水平的小游戏，玩一个小游戏变成一个正经事，而不是一个纯粹浪费时间的事情。”

在公开课上，微信游戏产品总监孙春光分享了微信小游戏上线 20 天以来的部分数据：微信小游戏不到 20 天，累计用户使用数达到 3.1 亿。这个数据接近 2017 年上半年中国游戏用户自然人总数的 3/4，用户来源分别为 37% 游戏 App 用户、41% 游戏流失用户、22% 非游戏用户。孙春光还表示，未来，微信小游戏也将会推出用户投入度高、难度适中的游戏。

目前，小游戏注册已经对企业和个人开发者开放。小游戏在能力方面，已经开放了登录、用户信息、转发分享、游戏内快捷关闭小游戏、位置、发送到桌面（安卓）、异步语音、关系链、跳转 App、带参数二维码、腾讯云、小程序跳转小游戏、支付，共 13 种接口能力。

如带参数二维码，对于带社交属性的小程序游戏来说是非常有利的工具。分享带参数的二维码，邀请好友直接进入这个关卡一起协作对战。对于玩家邀请好友获得奖励，直接推动了游戏的社交性传播。

微信小游戏首批参与上线的作品中，《欢乐坦克大战》的表现可圈可点，无论从玩法设计还是界面设计上都非常符合微信小游戏的定位。《欢乐坦克大战》项目开发周期非常短，挑战难度大，但其项目开发团队还是在一个月的时间里，将单机、网络对战玩法等高难度项目开发完毕。

1. 架构

由于时间紧迫，项目开发团队需要同时完成单机和 PVP（Player Versus Player，玩家对战玩家）的开发，所以他们封装了一个 CMD（command，命令提示符）来设计战斗逻辑驱动。比如界面层发送 CMD 命令到业务逻辑层，让其进行处理，而在单机玩法中 CMD 命令就会存在客户端本地列表中，并在命令管理器更新原始数据时读取本地指令列表时，驱动业务逻辑层对其进行处理，最后形成用户所使用的摇杆控制坦克运动。而在玩家对战模式中，CMD 命令下达到服务器上，服务器将会传达到所有玩家处，玩家客户端的命令管理器在更新原始数据时，驱动业务逻辑层对其进行处理。经过 CMD 命令的引入，业务逻辑层变得抽象而独立，可以反复使用，减少开发成本。

欢乐坦克大战的项目开发团队在进行 PVP 的开发时，采用的是 c/s 模式的同步架构。该团队在客户端做碰撞检测，将检测结果发送至服务器，服务器将对结果进行校验以及做出伤害计算，随后通知玩家。欢乐坦克大战支持断线重连和客户端 crash 重连机制，重连后能够实现场景还原。

2. 挑战

欢乐坦克大战开发过程中，开发团队也遇到了不少的挑战，最后凭借娴熟的技术和不懈努力，把问题一一解决。该团队遇到的问题如下：

（1）微信小游戏平台增加了动态执行代码的限制

为了解决这一问题，该团队和 Cocos 引擎开发商进行沟通，并参考当时未发布的 1.7 版本所做的修改，对游戏中的源代码进行修改，最后问题得以解决。

（2）小程序严格要求了大小

解决措施 1：通过设置引擎模块，去掉不必要的模块，让引擎体积得以减少，如图 5-33 所示。

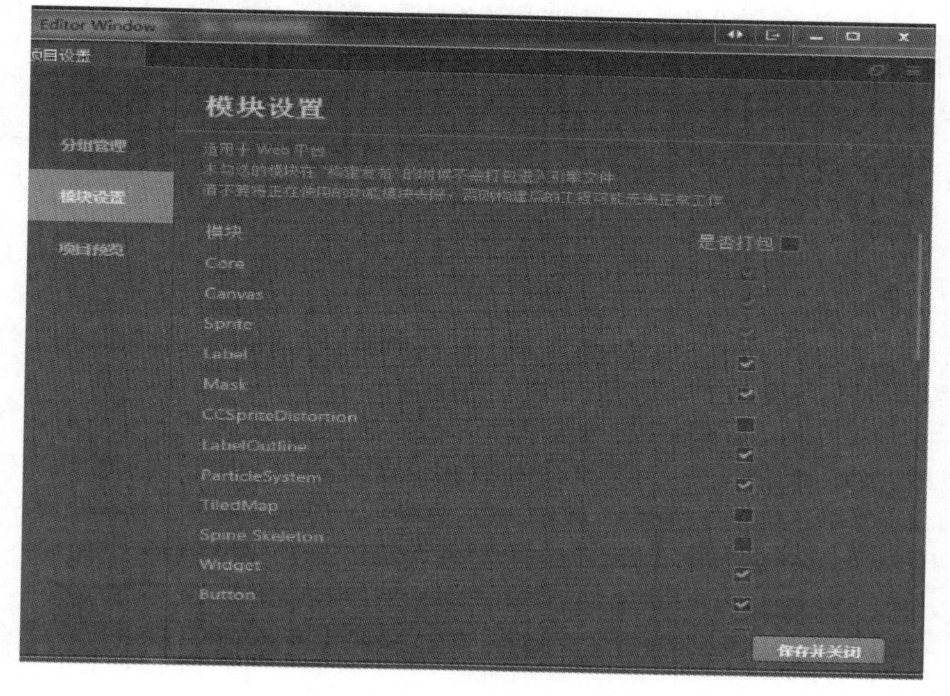

图 5-33　设置引擎模块

解决措施2：通过 pngquant 将图片压缩，减小 png 图片的文件大小。

解决措施3：增加一个资源更新场景，在游戏场景中业务模块才开始创建并进行场景切换。

解决措施4：为了减少 Bug 导致部分玩家下载的配置文件是旧版本的问题，该团队还使用了双 CDN 策略。双 CDN 策略在更新文件时，会将文件内部存储版本号加一，然后在两个不同的 CDN 内进行更新。

（3）脚本计算量大，需要优化游戏性能

解决措施1：通过优化 DrawCall，在渲染批次合并中合理规划图集，促使同一个层次的游戏对象使用图集一致，相邻的游戏任务使用材质也一致。

解决措施2：该团队设计了一个基于 mesh 的控件，先将圆形分为多个三角形并在其顶点赋予相应的 UV，最后得出圆形的头像，减少了头像渲染时不必要的程序。

解决措施3：该团队给 cocos 的 node 增加了属性 static，通过缓存 static 节点的计算结果，防止出现重复计算的问题。

解决措施4：欢乐坦克大战中的道具，如坦克、子弹、砖块等，都是采用对象池，在战斗场景中会有充足的预加载，在一定程度上减少了实时的对象创建与销毁。

解决措施5：欢乐坦克大战中的物体死亡时，将其设置死亡状态并移动坐标到远处，避免了因节点发生 active 导致的开销较大的问题。

解决措施6：对游戏中特效和声音进行裁剪。

解决措施7：通过设置美术资源的三个分级，由策划在资源表格中根据分级配置资源名称。这样一来，玩家在开启游戏时，系统会根据其机型和实际性能表现选择相应的分级。

《欢乐坦克大战》的项目开发团队抓住小程序的机会，用实力创造出一片天地。由于小游戏无需下载，无需注册，点击即玩。极大降低轻量化游戏的门槛，未来10亿的月活跃用户都有可能是微信小游戏的用户，所以欢乐坦克大战的流量入口必定是庞大的。

而未来微信小游戏将成为全品类开放、玩法不断丰富生态。初期游戏的特点将从碎片化、易传播游戏类型（社交、棋牌、消除、口碑游戏）向难度适中的游戏类型（模拟经营、IO 类、挂机、儿童类）再向高投入、低社交游戏（RPG、SLG、音乐舞蹈、塔防）逐渐推进，微信小游戏风靡全国指日可待。

第6章

小程序生成平台

小程序的开发继承了 Web 开发的特点，难度相比 App 而言，门槛低很多，前端人员上手快。同时，基于微信跨平台的特性，小程序开发能实现一套代码适配 iOS 和 Android 两种系统，节省了很多时间和人力成本。

不过，这些优势都是针对开发者而言。对于微信生态内基数更多的非互联网行业、中小企业来说，对于如何搭建一个小程序依旧是一头雾水，他们该如何参与到小程序中来？开发门槛与用户需求之间的矛盾摆在眼前，这时候，第三方小程序生成平台也就应运而生了。

据 2018 微信公开课 Pro 数据统计，目前小程序日活跃用户数为 1.7 亿、已上线小程序 58 万个，第三方平台 2300 个。除了官方的门店小程序、小店小程序，还有诸如小官网、有赞、See 小电铺等多种小程序生成平台。这些小程序平台的出现，让没有开发能力的用户也能快速拥有一个小程序。本章节将筛选一些具有代表性的小程序生成平台，客观阐述其平台的特点，供读者使用参考。

6.1 门店小程序

2017 年 4 月 26 日深夜，微信官方发布重磅消息：不用开发，公众号就可以快速创建“门店小程序”。运营者只需要简单填写自己企业或门店的名称、简介、营业时间、联系方式、地理位置和图片信息，无须复杂开发，就可以快速生成如店铺名片般的小程序。

微信自推出小程序以来，一直强调“线下场景”的应用，门店小程序的功能也从一开始的仅包含地理位置、门店照片、商家电话基本信息到如今增加会员营销、客服对话等能力。下面我们来详细说说门店小程序的几方面优势：

1. 创建简单，快速生成

与普通小程序不同，门店小程序的页面更加标准化、注重跟线下商家门店的捆绑。无须开发设计，商家只需前往微信公众平台注册小程序，并在“附近的小程序”选项中选择开通“门店小程序”，填写企业门店名称、地址、照片等基础信息，审核通过即可上线。

2. 展示形式多样可选

门店小程序刚推出时，展示内容单一，仅图片和门店介绍，被网友戏称“毛坯房”。但随着小程序能力快速迭代，门店小程序增加了新入口、新形式。衍生出“附近的小程序”入口，这是一个基于地理位置的企业商家展示广场，附近5千米的门店小程序均可在此处出现。通常情况下，一个小程序可以添加10个相关地址。另外，如今门店小程序页面还可以增加视频内容，丰富了门店小程序的展现形式，能增加对顾客的吸引力。

3. 提供核心营销插件

对于门店来说，效果明显且屡试不爽的莫过于“优惠券”“会员卡”以及“买单”功能，增加了营销能力的门店小程序，也就不仅仅是展示功能，结合“附近的小程序”，获取新客户会变得更加容易。不过，这部分的设置会稍微复杂些，“优惠券”和“会员卡”需商家在和门店小程序同主体的微信服务号中设置，“买单”功能还需门店小程序、服务号和微信支付商户号三者相互配合设置才能上线。

4. 拓展服务能力

门店小程序虽然样式简单，但和微信生态中其他版块功能相互打通后，我们发现，它的能力也已相当强大。除了上述功能，门店小程序还开放了人工客服和小程序跳转接口。商家可将店员微信号添加至小程序客服中，用户遇到问题可直接在小程序内咨询商家；另外门店小程序还支持跳转一个同主体小程序。也就是说，用户可以从线下场景的“门店小程序”回到线上场景其他小程序中。门店小程序展示页示例如图6-1所示。

每个线下商家都需要获取源源不断的新客户，微信就是一个巨大的流量池，人人想从中分一杯羹。上述讲了门店小程序的一些功能，这些功能要怎么用，能带来什么效果呢？

1）门店小程序＋“附近的小程序”入口，实现基于地理位置的商家广告展示。例如，用户去餐厅吃饭，但不知道附近有什么餐厅，环境菜品如何，这时候只需打开微信“附近的小程序”，就能找到 5 千米内的餐厅。

2）门店小程序 + 微信卡券能力，帮助商家在微信中获客。例如，附近的餐厅很多，用户不知道该选哪个好，一张优惠券就能极大提高用户的到店率。

3）门店小程序 + 买单功能，把流量圈住多次消费。商家可在门店小程序中增加优惠买单功能，只需一点小折扣，就能让用户买单免排队、提升支付体验，享受优惠，成为回头客。

4）门店小程序 + 小程序跳转、客服功能，为商家新增 O2O、外卖服务能力。例如，假设用户想吃饭，但懒得自己去，这时候就可以在“附近的小程序”中找到餐饮门店小程序，并从这个门店小程序跳转该商家外卖小程序下单，享受送货上门服务。

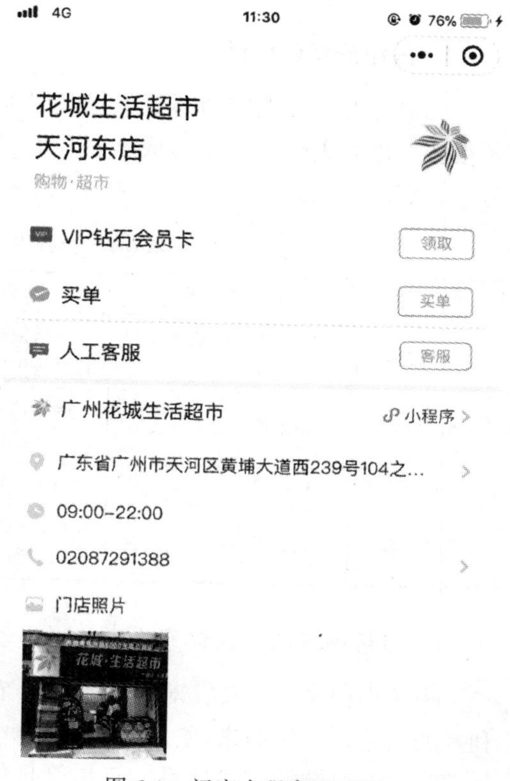

图 6-1　门店小程序展示页

张小龙在微信公开课上就曾多次强调小程序的线下应用场景，从门店小程序中我们也可以看到其潜能无限。相对于商家入驻新美大（大众点评网与美团网）需要承担高额的入驻费，门店小程序几乎可以称得上是零成本了，还无须和平台分成，经营线下门店的商家值得一试。

6.2　小店小程序

除门店小程序外，微信官方还推出一款主打电商功能的小店小程序。无须开发、不用第三方平台，有微信认证的服务号就能搭建小店小程序。小店小程序到底如何？本节将从小店小程序优缺点、意义方面分析，并在本节末尾附上小店小程序申请教程，供读者参考。

作为微信官方推出的电商类小程序模版，自然延续了微信的产品风格，主要体现在以下几个方面：

1. 搭建商城门槛低

无须开发、无须借助第三方，在服务号后台就能搭建，这在路径上就缩短了很多，也大大降低了学习成本。我们将小店小程序的搭建门槛，和定制编程开发、借助第三方平台快速生成的门槛制成表格比较，见表6-1。

表6-1 小程序开发类别对比

类 别	定制开发小程序	小店小程序	第三方平台生成
平台门槛	将需求对接技术部门开发完成	在微信服务号后台设置直接生成	注册小程序账号，第三方授权完成
费用门槛	费用普遍高于万元	除微信支付和企业认证，无其他费用	平台模版费几百至几千元不等
人员门槛	3～5人	可独立操作完成	可独立操作完成
学习门槛	高，需专业人员开发	低，在公共平台后台按指引操作	低，在第三方后台按指引操作

2. 自带完善的支付体系

小店小程序的出现，对传统行业、农产品电商、小微企业来说，是个重大利好的消息。对他们来说，想触网开启电商卖货模式，除了需要前端在内容上足够吸引，后端的支付体系、订单管理体系更是承接转化流量的核心。但定制开发费用高，第三方平台难以找到合适的模版，小店小程序就成了不错的选择。自带微信支付体系，和服务号之间的强关联在稳定性和流畅度上都不成问题。

3. 管理成本较低

只需打开微信服务号后台，就能对你的小店小程序进行管理。和在其他第三方平台生成小程序一样，授权后，小程序的内容管理需在第三方平台上进行。微信小店小程序将管理后台和服务号后台的“微信小店”合并，商家不需要跨平台管理，学习成本低，而且小店小程序自动和你的服务号相关联，也为商家省去了不少步骤。

但小店小程序作为官方新推出不久的电商模版，还有很多不够完善的地方。经不少商家体验后，总结出以下两点：

（1）电商基础功能不够完善

“知晓程序”就曾报道，有用户在小店小程序中下单，因店家填错发货地址，造成了物流暂无数据。但在小店小程序后台却无法修改物流信息，且查看不到填写的物流单号。缺少物流信息重新编辑功能这是其一，在客户方面，对方的订单页也没有“退货”和“取消订单”按钮，只能“下单无悔”。

（2）上下架货品操作冗余

商家体验后的另一点，他们表示，有些操作和电商运营者的操作习惯不同，导致需要多次跳转重复点击，体验不好。例如，在下架商品时，不能在已分组的类目中选择商品下架，而是必须在“商品上下架”处（也就是所有商品处），才能进行操作。

不过，以上两点主要在于功能和体验问题上，改进起来并不困难，微信的做法向来是测试先行、快速迭代。门店小程序不也是从一开始单一的“门店名片”到如今多能力加持，或许在不久的将来，我们也能看到一个更加完善的小店小程序。

相对于第三方服务商的良莠不齐，小店小程序对以线下销售为主、但没有开发能力，想尝试电商的商家来说，还是值得信赖的。在此前，微信公开课曾曝光过一些不良的小程序第三方服务商，打着腾讯的旗号高价招商，宣讲内容及网上流传文案煽动性极强，实则是做着坑蒙拐骗的事损害消费者利益。如果你不太确定某个小程序第三方平台是否靠谱，又想用极低的成本拥有一个可快速上手的电商小程序，小店小程序可以作为一个不错的选择。

另外，我们也看到，小店小程序的电商功能较为基础，营销插件也仅为卡券系统中的会员卡、优惠券，如果你需要更加“刺激”的社交红包、分享金等营销功能，可以考虑其他第三方平台。

附：小店小程序开通流程

所有认证公众号均可快速创建微信小店小程序，但需开通微信支付，所以，除非是政府、媒体、组织类订阅号，企业需要用服务号创建小店小程序。下面给大家讲一下微信小店开通攻略。

1）登录微信公众号后台，选择微信小店功能，如图6-2所示。

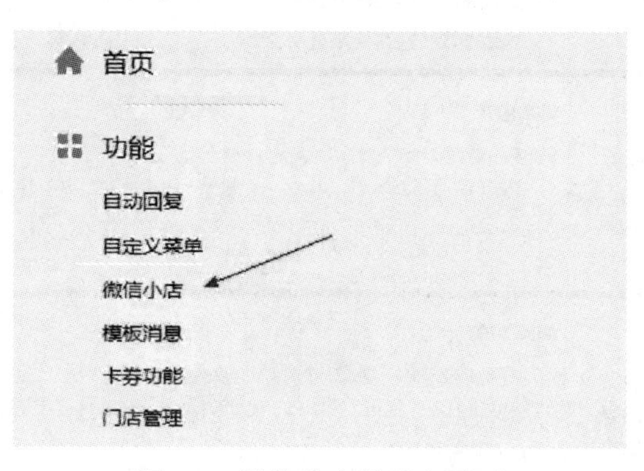

图6-2　微信公众号后台页面

2）进入微信小店页面后，点击开通。需要注意的是，开通之前需要阅读申请条件，满足认证服务号以及开通微信支付两个条件后才能进行申请。

3）根据系统要求填写微信小店名称以及上传小店头像，并按照产品选择相应类目，如今有8种产品需要相关资质证明，如图6-3所示。注意，在小程序介绍上不可留空。

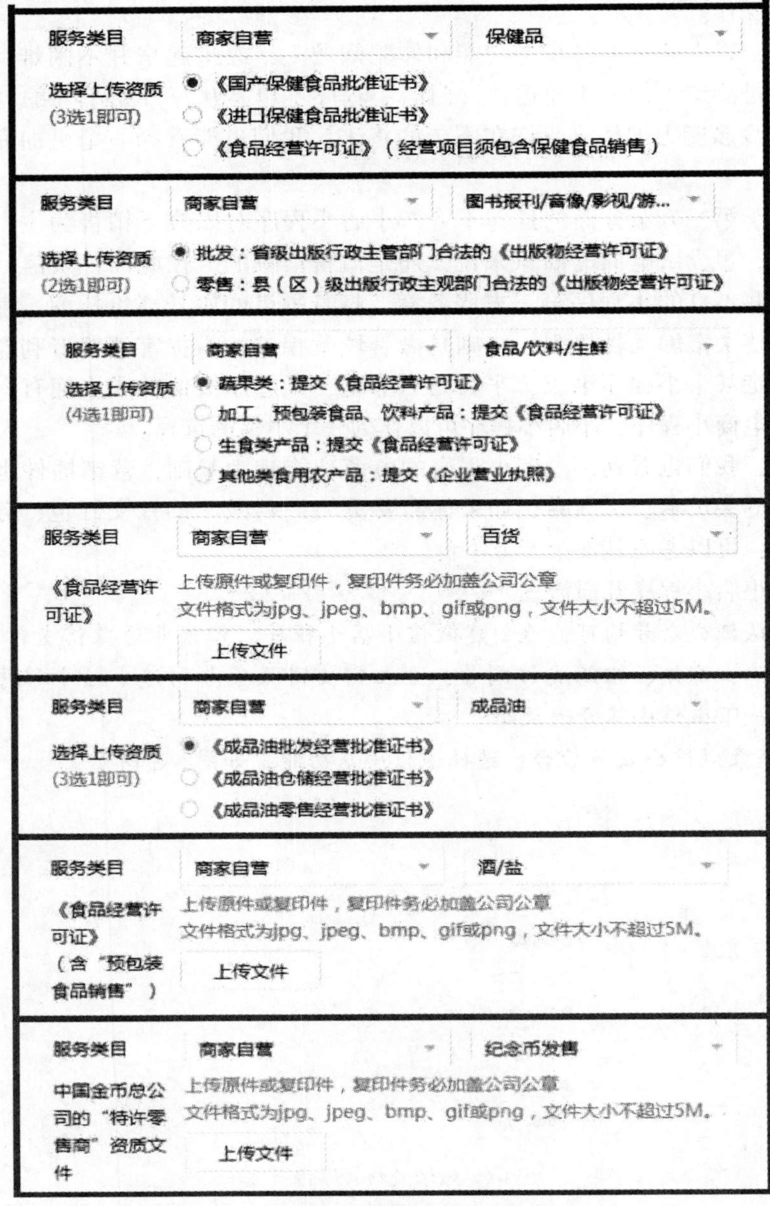

图6-3　8种需要相关资质证明的产品

4）填完相关信息后，单击“确认”按钮后会弹出相应的二维码。商家使用微信扫一扫会被提示是否确认开通小店小程序，如图6-4所示。商家单击“确认”按钮后，系统会自动跳到后台审核页面。

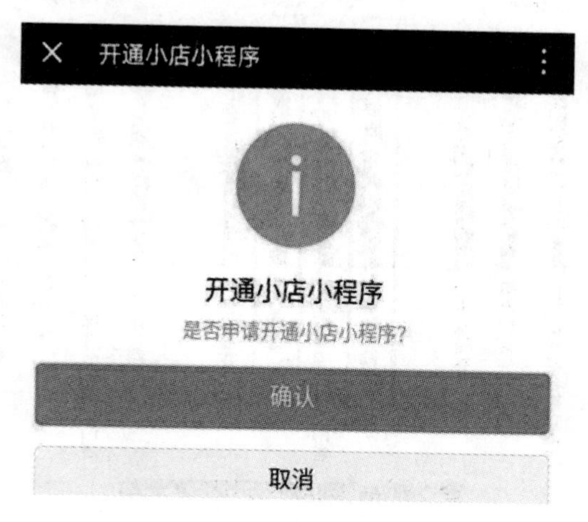

图6-4　确认是否开通界面

5）小店小程序开通完成，可进行后续上下架货、在“卡券功能”中添加卡券等操作。

6.3　官网类小程序

在互联网兴起之时，企业建站比例就节节攀升。人们的消费行为中往往会插入一个“线上搜索”环节，而官网往往承担着“企业门面”的作用。除了提高信任度外，官网对网络营销也有不错的促进作用。据CNNIC报告显示，无论从营业额、营业利润、还是利润率而言，建立了自己网站的企业，都要比没有建站的企业好。中小企业网站对经营的影响列举如图6-5所示。

随着互联网从PC端向手机移动端迁移，用户习惯也从电脑搜索向手机搜索转变。小程序出现后，因其自动适配移动端，在小程序上建站也成为不少企业的首选。“小官网”就是一个专门的小程序建站平台，能帮助企业快速生成小程序官网。

小官网的“移动化属性”做得非常彻底，它本身就是个小程序，而且是目前市面上唯一支持完全手机移动端操作就能生成小程序的第三方平台，换句话说，小官网是个能生成小程序的小程序。在小官网接触的企业案例中，集团型企业、传媒业、咨询业、互联网科技业及制造型企业，都是主流客户。这些企业有两个共同点：一是对企业品牌重视，例如集团性企业，官网对他们来说更多是展现品牌实力、企业文化的门面；二是以大型或定制型产品为主的企业，他们在和客户洽谈时，需要能传达准确信息、生动案例的载体。

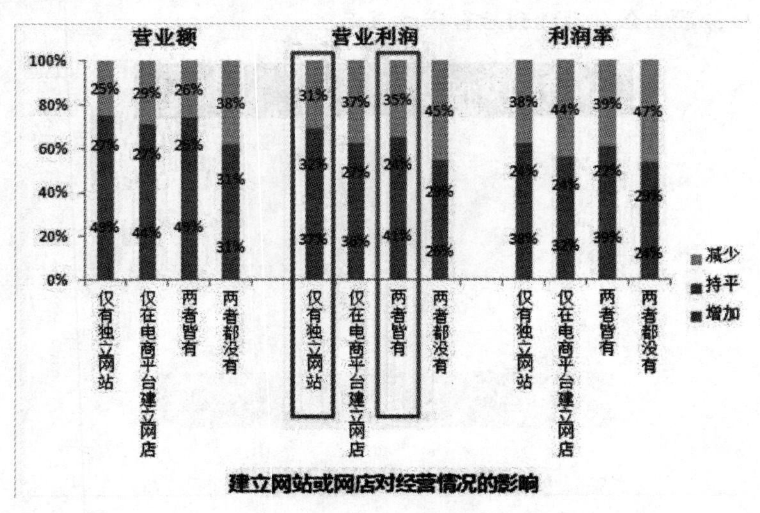

图 6-5　中小企业网站对经营的影响

和传统建站需要开发、设计不同，小官网提供各类模版，支持拖拉拽的可视化编辑，只要会玩微信，基本上花上半小时就能完成一个小官网的搭建。具体来说，小官网的优势体现在 5 个方面：

1. 双模可视化编辑，操作便捷

商家在手机或者计算机两种模式下都可以对小官网进行编辑，并且只需要在页面上进行简单的拖、拉、拽等动作，就可以完成页面设计。双模可视化编辑如图 6-6 所示。

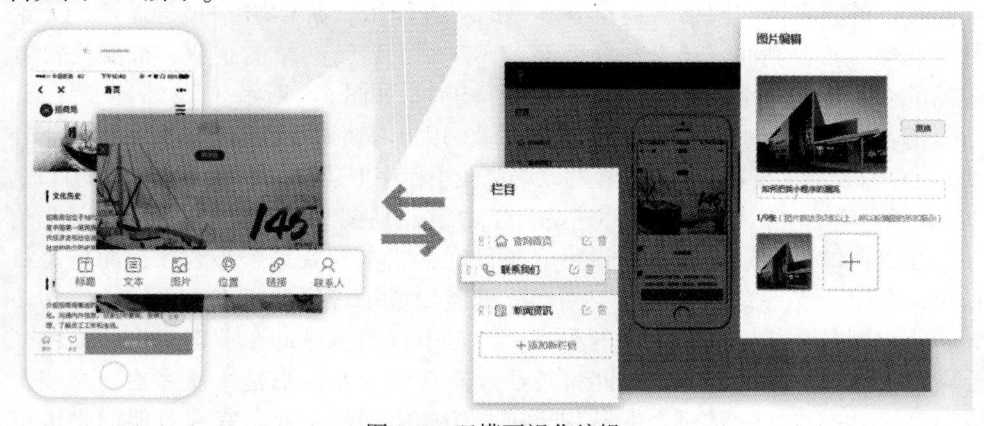

图 6-6　双模可视化编辑

2. 可设置多个运营者，灵活性强

小官网的运营者不局限于一人，甚至可以转让管理员的身份，为团队化管理或者兄弟公司等企业提供了方便。小官网转让管理员页面如图 6-7 所示。

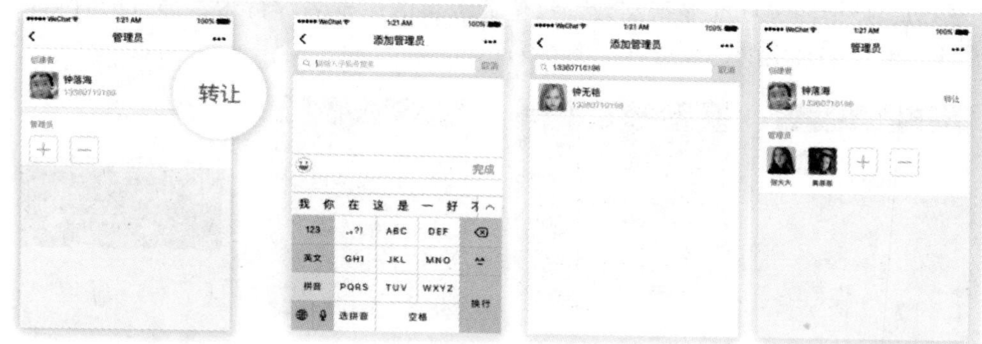

图 6-7　小官网转让管理员页面

3. 可绑定多个小程序账号，高性价比

和个人计算机时代建站潮、公众号时代的抢注潮一样，由于小程序名称的唯一性，不少商家为了能增加小程序搜索的曝光率，或出于商标保护等原因，注册了多个名称相近的小程序账号，无论是自主开发还是借助模版商，都费时费力费钱。

小官网支持同一站点授权给多个不同小程序账号，也就是说，假设你在小官网中创建了一个站点 A，在公众平台注册了水果 1、水果 2、水果 3 三个小程序，那你可以将 A 授权给水果 1、2、3 三个账号，无论用户搜到了 1/2/3 中哪个水果，最终都将流向你的站点 A，走完这个商业流程（见图 6-8）。

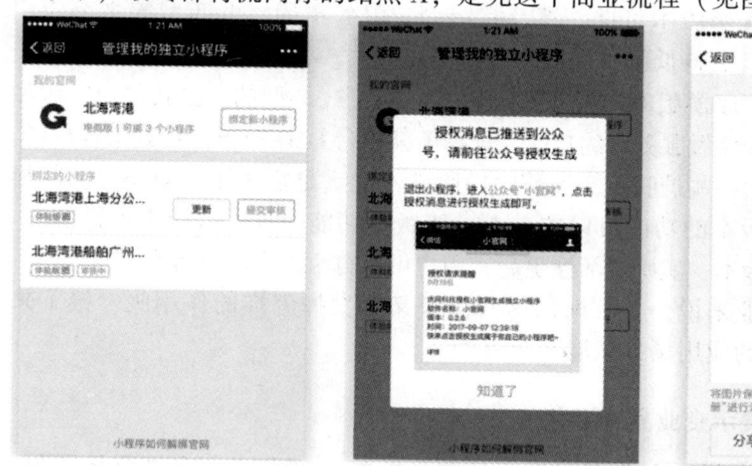

图 6-8　小官网绑定多个小程序账号示意图

4. 与群应用小程序相互关联，营销利器

小官网和群应用名片页两者可以相互关联跳转，从派发名片到查看官网了解业务，这是一个非常自然常见的商务情景。小程序间的相互跳转，打通了这个环节，使得商务社交变得高效。每位业务员的派发名片行为，都将为背后的企业官网带来真实的访客量（见图6-9）。

图6-9　名片页跳转小官网页面

5. 移动端生成小程序，体验感好

小程序再小，也是个程序，对于缺少开发经验，对互联网接触不深的人来说，单单小程序授权这步就被难住了。针对这点，小官网支持手机端完成授权流程，扫码→授权→提交审核，在微信内就可完成，这对不熟悉计算机多个平台操作的用户来说，是个不错的用户体验。

小官网目前有6个版本可选，涉及官网型、服务预约、电商型等多个应用场景，覆盖面广，且支持低版本一键升级为更高版本。

目前，不少小程序模版商的模版选用后是不能更改类型的。也就是说，假如一家美容店想用小程序做服务预约功能，选择了某平台O2O模版，积累了客户后，他又想在小程序上卖一些护肤品，当前的模版就不能满足需求了。而小官网的模版逻辑是：更高级版本的功能可以覆盖上一级版本功能，且支持版本一键升级。所以看似只有6个版本，实则灵活性更高，用户可以自由组合满足各自需求。

那么，对于企业来说，小官网的这些优势又能发挥怎样的作用呢？接下来我们用几个小官网的应用场景来展开介绍。

场景1：充分展示企业品牌形象

对于大型企业来说，企业官网属于品牌公关的一部分。一个视觉体验好、类目清晰的企业官网可以赢得消费者或合作伙伴的更多信任。

例如，“招商局集团”就将他们的小官网做成了一个企业品牌传播口。招商局集团（简称“招商局”）是中央直接管理的国有重要骨干企业，经营总部设于香港，是香港四大中资企业之一。这类大型集团企业，涉及的业务广泛，合作伙伴多，企业各子公司动态及时同步，增强合作伙伴信心等就很重要。小官网可以做到将新闻资讯分类，在招商局的“集团动态”下还能设置多个类型新闻栏目。招商局小官网“集团动态”栏目截图如图 6-10 所示。

图 6-10　招商局小官网“集团动态”栏目截图

招商局的新闻栏目就分为了“集团要闻/下属公司动态/集团资讯/国资委动态/公司视频/行业信息/专题报道”多个板块，访客点击即可选择想了解的信息，对用户来说使用方便，对企业来说，一个类目清晰、及时更新的官网，也是企业实力的体现。

场景 2：用于企业产品展示引流

对于制造型、定制服务型企业来说，他们的产品不适合在线交易。他们的获客链条更多是这样：客户有需要→了解贵公司产品服务→业务员与客户对接→企业方根据用户需求出方案→双方协商一致开始提供产品或服务。

对这类企业来说，他们对官网的需求主要集中在“能导流量”“能充分展示企业产品和案例”这两点上。小官网作为一个提供小程序建站的平台，能帮助企业在微信中获取流量。截至2018年3月，微信月活已经超10亿，庞大的流量和用户习惯的驱使下，一个小程序官网也能通过搜索、运营等手段，为企业带来可观的曝光量。

流量涌入后，转化才是关键。像“欧派”这类服务高端家居定制的企业，在小官网的视觉处理上就很用心。欧派可提供哪些服务、有哪些往期案例参考，都一目了然。欧派小官网部分截图如图6-11所示。

图6-11　欧派小官网部分截图

场景3：便于企业提供服务

从代购业发展兴盛就能看出，有不少消费者对电商渠道售卖的产品真伪性存疑。这时候微信里有个好友说可以帮你在当地专柜购买，出于对正品的需求，自然会心动。既然市场需求在，且在微信中这样购买事件发生地更自然，企业为什么不自己做个小官网在微信中卖产品呢?

小官网的服务预约型和电商型就能为该场景提供服务。例如，格雅表就在小官网中搭建了一个小程序商城，以手表售卖为主。格雅表小官网截图如

图 6-12 所示。

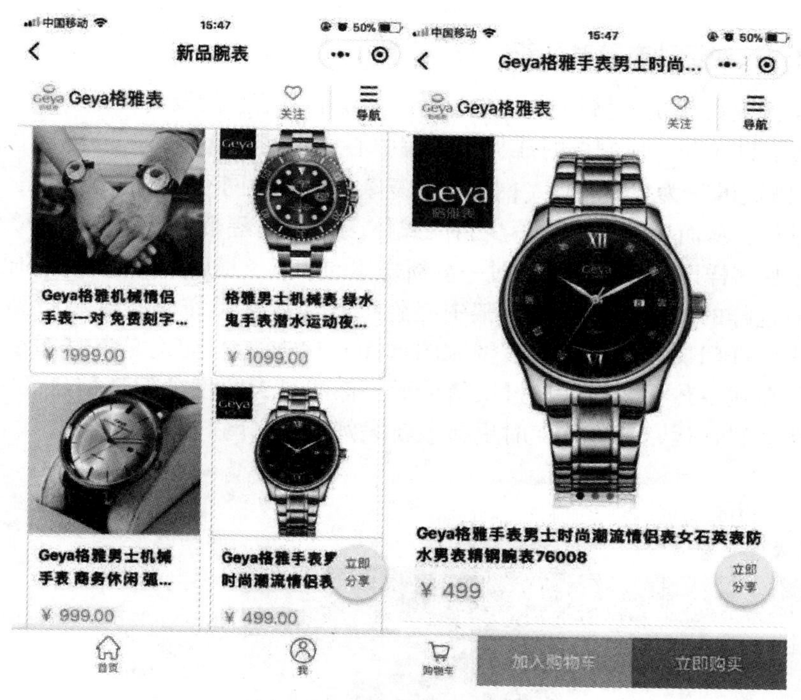

图 6-12　格雅表小官网截图

这种电商类、服务预约类小官网，对大小企业来说都适用。以 O2O 企业为例，为了获得源源不断的新客户，会选择入驻美团等平台，以低折扣吸引客户。做过美团商家的都知道，入驻平台会抽佣，输血式营销对商家来说压力很大。更可怕的是，你付出成本后，用户没有养成到你店里消费的习惯，而是养成了用美团的习惯，到最后连流量也不是自己的。这时候如果能搭建一个属于自己的服务预约平台，成本就低很多。

美团是个服务平台，微信是个社交平台，只要你客户的亲朋好友还在用微信，他就不会卸载微信，加之微信官方一直以来对小程序的大力扶持，在将来小程序对 O2O 类企业的帮助会很大。小官网的服务预约模式，适用行业范围广：美容丽人、家政、KTV、理发店、汽车 4S 店等，都可以用得上，而且有多种选择。以水疗为例，用户既可以按项目预约，也可以指定技师预

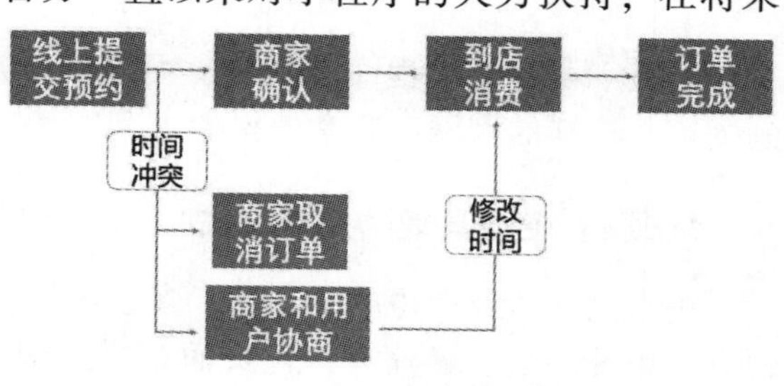

图 6-13　小官网服务预约流程

约。小官网服务预约流程如图 6-13 所示。

场景 4：便于动态随时更新

小官网支持手机编辑操作这点方便企业或组织信息的及时传达。

例如，江头派出所制作的江头反诈骗中心小官网，就是一个以传达“防骗案例”“防骗资讯”为主的站点。网络信息复杂，对于触网不深的长辈来说，很多信息真假难辨，从而导致被骗。不少新闻媒体会撰文提醒市民，但单篇文章传播难以覆盖多种多样诈骗手段，且经过一些新媒体的加工，最后变“谣言”的也不少。

针对这样的情况，江头反诈骗中心就很好地将各类诈骗案例和防骗知识集中了起来，江门反诈骗中心小官网截图如图 6-14 所示。无论是将官网小程序码做成宣传单线下传播，还是通过微信传播，都能最大限度地保证信息的可靠性，并且手机编辑让运营者也能随时更新最新案例至小官网。

图 6-14 江门反诈骗中心小官网截图

且基于小官网小程序的特性，无需注册安装，点开即用，收藏后也方便找到浏览，这样的官网，非常值得“安利”给身边的长辈。

场景 5：便捷高效的交流方式

小官网在传媒业也颇受欢迎，多是因为其信息展示形态丰富，文章、图片、视频、地址导航、名片等，且页面布局可根据用户需求自行拖拉拽制作，对视觉要求高的传媒业使用小官网可以全面展示想要传达的信息。

例如主持人常安就为自己做了同名小官网，在此前，他有自己的个人计算机官网介绍。但如今很多线上商务合作都搬到了微信上，这就出现了个人计算机端官网在手机端不适配、页面展示信息不够丰富等问题。

而商演主持人最重要的，恰恰就是充分展示自己的简历和主持经验，缺少手机端官网，这在和客户洽谈中大打折扣，影响商务沟通体验和效率。一开始，常安用ppt的方式在微信中给客户看。但这个方法传输慢、耗流量，在得知小官网这个工具后，他毫不犹豫搭建起了自己的官网。

传统ppt的展示方式，往往是客户跟这个主持人没对上眼，常安就需要再发另一份ppt。客户觉得这个不错，想跟同事商量又要再次下载转发ppt，一次洽谈下来，多份ppt经过了多次传输，耗费大量时间和流量。相比而言，以小程序为载体的展示方式，转发几乎不耗流量，非常方便，是个很好的传播渠道。小官网传播和ppt展示对比如图6-15所示。

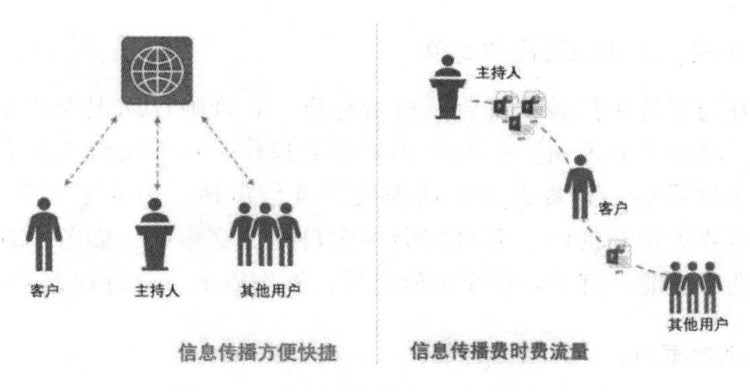

图6-15　小官网传播和ppt展示对比图

互联网的历史总是重复的，搜索引擎的出现，带动了从建站到SEO优化一连串网络营销产业链。小程序生态的形成，先行者同样更容易分得一杯羹。截至2018年年初，小官网建站数已经超10万，其中不少大企业已率先在小程序中搭建了小官网。例如：欧派、日丰管、厨邦、招商局等等各企业组织。如果你看好小程序市场，想蹭一波微信红利，也可以尝试从企业建站开始。

6.4　有赞

拼多多小程序的大获成功已是耳熟能详的事，相信不少读者对社交电商很感兴趣。但拼多多小程序是基于自己的App做了调整，没有开发能力的企业能否借助模版商做一个小程序？

答案是肯定的。专注微信商城搭建的有赞，也为广大用户提供小程序商城模版。时尚博主于小戈的电商小程序也是由有赞搭建。2017 年有赞成立了两个项目组，专门做小程序的研发。除已发布电子卡券、会员卡、多人拼团等营销产品外，2018 年还准备推出小程序的“分销商品”“多网点”“知识付费”等玩法，将小程序的功能与微商城 800 多项功能完整对齐，快速迭代升级。

虽然其 H5 微商城具备一定的市场占有率，但在小程序电商爆发和 H5 转轨阶段，有赞小程序产品未作为独立单元，仍然保持收取年费的模式，部分营销组件也需要付费使用，不利于前期快速拓展市场。

但在未来，结合小程序的“分销商品”模块，是否会有两个不同收费模式的版本呢？普通版按照以往的逻辑收取年费，分销版可以支持部分商家免费接入，通过商品环节的销售来实现盈利，我们不得而知。

本节就单从有赞这套工具来说，它主要有以下几个特点：

1. 一键生成，后台配置操作简单

当商家开通有赞账号后，将会授权给有赞，有赞则自动根据商家信息生成店铺小程序，减少了商家研究代码包等复杂的操作，让商家快速拥有自己的小程序。小程序生成后，有赞也会自动提交给微信审核，为商家节省大量时间。而当小程序需要更新功能时，有赞将会再次自动提交审核，倘若出现审核不成功的情况，商家也能一键重新提交审核资料，操作简单，省时省力。

2. 小程序数据统计

有赞的数据统计功能为小程序提供了多类数据，每一类数据都为商家带来有效的信息。有赞的数据统计功能如图 6-16 所示。

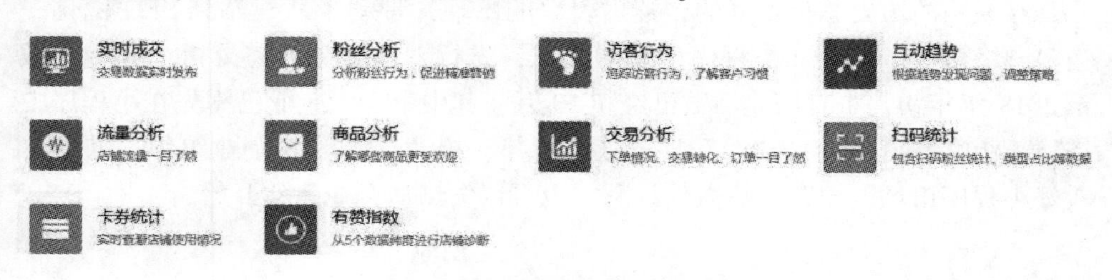

图 6-16　有赞的数据统计功能

有赞的数据分析功能可以根据天、周、月的单位来选择查询时间段，能看到不同时间段内流量所发生的变化，还可以查询这几个时间段相对应的前一天、前一周以及前一月的直观数据增减变化。根据这些数据的浏览，商家可以轻松了解小程序所带来的交易以及流量效果，并与同期时间做出对比。

有赞还为小程序设计了独特的场景值统计，商家可以通过这一功能，明确了解在某段时间内小程序的主要入口，并把流量不足的入口进行内容填补或修改，实现有效引流。

3. 20 多种行业模版，支持自定义装修，打造个性化风格

不少商家都比较看好小程序的发展，但资金和成本限制了商家的行动。有赞倾力推出包括外卖、便利店、大电商、生鲜果蔬、美妆、医疗健康、教育培训、女装、日用百货、家居家纺、蛋糕烘焙、礼品鲜花等不同行业的小程序专属行业模版，消除商家的烦恼，使其快速接入小程序。商家可以根据自己产品的特色，进行自定义装修，让小程序更具个性。

除了以上三大特点，有赞还支持多种营销渠道和方案支持、商品和订单统一通过微商城后台管理等功能，切实为商家带来利益。有赞的优点那么多，那么又该如何开通呢？下面我们来看一看开通有赞账号的几个步骤：

1）打开有赞官网，单击右上角的“注册”按钮，如图 6-17 所示。

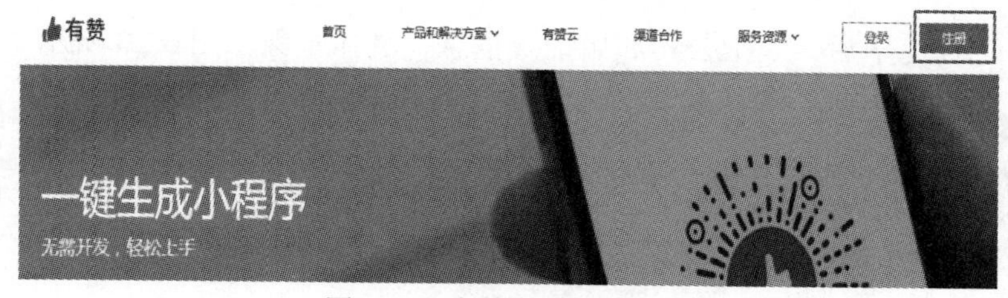

图 6-17　有赞官网注册界面

2）进入注册页面，填写提醒填写相应资料，并单击“确认注册”按钮，如图 6-18 所示。

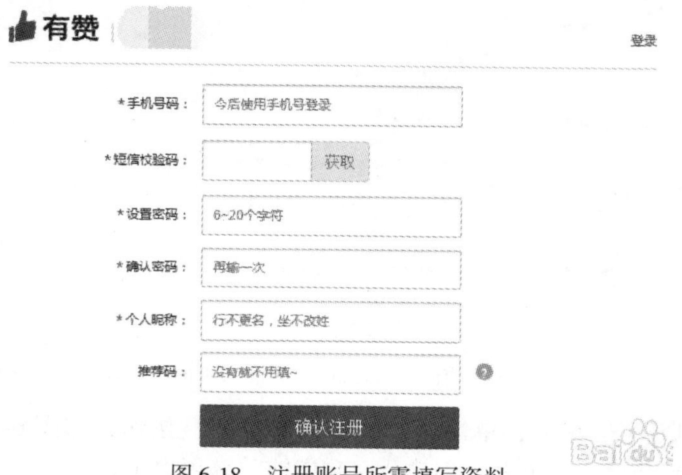

图 6-18　注册账号所需填写资料

3）当注册成功后。系统会自动跳转到图 6-19 所示的页面，商家可以选择自己注册店铺，或者加入别人的店铺。

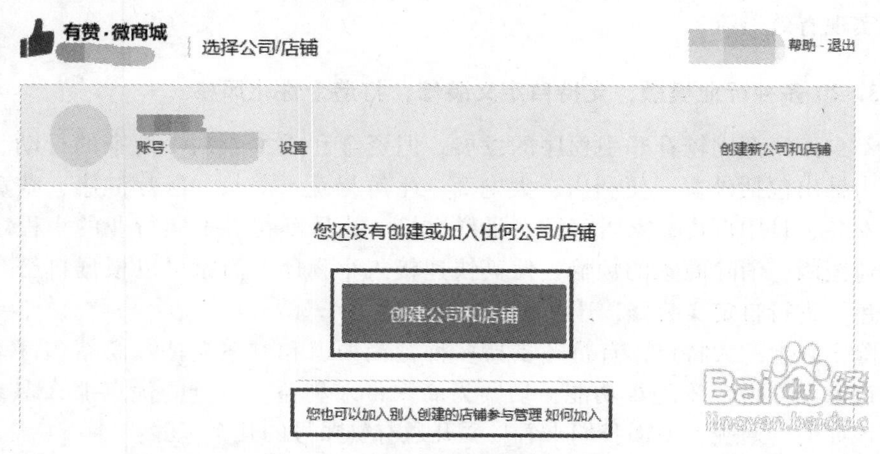

图 6-19　注册成功后所跳转的页面

4）选择完毕后，登记公司和店铺等信息，具体步骤如图 6-20 所示。

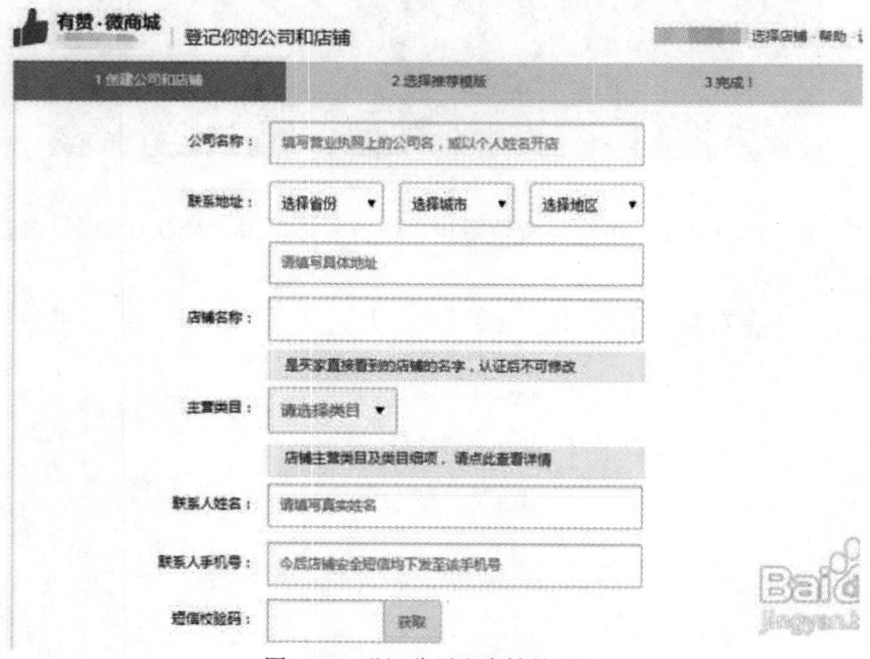

图 6-20　登记公司和店铺的页面

5）信息登记完毕后，单击“创建公司和店铺”按钮，如图 6-21 所示，完成注册。填写资料后，单击“创建公司和店铺”就可以了。

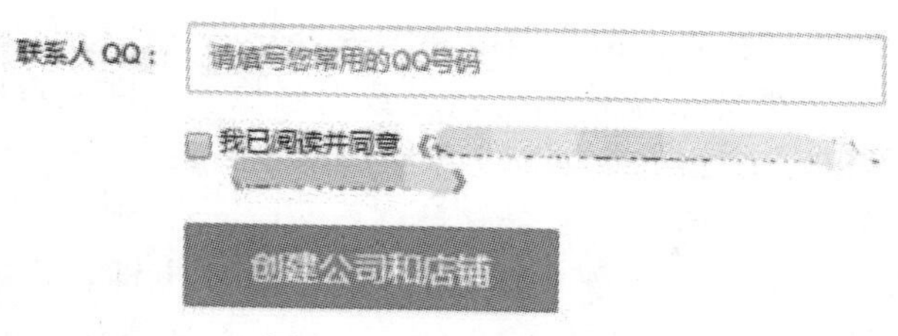

图 6-21　确认注册页面

根据以上五个步骤，我们就完成了有赞的注册，并获得有赞在各方面的贴心服务，为小程序的发展打下一个良好的基础。

6.5　小电铺

小程序的出现让“变现难”的公众号看到了希望。于小戈、黎贝卡这些头部时尚号借助小程序都创造了销量奇迹，基数更大的“腰部”公众号也想效仿，但面临两大难题：一是小程序开发的技术难题；二是电商供应链搭建难题。

小电铺瞄准了这块大蛋糕，推出“自媒体小程序电商服务”。小电铺以小程序为入口，以自媒体为服务对象，通过包括数据技术、选品运营和品牌供应链等服务，帮助自媒体实现粉丝变现。

具体来说，小电铺有以下 3 大特点：

1. 专为自媒体服务

小电铺专为自媒体服务，可以说是第一个服务于自媒体而不是传统商户的电商 SaaS。

2. 轻量级、数据化、自动化

小电铺的模式更像是“分销”模式，为公众号运营者提供小程序技术支持，粉丝画像数据分析，提供相应的商品在该公众号上贩卖，最终以佣金的形式返回公众号运营者。整个过程涉及的技术、SKU、供应链等问题，都由小电铺包办，自媒体提供流量即可。

3. 两种运营模式：手动/自动运营

手动运营：深度运营，适合强电商需求头部、腰部公众号，持续投入流量打造用户心智。小电铺团队深度参与公众号团队 1v1 服务，利用画像数据和运营方法，共同规划电商运营和服务体系。

自动运营：全系统托管，适合弱电商需求公众号，期待变现剩余流量，有意开拓新业务线。小电铺系统根据公众号数据画像、识别文章中推荐的商品，全自动化匹配品牌商品，24 小时实时上架热门精准商品。

小电铺最终的效果如何？

据小电铺官方报道，公众号“浪里小草莓”和小电铺合作后，8 月份的销售业绩超过淘宝的店铺月平均销量的 3 倍；“Mog 不是蘑菇”公众号小电铺商城，也实现一个月内销售额飙升 5 倍。小电铺部分案例如图 6-22 所示。

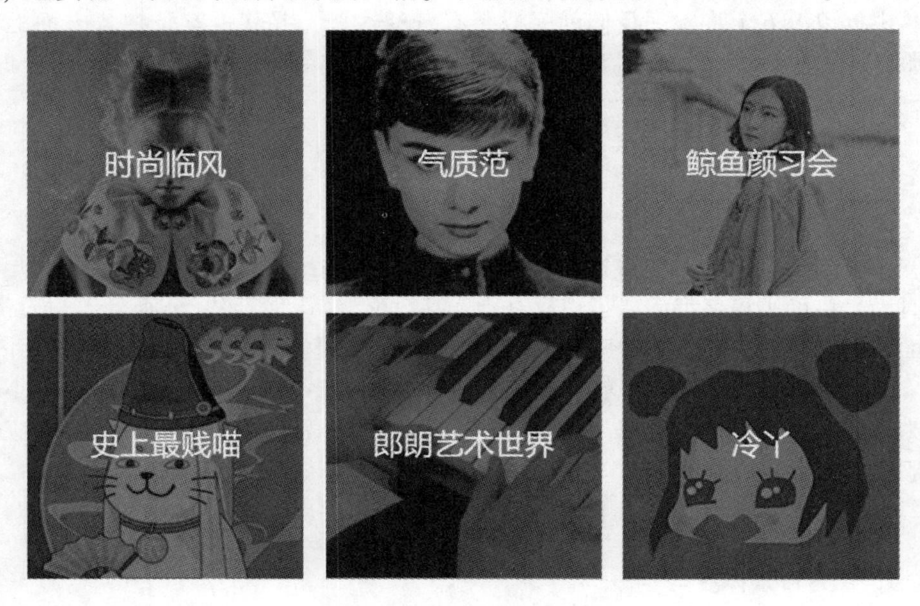

图 6-22　小电铺部分案例

不过，也有一些公众号运营者对这种模式表示担忧，主要集中在 3 个方面：

1）对小电铺提供的产品存疑，推荐给粉丝存有顾虑。

2）供应链还不够完善，出现物流慢、提现慢的状况。

3）客户服务板块尚未跟上平台发展速度。

作为新兴领域的初创公司，出现品牌信任度、服务和快速扩张的市场之间的矛盾是在所难免的，不过，小电铺在 2018 年年初宣布，已获 C 轮千万美元融资，腾讯也参与其中。这说明小电铺的模式及团队，还是值得信赖的。

6.6　小鹅通

自媒体运营者的变现方式主要有两类：电商和知识付费。

目前，微信生态内知识付费技术服务商主要有 3 个：借助微信关系链分销快速崛起的荔枝微课；入局较早的知识平台千聊；以及拥有大量头部自媒体的小鹅通。

作为小程序首批测试体验者，小鹅通最早将知识付费场景搬到了小程序中。小鹅通小程序和 H5 相比，有哪些优势呢？小鹅通创始人鲍春健在微信公开课上发表了这样几个看法：

1）小程序比 H5 网页的使用体验更好，比 App 门槛低。小程序的诸多新特性更适合内容创业者。例如，音频后台播放的能力，之前在 H5 页面听音频时常会因为某个微信消息而被打断，小程序解决了这个问题，可以实现一边聊微信一边听课程。

2）小程序能突破 H5 的视频限制。以往想要进行视频直播，至少要通过 App 端来进行，不够轻量化，小程序让视频直播的门槛变得更低。

3）小程序能突破微信的音频直播限制。语音直播也是微信生态内知识付费的一种主流形式，但微信有语音 60 秒的限制，这个问题小程序中可以得到解决。

目前，已有不少内容创业者通过小鹅通快速搭建自己的小程序知识变现平台。小鹅通为用户提供的服务包括 6 个方面：

1）内容展现。包括付费音频、视频、图文、直播、问答、社群等多种呈现形式。可以说所有主流的内容展现形式都能在小鹅通找到。

2）营销推广。邀请卡、赠送好友、邀请码、优惠券、页面统计、二维码生成等营销工具，配合促销、赠送等活动。促进品牌传播，提高成交量。

3）用户管理。用户管理功能可以沉淀并管理用户。具体功能包括查看店铺访问用户、管理开通记录、发送全员消息/私人消息、查看并管理用户反馈等。

4）数据分析及财务管理。将用户增长趋势、用户活跃趋势、收入增长趋势等多维度数据呈现，实时监测店铺运营效果。

5）社群运营。社群运营中包含的小社群、活动、付费问答、作业本功能帮助讲师、学员进行日常互动沟通，以及解决线上线下的联动问题。

6）开放平台及定制服务。开放 API 接口，可以植入已有的网站或 App，实现不同生态内用户数据互通，以及定制 App、小程序等服务，实现个性化知识变现。

十点课堂小程序就是由小鹅通搭建生成的。首页分为 Banner、栏目导航、最新和精选课程 4 个部分，相对于荔枝微课的个人直播间来说，小鹅通小程序里的内容更加丰富，更像一个知识商城。除可以利用 Banner 广告位、最新推荐等将流量集中，运营者也可以将往期课程整理成集锦，以专题形式进行二次售卖。

另外，从功能上来讲，十点课堂小程序在后台播放音频时不会因为手机黑屏而中断，这点相较于H5来说，在体验上有了很大的提升。从营销方面来讲，十点课堂的小程序内支持购买课程赠送好友，也有优惠券渠道，常规但实用。十点课堂小程序页面如图6-23所示。

图6-23　十点课堂小程序

从存量上来看，小鹅通有着很大的优势，吴晓波频道、十点读书、张德芬空间、腾讯科技、功夫财经、宋鸿兵、新京报书评、樊登读书会、年糕妈妈、周国平、豆瓣时间等，在微信生态内都布局有自己的小鹅通知识店铺。“未来，小鹅通会打通这些独立的平台，实现店与店的连接。因为内容创业中，有人擅长生产内容、有人手握流量，通过小鹅通可以实现资源互补，联结优质内容与渠道。”创始人鲍春健表示。

像小鹅通这样的，专注于知识付费领域的小程序第三方开发服务商的出现，极大降低了商户开发个性化和功能复杂的小程序的门槛，对内容创业者快速实现内容变现能起到不少作用。

第7章 小程序推广与运营

小程序的推广与运营是小程序中的重要篇章。虽然小程序和微信公众号都属于微信公众平台上的开放产品，但两者的本质不同。本书第1章中就已提到，如果我们把订阅号理解成微信发布的具有“社交+”能力的媒体SaaS平台，小程序则是微信发布的具有“社交+”能力的PaaS平台。个人与机构在注册订阅号后，可直接使用订阅号提供的功能来发布内容；而小程序的开发者在注册后并不能直接给用户使用，需要先根据具体的业务场景进行开发。

本质差异导致在推广运营上，我们不能照搬公众号的经验，下面本书就用几节内容分享一些小程序运营的经验和思路。

7.1 小程序盈利模式

在探讨运营模式前，我们先对目前小程序生态中的几种主流盈利模式做一下梳理。

我们将微信称之为生态，因为它包罗万象。微信个人号实现了人与人的连接，微信订阅号实现了人与社会的连接，服务号主要承担人与服务的连接，但这部分各行业差异大，所以连接人与商业的重任就落到了小程序上。

从小程序创业机会中可以看到，个人消费服务是微信目前重点关注与支持的领域。事实也确实如此，目前小程序的盈利模式主要集中在以下几个方面：

1）去中心化电商。

2）线下门店。

3）内容付费。

4）工具类。

5）游戏类。

由于小游戏暂未开放，且小程序内虚拟产品充值和苹果的矛盾依然存在，所以暂不作为本章讨论范围。

7.1.1 去中心化电商

“去中心化”电商一般分为“内容电商”和“社交电商”两类。

微信拥有10亿月活用户，本就是一个超级社交平台；又有超2000万个公众号在，每天产生大量内容资讯。所以无论是内容电商还是社交电商，微信都是最早“吃螃蟹”的平台。以前是以H5商城形式嵌入文章底部的“阅读原文”处引导购买，有了小程序后，一篇文章中可以插入最多20个小程序，商城的曝光率、点击率都双双飙升，这也是小程序给公众号赋能的结果。

小程序对“内容电商”来说，有着“承接内容”的意义；对“社交电商”来说，有着“能力赋予”的意义。前者以内容为主导，后者以产品为主导。下面将做详细介绍。

1. 内容电商和社交电商阐释

近年来，去中心化信息平台大热，获得相当可观的流量。与此同时，在这些平台的冲击下，传统的纸媒、媒体的权威性和地位越来越低。

传统行业的媒体人积极谋求新的出路，于是出现了各种微博、微信公众号、知乎、简书的大KOL（Key Opinion Leader，即关键意见领袖），也出现了类似“一条”“二更”等内容输出平台和机构，如图7-1所示。

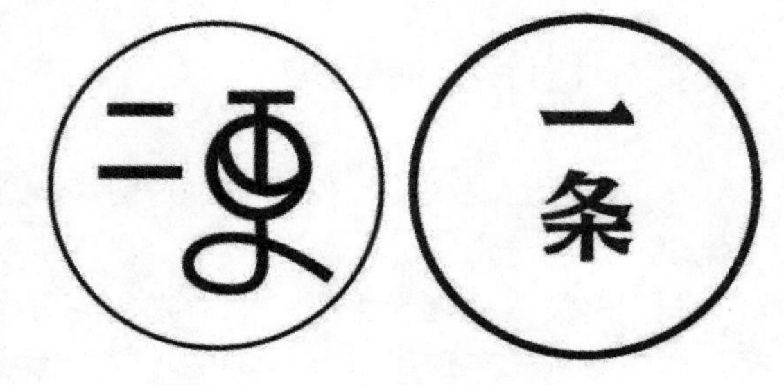

图7-1 “一条”和“二更”logo

每一个KOL背后都是一个巨大的消费群体，只要用内容稍加“安利”，便能激起粉丝的购买欲。“内容电商”在这样的背景下如雨后春笋般占领了时尚的风口，这是内容KOL电商化。

有人开始接广告，有人开始尝试电商变现，化粉丝力量为源源不断的购买力。既没有广告嫌疑，也摸到了一条能持续变现又不伤害粉丝黏性的路。比如年糕妈妈、同道大叔、一条、公路商店等，都有了自己的商城。其中，一直输出生活美学价值观的微信大号“一条”也打造了“一条生活馆”小程序。在此之前，一条已经上线了“一条生活馆”H5商城和App商城。页面如图7-2所示。

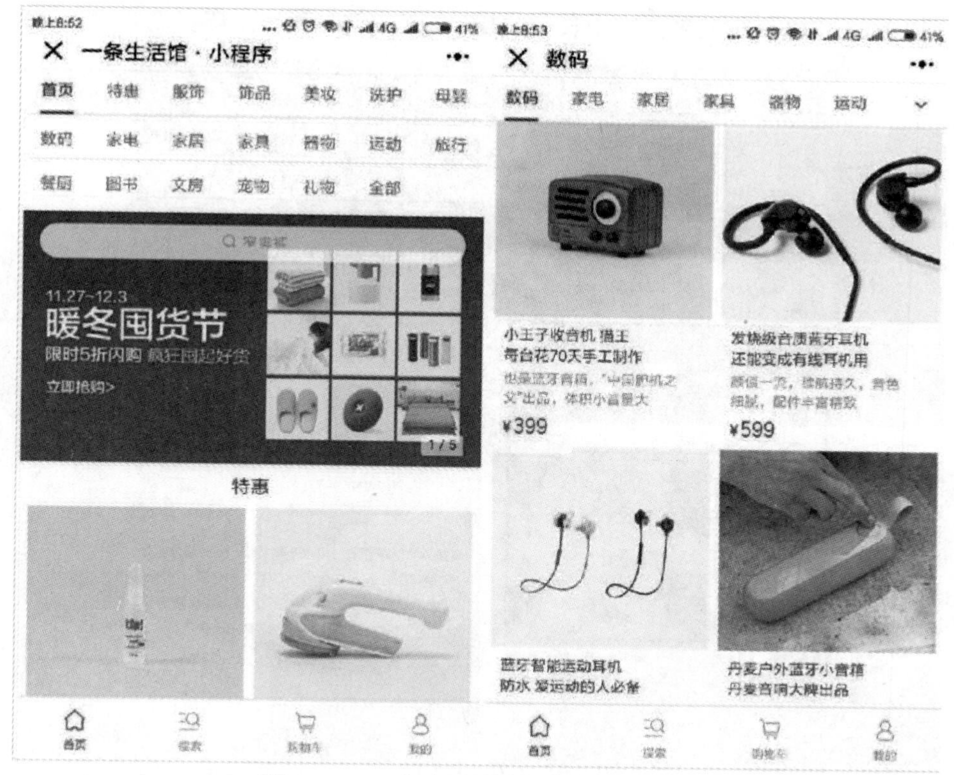

图 7-2 “一条生活馆”小程序商城页面

当然，除了“内容电商化”以外，也掀起了“电商内容化”浪潮。如今，传统电商的互联网红利已经是吃剩的蛋糕渣，流量成本陡增，不少传统电商商家纷纷望洋兴叹。看到 KOL 电商变现展现的效率后，各大电商平台开始纷纷加大内容占比。

例如，淘宝首页的内容板块（头条、有好货、必买清单等）已经占到 70% 以上的比重，如图 7-3 所示。而且淘宝首页商的内容板块还在持续增加，京东也紧随其后，大张旗鼓地在各处招揽 KOL 写手、网红主播、视频达人。这正是电商内容化的体现。

抢占用户时间就是抢占资源，电商平台里用户从只有“买”的属性到现在要变成“逛 + 买”。

有了内容的加持后，虽然目前行业中没有具体明确的数据供参考，但从阿里系不断加大内容占比，不断联合各种 MCN 平台和 KOL 增加内容产出可以看出，用户的停留时间和购买效率只增不减。

相对于中心化电商来说，微信流量相对分散且更具场景化，而社交流量更具有信任经济的特点，那么在基于信任的巨大社交流量下，小程序与交易相结合，去中心化电商将迎来高速增长，“社交电商”就是另一个爆发点。

图 7-3　淘宝首页

例如，拼多多就是一家专注于 C2B 拼团的第三方社交电商平台。用户通过发起和朋友、家人、邻居等的拼团，可以以更低的价格拼团购买优质商品。其中通过沟通分享形成的社交理念，形成了拼多多独特的新社交电商思维。这种方式在传统电商红利枯竭的情况下，拼多多 App 依旧实现一年用户增长过亿。它的主要流程模式如图 7-4 所示。

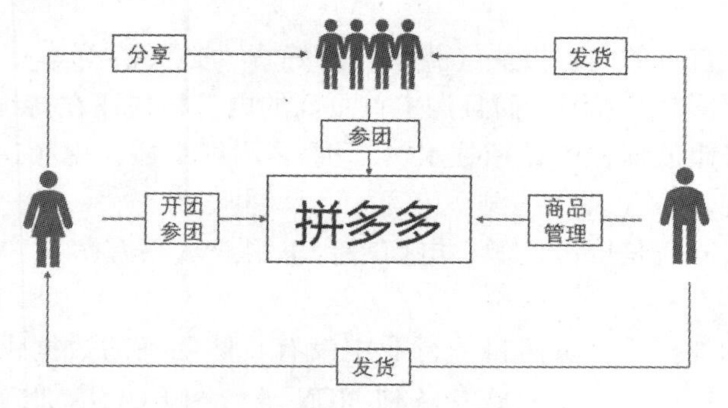

图 7-4　拼多多的主要流程模式

当拼多多这样的社交电商平台遇上微信时，比 App 势头更足的拼多多小程序出现了。拼多多小程序半年获客 1 亿，比 App 的速度翻了一倍。在 1 月 14 日的微信公开课演讲中，拼多多 CTO 陈磊分享了拼多多小程序的一些情况：上线 2 个月 DAU 过百万，去年“双十一”DAU 近千万，半年累计过亿的访问用户。

陈磊特别提到，虽然小程序普遍留存较差，但如果优化每个流程细节，小程序也能自我造血，形成流量回流。他认为，由于小程序易于分享，且功能迭代愈加成熟，因此通过小程序做出一个拼多多的时间会比两年更短。

2. 去中心化电商盈利模式

一方面是去中心化电商捷报连连，另一方面是传统电商转型，“社交电商”与“内容电商”似乎已是移动电商下半场的趋势，如此一来，小程序基于微信生态的优势便越发明显。那么“社交电商”和“内容电商”分别具体是如何通过小程序盈利的呢？

（1）社交电商 + 小程序

社交电商是以人为中心点，不断扩展社交圈，通过持续推广合适的产品，以合理的毛利率和服务持续运营下去。简单来说，社交电商就是先圈一批人，然后持续不断地在社交圈中销售产品赚钱。与传统电商相比，社交电商更重视用户、内容，这使得它在产品、推广、交易、数据管理等方面展现出了强大的前景。

那么社交电商如何与小程序相连接呢？社交电商通过一系列社交玩法让小程序在微信等社群中散发开来，从而引发购买行为。例如星巴克用星说小程序，用户可以在其中购买咖啡充值卡，分享好友作为赠礼，用“请亲朋好友喝杯咖啡”的场景撬起了用户的关系链，也为星巴克带来了不少销量和品牌曝光，如图 7-5 所示。

图 7-5　星巴克用星说分享截图

除了小程序形式便于在微信内分享，容易主动带动社交链购物外，更为常见的引发社交分享的方式则为“拼团”“社交立减金”诸如此类以优惠的形式刺激用户分享。具体的运营方法本章后面几节会讲到。

微信作为国内社交平台中的龙头老大，小程序背靠微信这棵大树可最大化地将产品在社交群体中流通。在用户的某个购买行为产生后，借助小程序卡片或者小程序码能在微信好友、微信群、朋友圈中广泛传播，从而引发更多的购买行为。至此，小程序电商即可在微信内实现商业闭环。

（2）内容电商 + 小程序

在工业时代，挖掘用户需求通常是借助大数据技术，如今，用户的需求不断变化，商家很难通过数据源、算法和模型找到用户的精准需求。于是，商家“应变”不如“不变”，即让用户来适应“产品”，而非商家主动改变“产品”。

而且现在改变用户需求的已经不是产品本身了，而是“内容”。“内容”作为一个价值输出载体，输出的“价值观”就是用户输出的“需求”，这些“内容”引导用户站队。用户根据自身需求列入某个“内容”价值观的队伍中，并追随着这个“内容”。

对电商来说，通过“内容”吸引用户的前提是让“内容”回归到“价值观”本身。商家不断地围绕“价值观”打造自己的产品和服务，把这种“价值观”通过商品和服务输出给用户。同时商家还要不断地释放自己的磁性，吸引更多的用户来认同自己的“价值观”，最终成为自己的“粉丝”。

未来，用户购物不再是只依靠某一个购物平台，形成只有一个中心的购物网络，而是借助“内容”组织一个垂直类社群，进而形成某一个类的购物社群。商家通过“内容”直接连接“用户和工厂”，没有中间商赚差价。另外，商家再利用发达的网络基础设施完成整套电商服务的建设。总之，在内容电商这种购物模式下，消费者的时间和资源成本都会降到极低。

那么内容电商如何借助小程序盈利呢？如今，很多商家都会在微信公众号等内容平台发布优质内容，并在文章中插入小程序卡片或小程序码。商家通过优质内容激发读者的购买冲动，并引导消费者进入小程序购买商品，从而实现“内容→购买”的商业转化。例如，“美丽说”生产出强导购能力的内容，在公众号推文中插入小程序卡片，引导粉丝到美丽说小程序中消费，如图 7-6 所示。

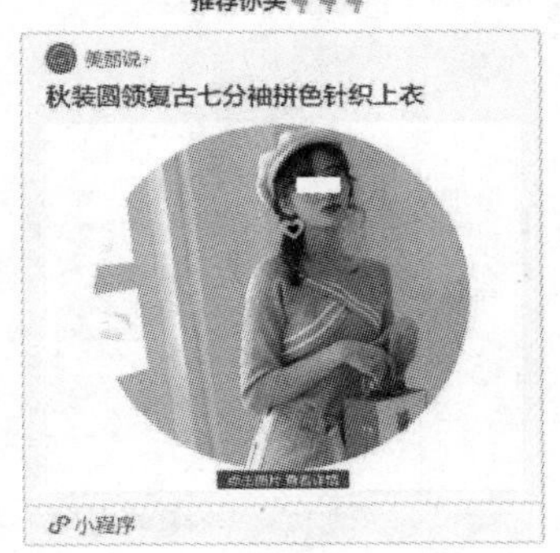

图 7-6　美丽说插入小程序卡片页面

通过内容导流，“美丽说”小程序上线仅一个月，累计用户数增长高达15倍，日均活跃用户数增长高达50倍，日均成交总额增长高达5倍。

其实，内容和社交电商实质上是将以往的H5商城或第三方购物平台替换成小程序。但因小程序的触达更快更准确，所以内容和社交的引流效果会好非常多。

关于消费者的消费行为，从最初以蘑菇街领头的社区型导购电商，到小红书、达令为首的内容导购电商，再到现阶段的资讯型内容电商，每一个模式的更替，都是消费升级的反映。消费者行为变化如图7-7所示。

图7-7　消费者行为变化图

不仅如此，随着小程序在公众号内越来越多样化的展示，内容+小程序电商的模式将会使内容电商越来越具象化，也将拥有更多的想象空间。

7.1.2　线下门店

在小程序尚未上线时，张小龙就在公开场合多次强调小程序主要应用在线下场景。虽然我们感觉小程序在线上更活跃，但事实上，小程序已经让不少线下门店实现了提高效率、降低成本、增加营收，只是相比活跃在线上的互联网“老司机”们，线下商店还需要一定的过渡时间。

“线下门店+小程序”提高效率的案例不少，往往一个点餐小程序就能做到。例如，无论在餐厅内，还是在去往餐厅的路上，顾客都可以在i麦当劳微信小程序进入“线上点餐”，选定餐厅、挑选喜爱的餐食、下单并完成付款，如图7-8所示。

其实在小程序之前，麦当劳早就推出过一款几乎一模一样的点餐App，也花了不少成本推广，但因App下载门槛高、占手机内存、注册麻烦、获客艰难，很多人下载买完优惠套餐就卸载了，App花了大成本却没有发挥出应有的作用。相比而言，小程序免下载、免注册、不占内存等特点刚好解决了这些难题。用户点餐免排队体验好的同时，也帮门店减少了人力成本。像麦当劳这样的超级连锁店，一个门店减少两位收银员，一年下来节约的成本也是巨资了。

图 7-8　i 麦当劳小程序截图

得益于微信生态基础设施完善，微信会员体系、卡券功能和小程序打通，除餐饮外，零售业借助小程序也实现了会员大幅增长。

会员营销是提高门店营收的一大利器，但让用户主动成为会员并不是一件容易的事。不过，美宜佳优惠券小程序做到了，主打“让利、优惠”的美宜佳小程序充分利用了小程序免注册和微信卡券功能。

在领取优惠券前，小程序向用户发送获取基本信息的请求，用户授权后，无须填写复杂信息，可自动成为美宜佳会员，也就是说，会员注册和领取优惠券是同步而不可分割的。另外，小程序里的所有优惠券都有精准的数据记录，杜绝了以前优惠券去向不明的问题，核销率达到 25%，在初期运营的 15 天里，就轻松拿下 20 万以上注册会员。美宜佳优惠券小程序截图如图 7-9 所示。

线下门店绝不止餐饮和零售两种，O2O 小程序也是一大热点。线上的营销、宣传、推广，要将客流引到线下去消费体验，实现交易的方式已是被验证了的商业模式。但苦于“新美大”平台入驻费高、需要广告位推广才能带来更多新用户，这给商家带来了不少负担。一个带预约功能的小程序就能帮商家解决这个难题。

图 7-9　美宜佳优惠券小程序截图

O2O 类小程序相当于让门店拥有一个自己的网上预约平台，消费者随时随地进入网店选品、比价、预约，到门店体验、满意后付款，整个过程能够给消费者更好的线下全验。整个流程如图 7-10 所示。

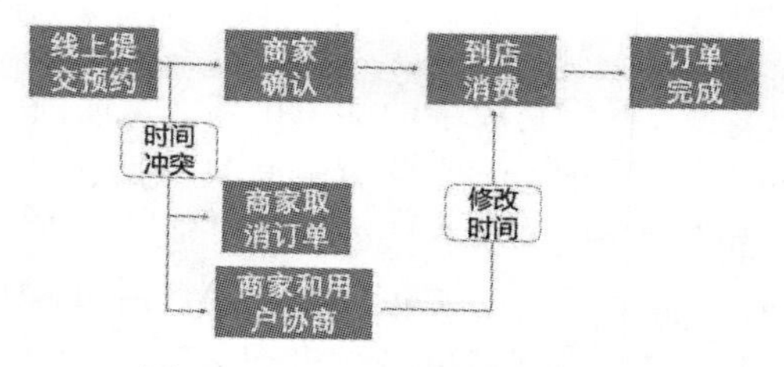

图 7-10　O2O 类小程序流程图

总之，小程序对线下门店的意义在于，可以低成本地将门店管理互联网化。吃喝玩乐、衣食住行，这些以人为核心的消费服务类行业，都适合借小程序快速触网，实现效率、销量双提升，更智慧化的门店经营，更好的服务连接，更优质的用户体验。张小龙说小程序主要应用在线下场景，真的不只是说说而已。

7.1.3　内容付费

相较于 App 来看，小程序在微信的社交、内容生态下更易于增值服务价值的发挥，知识付费、社区服务、付费会员体系等互联网增值服务形态都可以在小程序中得以实现。

头部大号纷纷入局知识付费领域，小程序+知识付费是否可行？

“知识付费”这个词越来越高频地出现在人们的生活中，从2016年年初开始到现在，用户的态度从最初的抗拒、厌恶，到慢慢默认、接受、认同。小程序+知识付费小程序示例页面如图7-11所示。

图7-11　小程序+知识付费小程序示例页面

互联网将庞杂的知识推到大众面前，传统意义上的学术性学习，讲究全面、深入，从理论到实践有着较远的距离；与此相比，某些特定领域，给出简单明确的答案或解决方法的学习，似乎针对性更强，效率更高，更受欢迎。

随着手工、美妆、育儿等各种知识门类的兴起，专家的定义也在改变，越来越多垂直领域也纷纷出现KOL。而付费，则意味着内容供给者对购买者的承诺，从某种意义上说成了筛选可靠信息的有效机制。

互联网也在改写知识本身的定义、边界与形态。“罗辑思维”联合创始人“脱不花”李天田曾表示，“得到”希望在知识付费产品里做两种知识——存量知识与增量知识，前者对标的是传统出版业，后者则瞄准信息浪潮中来不及成书的“知识”，做到第一时间同步给用户。

“高频、日更、小额、碎片”，已成为时间单位里最高浓度知识配方的共性。

1. KOL踏入“知识付费”领域

知识付费领域还有许多类似吴声、吴晓波、Keso等内容、行业领域的KOL

（还有半路退出的 papi 酱），而原有的社交平台也纷纷新增知识付费版块，各种可以内容变现的平台崛起，如知乎 Live（见图 7-12）、微博问答、插座学院、馒头商学院、千聊、分答、悟空问答、喜马拉雅 FM 等。

图 7-12　知乎 Live

此外，微信公众号的头部大号之一“咪蒙”也宣布正式与喜马拉雅 FM 合作，推出课程《咪蒙教你月薪 5 万》，课程上线后 31 分钟，就售出整整 10000 份。迷蒙公众号推广截图，如图 7-13 所示。

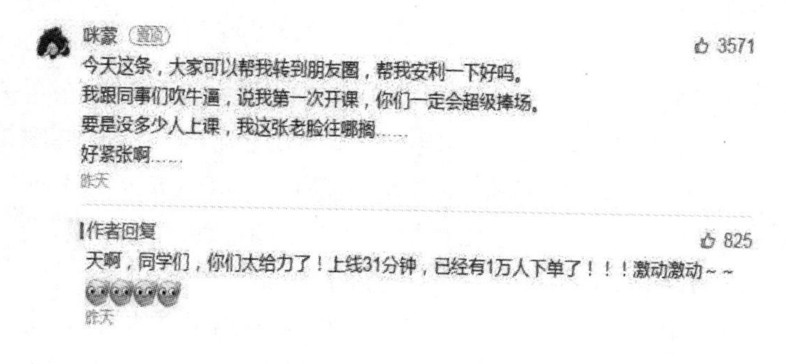

图 7-13　咪蒙公众号推广截图

但你可能发现了，上文列举了这么多知识付费的平台例子，微信并没有参与其中。就连在公众号起家的“咪蒙”也是与喜马拉雅 FM 合作。

作为中国最大的内容流量平台之一，微信既不参与内容生产，也不参与内容分发。

2. 小程序是否能实现知识付费

随着移动互联网技术的革新，越来越多的人开始涉足内容生产这个环节。根据微信 2017 年 7 月的最新数据显示，微信公众号的数量已超过 2000 万。

微信拥有如此天然的流量优势，公众号的内容量也只多不少，小程序的出现更是赋予了公众号变现的能力。

乍一看，知识付费在微信体系内形成闭环并不是大问题，甚至可以帮助公众号通过小程序电商的方式变现，但小程序在知识付费领域并没有太大的动作和声音。

而且在之前的小程序《代码审核指引》中，小程序未通过审核原因涉及的类型中，明确指出包含“游戏、虚拟支付”两大类，如图 7-14 所示。

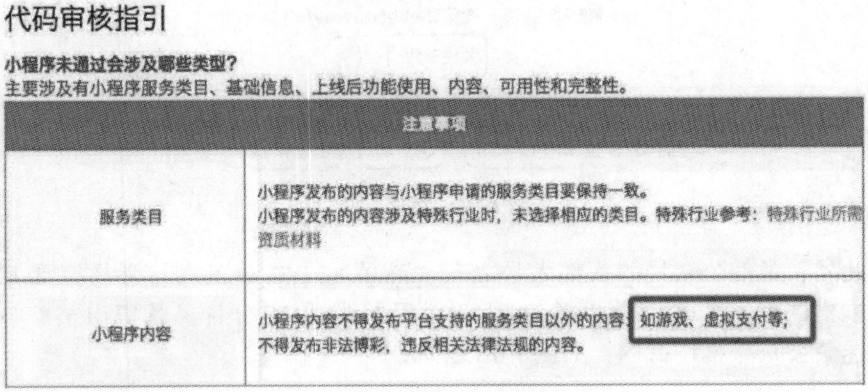

代码审核指引

小程序未通过会涉及哪些类型?
主要涉及有小程序服务类目、基础信息、上线后功能使用、内容、可用性和完整性。

注意事项	
服务类目	小程序发布的内容与小程序申请的服务类目要保持一致。 小程序发布的内容涉及特殊行业时，未选择相应的类目。特殊行业参考：特殊行业所需资质材料
小程序内容	小程序内容不得发布平台支持的服务类目以外的内容，如游戏、虚拟支付等； 不得发布非法博彩，违反相关法律法规的内容。

图 7-14　《代码审核指引》注意事项

据此前 36 氪消息，这是一种师承苹果 App Store 的设置，在苹果 iOS 系统下，App 内各类虚拟数字产品，比如电子书、在线音乐、充值类虚拟货币、游戏直播中道具、会员类产品、微信表情等都需要走 IAP（in-App Purchase 应用内购买）渠道，开发者收入的 30% 会直接被苹果抽走，微信显然效仿了苹果这套生态法则，将小程序内的虚拟产品服务进行了区分。

当然，在外界看来，小程序之所以不开放虚拟物品购买功能也是因为微信受限于 App Store 这套内购系统，在今年早些时候，苹果就勒令微信公众号的赞赏功能走内购渠道，而不是微信自己的支付系统，微信为此在 iOS 端下架了赞赏模块。自己的功能模块尚且如此，微信体系下的小程序就更不能造次了。

而在 2017 年 10 月左右，微信却也悄悄为部分小程序开放了虚拟物品购买的功能。十点读书、知乎 live 等小程序已经上线了内购，如图 7-15 所示。

如果小程序虚拟商品内购最终全面开放，那么此前变现无门的小程序生态将会迎来巨变。小程序的优点是可以在微信聊天体系内攫取大量流量，而痛点在于人们用完即走，流量无从转化，引入虚拟商品的付费内购无疑会缩短流量转化的路径，尽管长远的流量依然没有一个稳定的保证，但是达成现实现刻的交易已经足以支撑起一个很好的流水。

图 7-15　小睡眠、十点读书、知乎 live 含内购页面

3. 知识付费玩家将以品控决胜负

如果小程序正式开放虚拟物品购买功能，从流量上看是十分可观的，但从内容角度出发，目前真正的优质媒体和自媒体仍然有限，所产生的、可供流通的优质内容自然也有限。

而所谓的“优质内容”也是不同文化层面的用户主观的界定。传统媒体入驻新型平台后，自然也需要流量，但传统媒体数量有限、定位局限，不可能满足用户消费自己碎片化时间的海量需求。

自媒体数量庞大，但内容生产能力参差不齐，大多从情感、鸡汤、八卦、猎奇等维度去触碰用户痛点，从而带来流量。无论是微信、微博、今日头条，还是快手，核心流量都围绕这几个领域的内容范畴。

而微信在内容把控方面一直持严肃、严谨的态度，在这一点上，无论是公众号内容，还是小程序内容都同等对待。

若可以在小程序里实现虚拟物品购买，那届时的知识付费玩家将以品控决胜负。只有源源不断的优质内容，才能在几千万的内容竞争者当中脱颖而出，这对内容创作者来说，无疑也是一个极大的鞭策与激励。

7.1.4 工具类

小程序生态中，最先得到快速成长的就是工具类小程序。例如小睡眠、群应用等。工具类应用强大的获客能力，早在 App 中就有所体现。足迹、魔漫相机、火柴盒、Wi-Fi 万能钥匙……哪个不曾红极一时？但潮水退去后，这些工具类 App 都遇到了这样的问题：用户黏性低、变现能力差，很快被下一波浪潮覆盖。

工具类小程序在变现方面有哪些优势呢？主要有两个方面：微信支付和广告。

我们都知道，工具类应用最常见的盈利模式有两种：一种是让用户在 App 内购买付费功能，另一种是依靠广告变现。而这两种模式在微信中都能实现得更容易。

小睡眠小程序就率先尝试了应用内虚拟产品购买。在小睡眠小程序中，有部分专业白噪声是需要付费播放的，价格分 0.99 元、1.99 元、3.99 元、5.99 元 4 种。一开始，小睡眠团队拿捏不准微信对虚拟付费的态度，只进行了短短一周的测试。到了 2017 年七八月份，突然发现微信不抗拒此类变现的尝试。

得益于原生于微信平台，小程序在调用微信支付接口上更加方便，体验也更好。图 7-16 为三种接入微信支付方式对比。

对比栏目	JSAPI	JSSDK	小程序
统一下单	都需要先获取到Openid，调用相同的API		
调起数据签名	五个字段参与签名(区分大小写)：appId,nonceStr,package,signType,timeStamp		
调起支付页面协议	HTTP或HTTPS	HTTP或HTTPS	HTTPS
支付目录	有	有	无
授权域名	有	有	无
回调函数	有	success回调	complete、fail、success回调函数

图 7-16　接入微信支付方式对比

另外，由于工具类小程序获客快，容易形成裂变，广告模式也就容易走通。在小程序广告方面，微信也做了不少探索。其中有一项为小程序流量主广告模式，即在小程序页内嵌入流量主广告，点击之后可直接到达品牌的广告落地页面。商家可以通过小程序投放小程序的广告。

这种能力开放后，对用户基数大的工具类小程序来说，将十分有利。目前做得不错的公众号内容创业者通过推文底部的流量主广告，每月也能获得一笔可观的收入，在不久的将来，相信属于小程序开发者的时代也会到来。小程序流量主广告内测页截图如图 7-17 所示。

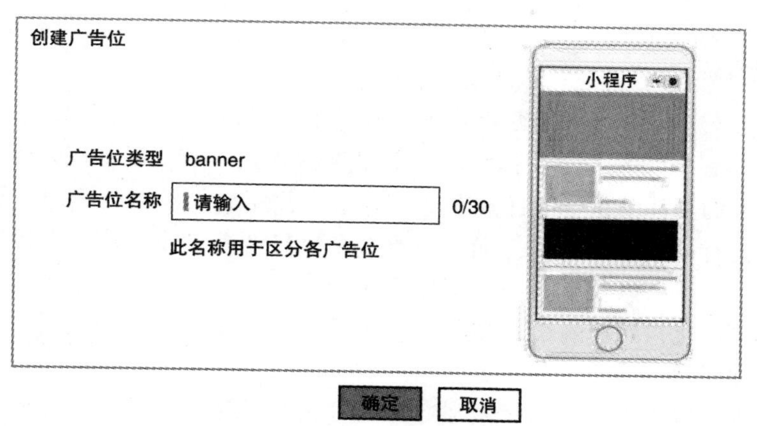

图 7-17 小程序流量主广告内测页截图

7.2 小程序运营思路

“一个好的产品应该是让用户用完即走的，不应该黏住用户。任何产品都只是一个工具，对工具来说，好的工具就是应该最高效率地完成用户的目的，然后尽快地离开。”张小龙对于小程序“用完即走”的理念曾这样表示过。

这一说法看上去与传统 App 的运营思路背道而驰，因为在传统的思路里，运营的根本就是用户，不断提高用户对产品的黏性就是各个产品的运营管理者想方设法所要达到的。那么小程序的运营者真的想让用户用完即走吗？

小程序的用完即走应该理解为可让用户的每一次使用都能最高效率地完成目的，让用户产生对小程序的使用习惯，而不是真的只让用户使用一次就走，不能让用户在用完后产生不想再使用小程序的想法。所以基于此问题，本节就来谈一谈小程序应该有一种什么样的运营思路。

7.2.1 多种推广方式获取用户

背靠微信 10 亿月活量，是小程序吸引开发者入局的要素之一。但这并不是说只要你做了一个小程序，就会有源源不断的用户来。虽然依靠关键词搜索能给你的小程序带来一定的访问量，但访客不等于用户。即使是一个小程序，也需要通过不断优化产品和采取多种运营手段获得流量。

不过，目前可以肯定的是，小程序的用户增长速度极快。也就是说，如果运营做好了，效果可以说是立竿见影。本节综合了大量小程序运营手段，将从搜索优化、入口推广、线下推广、广告推广四个方面讲述如何获取用户。

1. 搜索优化

如果你想找“中国移动”的小程序会怎么找？大部分人会去微信“发现”—“小程序”输入“中国移动”关键词搜索吧。所以说，搜索入口的用户量是非常大的，甚至在微信官方看来，这是小程序线上唯一的入口。相比“中国移动”这样的精准关键词，如果我想找个预订鲜花的小程序，在没有指定品牌的情况下，就会以“鲜花”为关键词进行搜索。在这种情况下，如果运营者不做关键词优化，而你的小程序名称中又不含“鲜花”二字，就很可能导致无法被用户搜索到。

那小程序搜索优化该怎么做呢？在回答这个问题之前，我们先要知道小程序搜索排名的规律。

曾经有这样一句话：域名比 CEO 更重要！由于小程序名称的唯一性，今天的小程序关键词就好比当年的域名，合适的关键词可以给宣传节省不少开支，而且一般来说，好的关键词会更容易被大众搜索，也有利于塑造产品形象。

所以，在给小程序取名时，标题或描述最好由地域名、品牌词或核心关键词等组成，这样符合一般大众的搜索规律；另外，要尽可能选择短词、指数大的词，从关键词本身来说，有品牌词、竞品词、产品词、人群词等，这块也可以参考“微信指数”（见图 7-18），看看这个关键词在微信中是不是热词，尽量取个便于被搜索到的词。

图 7-18 “春节”和“过年”微信指数截图

不过，微信平台为避免小程序运营者为蹭热度取超长名称，已在 2017 年 6 月 3 日上线了小程序自定义关键词推广功能。开发者只需要进入微信小程序后台单击“推广”再选择“添加关键词”输入你想关联的搜索关键词（最多 10 个），一次性提交审核后，就能在 7 个工作日后绑定审核通过的关键词。

不过，这并不意味着添加关键词就能被搜索到，微信还会由小程序的服务质量、使用情况、关键词相关性等因素共同影响搜索结果。2017 年 11 月，微信透露过关键词搜索的规则，参考内容如下：

1）小程序的上线时间：越早上线越好，这样优势越大，曝光次数也会越多。

2）描述出完全匹配出现关的键词次数越多，排名就越靠前。

3）标题中关键词出现 1 次，且整体标题的字数越短，排名就会越靠前。

4）微信小程序用户使用数量越多，排名就越靠前。

2. 入口推广

在本书第 2 章中，我们谈到小程序已有 50 个入口，不过，除去因用户使用记录产生的入口，真正受运营者控制的并不多，下面将列举几种入口的使用规则和作用，供各位参考。

（1）借助附近的小程序推广

在“附近的小程序”中，小程序会自动展现给附近 5 千米内的用户，如图 7-19 所示。用户通过小程序就能直接购买服务或者导航到门店。拥有多家门店的商户，一个小程序可以添加 10 个地理位置，增加小程序的曝光。

图 7-19 “附近的小程序”页面截图

“附近的小程序”可以在微信公众平台登录你的小程序账号开通，企业、政府、媒体等组织，单击左侧菜单栏“附近的小程序”，再单击“添加地址”，输入你的营业执照和相对应的地址即可提交审核。小程序后台截图如图 7-20 所示。

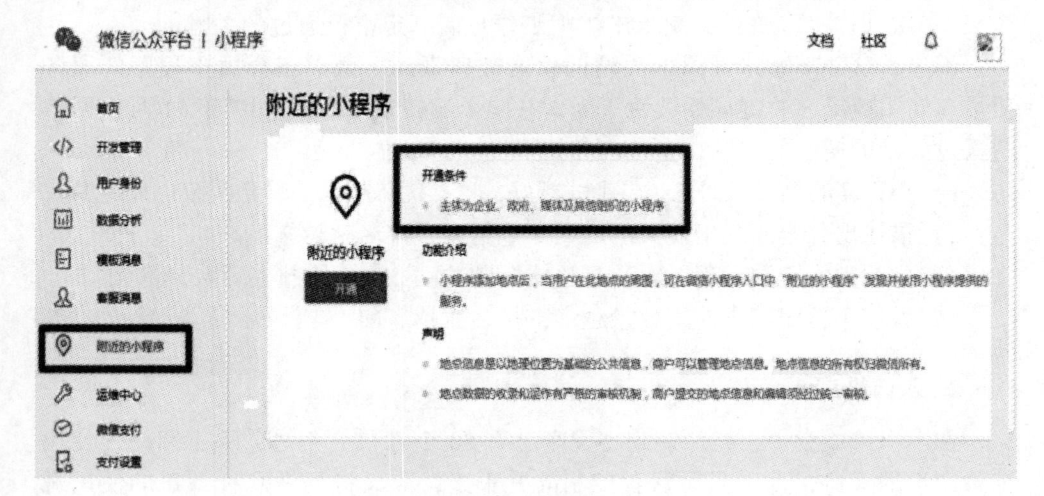

图 7-20　小程序后台截图

（2）利用公众号绑定推广

公众号对小程序推广来说是个巨大的金库。如果你的公众号原本就有不少粉丝，可以充分利用公众号中的小程序入口将粉丝引至小程序中。

公众号绑定小程序就会给用户推送一条消息通知，一个月可以解绑 5 次。这条通知不占用公众号推送条数，却能很好地将公众号用户引至小程序。公众号关联小程序消息推送示例如图 7-21 所示。

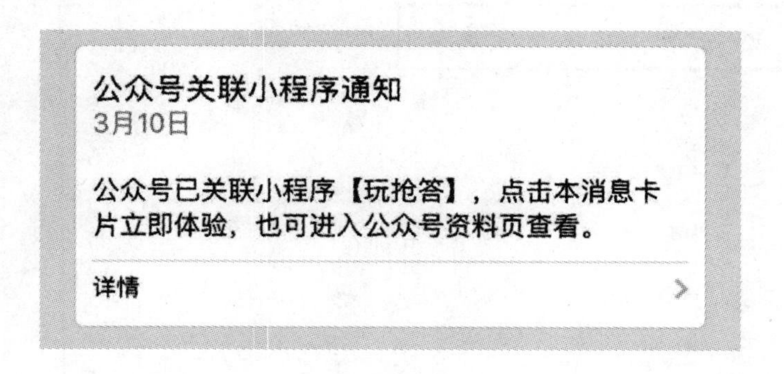

图 7-21　公众号关联小程序消息推送示例

同时可以设置将小程序展示在公众号介绍页中，粉丝也能通过公众号详情页进入小程序。公众号详情页截图如图 7-22 所示。

另外，值得注意的一些规则是，目前一个公众号可以关联同主体小程序 10 个，不同主体小程序 3 个。小程序关联公众号时，必须填写小程序的 AppID，且需要小程序管理员和公众号管理员在手机微信中确认通过，才能绑定成功。

（3）在公众号文中推送

在公众号推文中也有多种方式可以插入小程序，有文字、卡片、图片三种形式可选。其中文字插入小程序会有明显的小程序标志，卡片式插入带封面占屏面积大，两者都是点击即可进入小程序。图片式插入小程序和一般配图相比无明显特征，点击图片后会提示跳转小程序。一篇文章中可以插入的小程序数量上限为 20 个。文章中插入小程序截图如图 7-23 所示。

图 7-22　公众号详情页截图

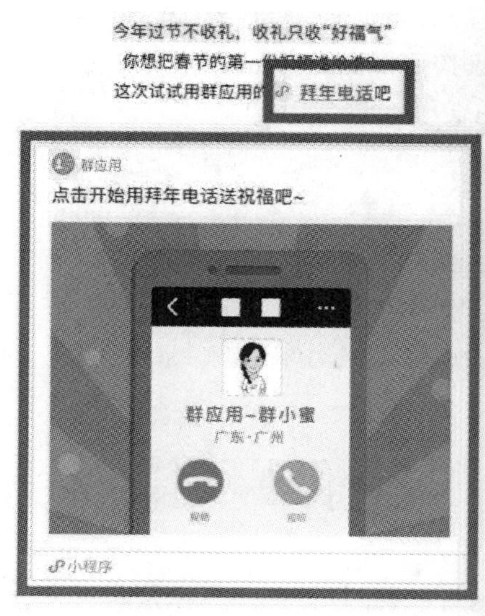

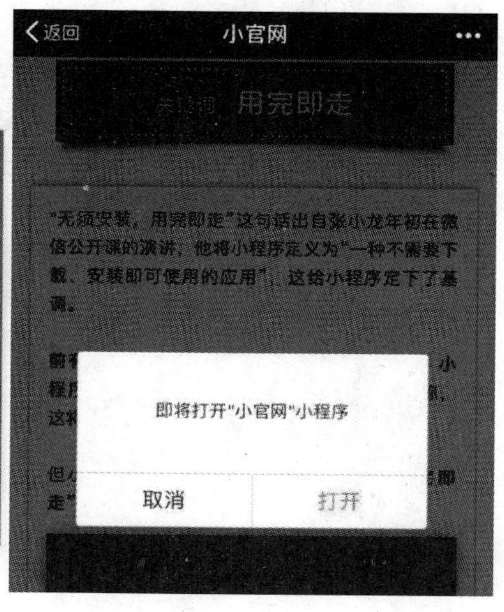

图 7-23　文章中插入小程序截图

（4）充分利用公众号对话

小程序关联公众号后即可在菜单栏中插入小程序，服务工具类小程序就非常适合，因为不少用户已经养成了在服务号菜单栏中体验服务的习惯。另外，有部分公众号可以向新关注公众号的粉丝推送小程序卡片，但此功能还在内测中。在公众号菜单栏中插入小程序截图如图 7-24 所示。

图 7-24　在公众号菜单栏中插入小程序截图

（5）利用小程序间相互跳转

小程序之间的相互跳转，不仅是企业服务的互补和完善，也让企业间的小程序得到传播，将每个产品线各做一个小程序，绑定在同一个公众号主体上，互相跳转，互相导流。例如，在施华洛世奇小程序展示页中，就能跳转至集心意送璀璨小程序，从品牌小程序导流至主打集赞活动的小程序。施华洛世奇及相关小程序截图如图 7-25 所示。

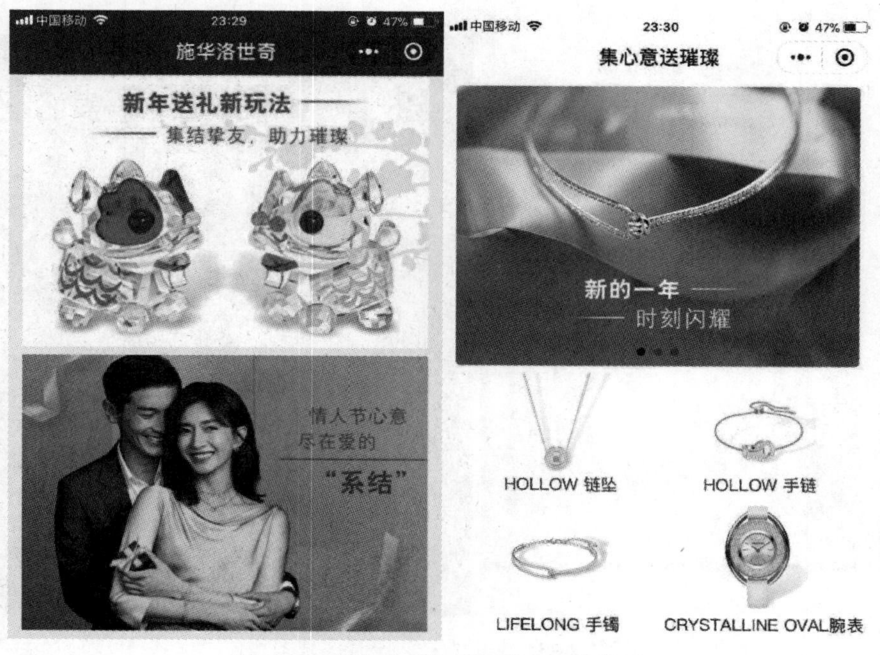

图 7-25　施华洛世奇及相关小程序截图

（6）生成小程序海报分享到朋到友圈

目前，小程序还不能分享到朋友圈，但朋友圈巨大的“熟人流量”仍然是社交分享的最佳阵地。而商家可以将小程序码放在设计精美的海报上，分享到朋友圈，通过吸引人的活动或者具有设计感的内容进行推广引流。

（7）分享至群聊增加入口

转发在群内的小程序都会存留在聊天小程序中，方便下次打开，针对行业群，可以将自己的行业小程序放置其中，便于打开和被发现。

（8）打通 App 到小程序的入口

将 App 和小程序打通后，App 的内容分享到微信时会自动转为小程序卡片，单击即可进入小程序。比如：从腾讯视频 App/腾讯视频网站分享视频给微信好友时，好友点击卡片后会直接跳转到腾讯视频小程序。

（9）善用微信卡包推广

将小程序和卡券功能打通，就能通过卡券界面直接进入小程序。无论是优惠还是常用工具，这部分经常使用卡券的用户也能很容易成为小程序用户。例如腾讯乘车码就能从微信卡包打开。腾讯乘车码卡包截图如图 7-26 所示。

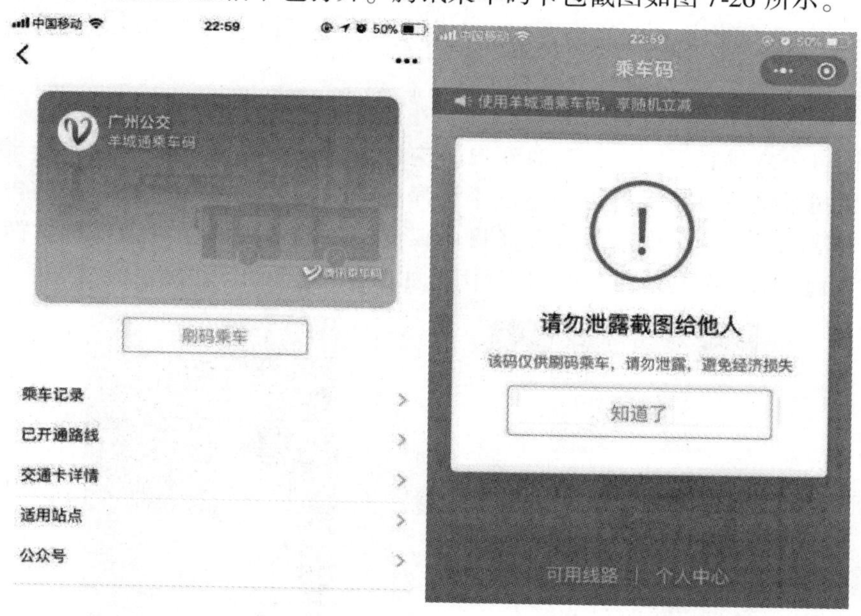

图 7-26　腾讯乘车码卡包截图

3. 线下推广

线下推广的入口主要依靠小程序码和微信支付。

对门店来说推广小程序就相对容易了，将小程序和门店服务相结合即可实现小程序推广。例如，商家只要在店内贴一个“买单”用的小程序码，到店客户扫码支付，这样每位已消费的用户都会成为店家的小程序用户。另外门店也可以通过微信支付，引导用户进入小程序。消费者使用微信支付付款后，会收到微信支付推送的支付成功通知。单击“进入商家小程序”，即可进入小程序，形成二次触达。支付后引导进入小程序截图，如图 7-27 所示。

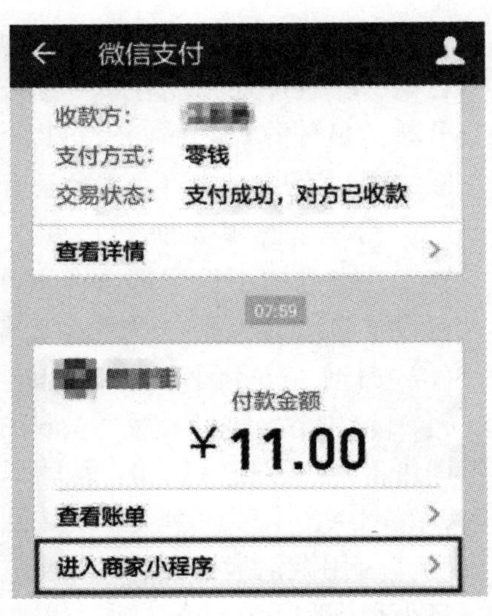

图 7-27　支付后引导进入小程序截图

对于没有门店的小程序运营者来说，也可以通过线下活动、异业合作、地推、三折页等方式，将小程序码印刷后在线下推广。

4. 广告推广

运营者除了依靠自己的努力推广小程序外，也可以通过广告的形式让官方帮你推广。目前小程序广告已有多种形式。

（1）公众号底部广告

通过公众号底部广告，电商商户将构建更多消费场景，加速商业变现。商户可以通过微盟盟聚将自己的电商小程序投放公众号底部广告，单击广告外层图片直接跳转指定小程序落地页（目前仅支持电商推广与品牌活动推广两大类目能力）。小程序公众号底部广告示例，如图 7-28 所示。

图 7-28　小程序公众号底部广告示例

（2）附近的小程序广告（内测）

附近的小程序打通的线上线下，对于门店来说，附近的小程序广告位将是抢占线上流量的最佳路径，通过投放附近的小程序广告可以展示自己的小程序。附近的小程序广告示例如图 7-29 所示。

图 7-29　附近的小程序广告示例

（3）公众号文中广告

据统计，微信公众号内容的日总阅读次数已经超过百度的日搜索次数，微信的内容已成为重要流量入口。“公众号文中广告”出现在文章中间，且广告内容与文章有关联，容易与粉丝互动，属于服务用户的广告形式，用户更易于接受。公众号文中广告截图如图 7-30 所示。

（4）关键词搜索广告（内测）

搜索是小程序的关键入口，将内容、服务与用户连接起来，让用户直通服务。通过关键词搜索广告的投放，线上用户将更容易触达小程序。Dior 关键词搜索广告截图如图 7-31 所示。

图 7-30　公众号文中广告截图

图 7-31　Dior 关键词搜索广告截图

（5）朋友圈广告（内测）

小程序朋友圈广告万众期待已久，通过精准人群定位和朋友圈的传播，可以最大限度地实现精准推送，朋友之间可以在广告下留言互动，形成品牌的二次热点，而点击朋友圈广告直达小程序，缩短了转化路径，形成高效转化。目前小程序朋友圈广告仍在内测中，相信不久上线后，又将引爆朋友圈。朋友圈小程序广告截图如图 7-32 所示。

（6）小程序流量主广告

前不久，刚曝出小程序页内嵌入了流量主广告，点击之后可直接到达品牌的广告落地页面。商家可以通过小程序投放小程序的广告了。

图 7-32　朋友圈小程序广告截图

（7）小游戏广告

自小程序发布小游戏功能之后，微信中吹起了一股游戏风，跳一跳成了朋友之间的热议话题。微信跳一跳小游戏继春节与麦当劳合作推出第一个“广告”后，耐克植入跳一跳，微信小游戏跳一跳商业化之路开始运作。

2018 年 3 月，腾讯微信公关部正式开放跳一跳小游戏招商，品牌可以通过在跳一跳中定制自己的盒子，在盒子上展现品牌特效、定制特定的音效等方式进行公关宣传。同时，跳一跳广告按 CPD（Cost Per Day，按天计价）进行售卖，一天 500 万元，两天 1000 万元，五天 2000 万元，而且不承诺独占。跳一跳 Nike 广告截图如图 7-33 所示。

图 7-33　跳一跳 Nike 广告截图

看到这里你可能会想，小程序留存难度大，推广获得再多用户有意义吗？答案是肯定的。由于小程序具有免注册和免登录的特点，用户一次点击、扫码就能成为你的用户。而在微信中搜索小程序时，已使用过的小程序会出现在搜索结果的置顶处。例如，假设我无意间在群聊中点击过 Dior 迪奥礼品卡小程序，但当时没什么印象。到了节庆日，我想给朋友送礼时，在微信中搜索“礼品”，Dior 迪奥礼品卡小程序就会以“已使用过的小程序”身份置顶在小程序搜索结果中。

所以，利用好入口推广，往往就有了先发优势。

7.2.2 激活用户提高留存

小程序通过入口推广来获取用户是第一步，第二步便需考虑如何提高用户的留存率。没有用户便谈不上运营，不激活用户便谈不上提高留存率。做小程序运营，激活用户、留住用户是要关注的重点。

不同行业的小程序，激活用户的路径也不同。不过目前通用且行之有效的方式是优惠活动、消息推送和公众号推送。

1. 优惠活动和会员体系

线下商家可仿照在公众号上开展各种优惠活动的方式来激活小程序用户。在小程序上，商家同样可以设置会员卡功能。例如上海的一家人气甜品店——“牛奶小姐”便在小程序上设置了“立即领卡”和“优惠买单”这两个会员功能。“牛奶小姐”以会员卡优惠吸引小程序用户，以会员活动激活小程序用户，从而实现用户留存率的提高。

商家所利用的会员功能不只用于活跃用户，其对于激活正走向流失的老用户也具有重要作用。例如某一奶茶店在进行每月的盘点统计时发现虽然小程序新用户有所增加，但老用户却也正在流失。为了找出原因，商家与老用户进行了交流。通过交流，商家得知老用户流失的原因在于老用户认为自己在多次购买奶茶后却没有任何优惠，享受的权益与新用户无任何差别，而该店附近新开的几家奶茶店却有力度非常大的折扣优惠。

为了解决这一问题，提高老用户的留存率，该奶茶店决定在其小程序中植入会员系统。在该会员系统中，奶茶店依据用户的消费次数与积累的消费金额来划分会员等级，为不同会员等级的用户指定不同的会员权益，对老用户和新用户做出区分。商家在小程序会员系统中的设置如图 7-34 所示。

商家在小程序上设置好会员入口和会员优惠后，便通过公众号推文和短信两种方式将新制定的小程序会员信息传达给各新老用户，促使他们根据自身实际消费情况来领取相应的会员优惠卡，以在购买奶茶时享受应有的会员权益。

商家通过此方法，既促成了用户拉新，又实现了老用户的召回，在提高用户留存率的同时，也提高了营业额。

1. 给首次通过小程序购买任意一杯奶茶的用户发放一张满15减5的会员优惠卡，供用户下次消费时使用。

2. 一次性购买五杯以上奶茶的用户可免费兑换任意一杯奶茶。

3. 消费已满五次及以上的用户可享受每次消费减2元的会员优惠卡。

4. 消费金额累计已满100元的用户可领取每次消费减3元的会员优惠卡。

……

图7-34　该奶茶店的小程序会员系统设置

在小程序上设置会员卡，一方面有利于刺激新老用户的消费欲望，另一方面则有利于留存用户，让用户可保持对商家的长期“忠诚”。会员卡的功能就在于可以让用户产生一种对自己身份的认定感。借助于用户这种自我身份的认定感，商家可不断地通过各种会员卡活动来增强用户对产品的黏性。

所以，商家在运营小程序时，可考虑在小程序中引入会员系统，通过各种会员优惠来吸引新用户并让他们保持继续消费，老用户则可通过此法被再度激活，重新活跃起来，用户黏性被进一步增强，用户留存率被进一步提升。

2. 消息推送召回用户

无论是线上商家或门店商家，消息推送都能有效召回用户。例如，拼多多小程序就通过模版消息推送，拼团未成功用户继续分享，不断提醒用户传播，也成就了拼多多小程序的爆发式增长；而客服消息是另一个运营者与用户接触的窗口。

模版消息和小程序客服消息有什么区别呢？下面为大家具体讲解。

其实，小程序自公开发布起就有消息推送功能，但是由于张小龙对于微信小程序的定义为极简的生活方式，所以为了避免小程序发送过多的推送消息骚扰用户，对于小程序消息推送制订了许多的规则和限制。

小程序把推送消息定义为两大类：模版消息和客服消息。

1）模版消息

后台可以制作消息模版，商户可以将模版消息发送给接受过服务的用户，用户接受过一次服务（以是否产生支付数据为准），七天内能够推送3条模版消息，可用于提醒用户订单或物流状态变更，提升售后服务质量。小程序模版消息通知截图如图 7-35 所示。

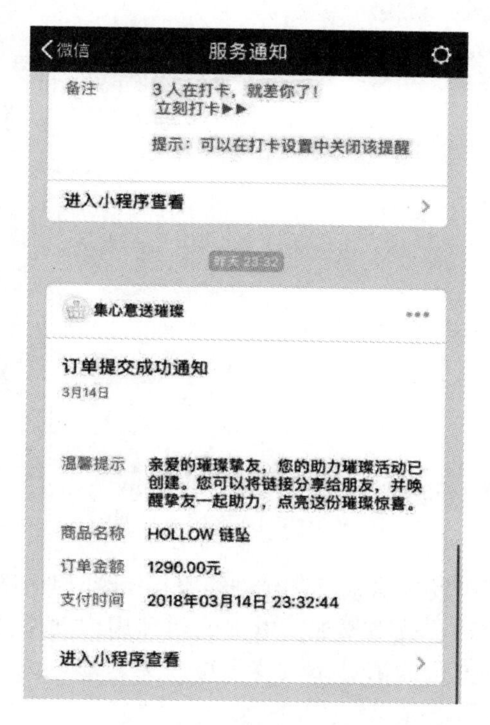

图 7-35　小程序模版消息通知截图

2）客服消息

用户可以在小程序内联系客服，支持文字和图片。商户可以在 48 小时内回复用户。

客服消息有两个会话入口：

1）小程序内：开发者在小程序内添加客服消息按钮组件，用户可以在小程序内唤起客服会话页面，给小程序发消息。

2）已使用过的小程序客服消息会聚合显示在微信会话“小程序客服消息”内，用户可以在小程序外查看历史消息，并给客服发消息。小程序客服消息截图如图 7-36 所示。

不过，客服消息下发也有条件：

用户进行特定动作与小程序客服互动时，小程序客服可以向客户发送文本或图片类型的客服消息。不同的动作触发后，允许下发消息条数和下发时限不同。下发条数达到上限后，会返回错误码。

用户通过客服消息按钮进入会话后，允许客服在 1 分钟内下发 1 条消息。

图 7-36　小程序客服消息截图

用户向小程序客服发送消息后，允许客服在 48 小时内下发 5 条消息。

可发送的客服消息条数不累加，以上的两种用户动作会触发客服可下发条数和时限的更新，可推送的消息条数将会更新为当前可推送条数的最大值，时限也将更新为最大时限。

3. 公众号推送激活用户

前文提到公众号给予小程序的入口非常多，可以想象的空间也就越大。

公众号的核心是流量和内容，小程序的核心是功能和服务。有时候你的产品很好，用户也认可，但是由于大家接受的信息太多，好产品也怕被遗忘。利用公众号积累的势能，推送文章，从价值观、品牌、应用场景等角度向用户“安利”小程序，往往容易培养出一批忠实粉丝，也能提醒用户回归小程序。

同时，小程序上的用户也能引导至公众号，以便多次唤醒触达。

7.2.3　促进转化获得收入

企业商家需要收入，而为了获取收入，提高转化率便是关键。小程序运营亦是如此。小程序由于没有被粉丝关注的功能，不能像公众号那样通过向粉丝发送推文消息的方式来精准触达用户，也不能完全靠小程序自身的力量来实现流量转化，所以企业、商家在运营小程序时应不仅注意小程序自身功能的合理应用，还要注意与微信平台中的其他功能应用结合。内外合一，小程序才能实现更多流量的转化，获取更高的收入。

1. “小程序＋营销活动”提高转化

在上一小节中就已提到，小程序可设置会员卡功能，那么在小程序中设置类似的优惠券功能当然也是可行的。商家可通过优惠券来吸引和回馈粉丝。对于新开业的门店来说，优惠券的发放尤其有利于鼓动用户产生消费行为。

向用户发放优惠券就是商家通过自身让利的方式来拉动用户的二次消费。商家可通过各种类型如满减券、折扣券、代金券、兑换券、通用券、储值券等优惠券来吸引新老用户。不管是什么类型的优惠券，其特色就在于“优惠”二字，持有优惠券的用户可享受到特别的优待。

基于这种优待，用户的消费欲望被激发，用户会更倾向于使用优惠券来购买商品。这有利于提高小程序流量的转化率，以及店铺整体的平均单价。一旦平均单价上升，商家的营业额也就能随之增长，商家可以获得更多的收入。

除设置优惠券以外，商家还可在小程序上增加一些会员营销功能。例如，可以根据用户的消费金额累积情况来发放相应优惠的营销工具，这有利于提高用户的复购率与用户黏性，实现流量的高转化率。

假设某家开业不久的蛋糕店在做月底统计核算时，发现小程序用户复购的情况很少出现，多数用户只限于一次购买，用户的消费情绪并不像预期的那样高涨。为找出原因，该蛋糕店进行了相关调查，在调查中发现在其周边存在着诸多竞争对手，多家蛋糕店聚集在同一块区域，导致了客流分散，不利于小程序用户对自家门店产生复购行为。

针对这一问题，该蛋糕店决定在小程序上开展“集集乐”营销活动，以减少用户流失，提高复购率。其“集集乐”营销活动内容如图7-37所示。

1. 用户参与“集集乐”活动，每次消费满40元，可获取一张星卡。

2. 集满8张星卡可免费领取一份黑森林蛋糕。

3. 集满24张星卡可免费获取任意一份小蛋糕。

4. 集满40张星卡可免费领取一份神秘大礼包。

……

图7-37 该奶茶店小程序上的“集集乐”活动内容

该蛋糕店在开展“集集乐”活动后，获得了不错的复购率。由于兑换蛋糕或礼品是根据累积的星卡数量来计算的，所以为了获取蛋糕或礼品，用户就会通过小程序不断地进行消费。当用户通过该活动获得好处后，基于分享的心理，用户很有可能会把该蛋糕店的小程序分享给微信好友或微信群，让更多的新用户参与到“集集乐”活动中来，转化为该小程序的流量，为自己或为大家谋求更多的优惠。

所以，当面对复购率低下，用户购物活跃度不高的问题时，小程序运营者可在小程序上开展一些营销活动，不仅可以提升老用户的用户黏性，还可以吸引大批新顾客。老顾客通过参与活动激发自己的消费欲望，新顾客通过参与活动转化为小程序用户，复购率和转化率可因此得到提升，而这两者一旦提升，就意味着商家的产品销量和营业额也在不断增加。

2. “小程序 + 公众号 + 会员体系”提高转化

除优惠券和增加一些小程序营销活动外，若想让小程序获取更多的转化流量，与微信公众号结合运营便是一种值得尝试的有效方法。以小火锅品牌“酌味涮”为例，该店借助公众号与小程序的共同作用，在 1 个月内成功转化了 10000 名会员。

“酌味涮”开放“附近的小程序功能”，借助“附近的小程序”可在 5 千米内辐射用户的功能，将其小程序展现给广大用户。用户通过搜索附近的小程序来打开“酌味涮”小程序，在未到店以前就可预先进行会员注册，领取会员卡。在小程序页面上设置的开卡有礼和兑换券福利将会引导用户产生注册会员的想法，进而实现用户会员的转化。

而“酌味涮”又将其公众号与小程序打通，让其公众号可在第一时间同步用户在“酌味涮”小程序上的会员开卡、优惠券领取、积分兑换等行为信息，实现用户在公众号与小程序上的订单支付、会员权益等数据信息的互通。

通过这种方式，无论是已到店还是未到店的顾客，都可被转化为“酌味涮”的会员用户，与“酌味涮”产生联系，进而为“酌味涮”增加销售额，获取更高收入。

3. 小程序分享裂变提高转化

将小程序运营手段和微信生态中的基础能力相互组合，就很有可能形成裂变。熟悉裂变的运营者一定知道，这个词代表了高转化率和大范围传播。

说到小程序裂变，可能就会想到拼多多。拼多多小程序的整个裂变流程并不复杂，可以说跟公众号的运营方法类似。

通过自有的公众号内容推送和微信广告，激活吸引一批用户进入小程序，这批用户通过分享拼多多小程序卡片，带来更多新用户。通过服务消息推送和微信小程序其他入口对用户进行促活。拼多多小程序运营流程如图 7-38 所示。

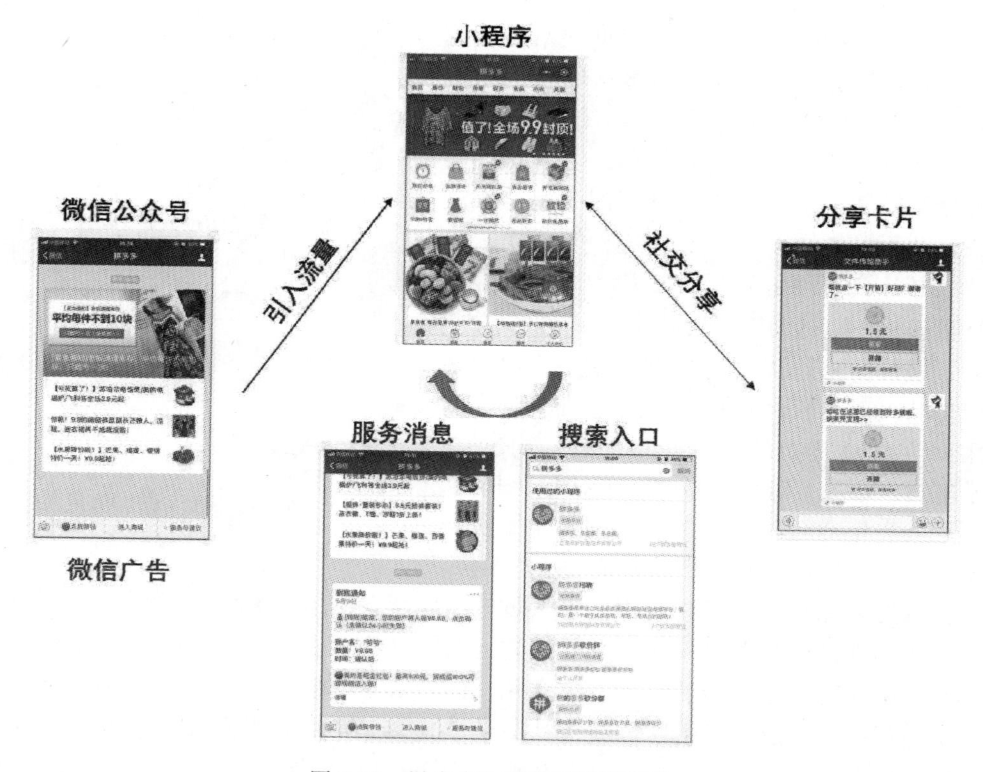

图 7-38　拼多多小程序运营流程图

为什么人人一看就懂的流程最终能实现裂变的并不多？强社交属性是人人都看到的特点，人们没看到的其实是拼多多的一套小程序运营机制。

用户从进入小程序到完成你的商业逻辑，中间会经历多个步骤，而每一步都会造成用户流失，这就是运营漏斗。

拼多多的运营漏斗主要为“活动—引导—分享”三个环节。

首先要做好小程序内部。用户进入小程序，如何让用户一目了然地知道他需要干什么，这个产品有什么用，这是第一点。

在拼多多中可以看到，除了拼团商品外，还会根据不同时间段推出相应活动。例如，春节期间推出“新春送祝福”“送祝福红包”等活动，吸引用户进入小程序。

其次是引导。这需要考虑用户会在什么场景下收到你怎样的提示，会愿意遵循引导操作。在拼多多小程序内，就对多个提示文案进行了巧妙设计。例如在“集新春祝福”活动中就有“还可以接受 3 位好友祝福”“与好友一起集祝福”的分享引导。甚至在页面还出现滚动字样“×××集福成功获得 15 元现金券”，刺激用户分享。用户离开拼多多小程序后，拼多多也会通过“服务消息”

推送，以“拼团倒计时”等类型文案召回用户回到小程序继续分享。拼多多小程序模版消息截图如图 7-39 所示。

图 7-39 拼多多小程序模版消息截图

运营漏斗的前两步走好后，结合产品的强分享属性，最后一步的分享裂变也就水到渠成。不过需要注意的是，这种模式要求运营人员具备很强的数据分析能力。小程序数据可以在“小程序数据助手”小程序中查看，该数据统计工具会自动更新小程序总体数据情况，运营者也可以在此基础上补充对用户数据和行为的记录，整理日、周、月、季度运营报表。通过对数据进行抽象化描述，还原真实用户画像和行为，根据特定数据与其对应的日期阶段和产品类型做出运营导向。

总的来说，小程序的运营相比 App 来说，无论是获取用户、激活用户，还是转化的方式都存在着差异。小程序的运营方式方法更加零散，但得益于微信基础设施完善，运营场景也可以多样化，例如线下门店利用小程序将用户纳入微信会员体系、线上门店通过微信社交链快速传播等，这些都是以往单独 App 运营难以做到的，或者说难以快速达到小程序这样的效果。

相对于 App 的独立性强，在小程序运营中我们能充分感受到“连接”的力量。微信的基础设施、小程序、商业服务都在相互交织，小程序的运营也要注意多个环节能力和方式的组合运用。

7.3 我们需要做个小程序吗

前面给大家介绍了不少小程序的盈利方式和运营方法，你可能就会想了，小程序真的适合任何领域吗？答案是否定的。小程序毕竟是轻量级应用，它并非为替代 App 而出现，功能复杂、对稳定性等要求高的项目，还是需要 App 来承载。

目前，小程序已经成为很多企业和商家推广的一个重要手段，但对于开发小程序而言，在开发小程序之前需要一些标准去衡量，通过这些标准你才能明确小程序开发的必要性。在明确开发小程序需要哪些标准去衡量之前，我们要先了解一下小程序适合哪些领域和不适合哪些领域。

7.3.1 哪些领域适合小程序

对互联网产品来说，定位很关键。按：重要/不重要、高频/低频，我们将互联网产品分别放入4个象限，如图7-40所示。以往能快速发展的App大多集中在第1、2象限，比如滴滴诞生两年就发展成为行业独角兽，其中有个重要原因就是产品在定位上踩准了“出行”这个高频且重要场景。

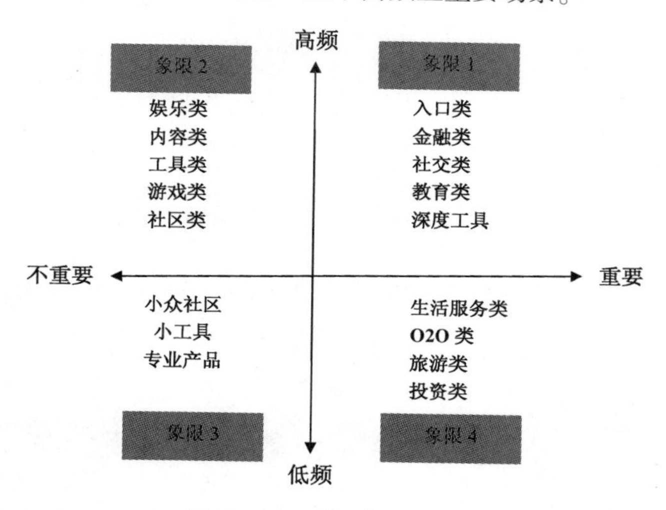

图7-40 互联网产品4象限

那不同象限的产品又应该如何应对小程序呢？总结如下：

象限1：大玩家、高频应用不应该接入小程序，特别是对数据安全性要求比较高的产品。

象限2：应该慎重接入，利用微信的开放能力，引导用户到自有产品中。

象限3：视情况接入，主要看开发能力。

象限4：这个象限包含了大量的服务类产品，应该毫不犹豫地拥抱小程序。

从图7-40这4个象限可以发现，如果你的产品满足的是低频长尾需求，那么你就要考虑接入小程序了。但是如果你的服务属于很高频的，而且对于交互和界面体验的要求很高，那你最好还是要用原生App来做，主要出于以下几个层面考虑：

（1）相比而言，App技术架构更胜一筹

微信与其他App一样，都属于操作系统层级的应用，只不过微信是移动互联网最大流量入口的App。

小程序是基于H5开发的程序，但用了类似于JS-SDK的框架（百度以前是

clouda 框架)，只能在微信上运行，在功能性能上会相对弱一些。

而 App 是基于大生态系统 Android 和 iOS 的应用开发，需要针对不同的开发系统使用不同的开发语言，可实现完整功能。因此，原生 App 在个性化的功能和交互方式上，在面向操作系统的底层性能优化，对数据的支持方面会比小程序更强大。小程序与 App 开发对比如图 7-41 所示。

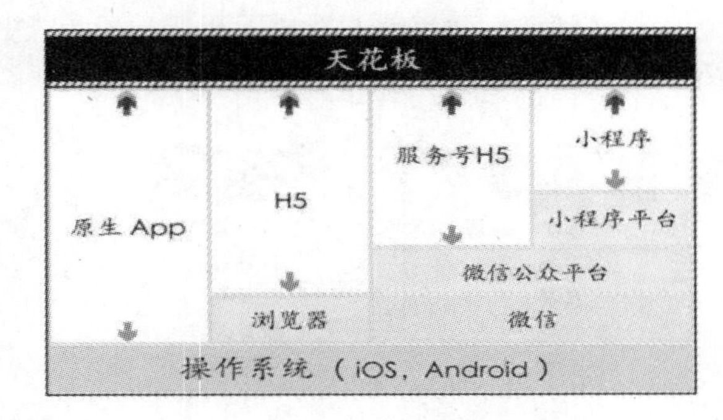

图 7-41　小程序与 App 开发对比

(2) 小程序的“轻”和“重”需求相矛盾

我们都知道，微信把小程序的大小限制在 4MB，定位为一个可以“用完即走”的工具，决定了小程序不太适合做太多功能。以美柚小程序和美柚 App 为例，如图 7-42、图 7-43 所示。

图 7-42　美柚小程序页面

图 7-43　美柚 App 页面

从图 7-42 和图 7-43 对比来看，美柚小程序比美柚 App 少了很多功能，只保留了美柚最核心的功能——经期记录。

另外，App 对硬件资源的利用更加淋漓尽致，基于系统级别的 API，App 可以做出性能、设计、效果和流畅程度远远超过小程序的软件和服务。小程序开发，是基于 SaaS 模式，使用微信的 UI、组件、接口。而 App 开发是在 iOS 系统以及 Android 系统两套不同的技术班底下，使用多种开发语言打造出来的产品。

因此，小程序更适合那些使用频率低、功能相对少且有内容和服务属性的“小程序”，比如，大姨妈、墨迹天气、aTimeLogger 这类工具型 App 就更适合应用在小程序场景。而那些使用频率高且功能复杂的应用，比如，大型游戏、美图秀秀、高德地图这类后台较重的 App，通过原生 App 会有更丰富的产品体验。

（3）App 比小程序更开放

小程序面向的是 10 亿月活跃用户，基于微信生态的应用开发，需要遵循《微信小程序设计规范》《微信小程序平台运营规范》《小程序开发文档》和《小游戏开发文档》。且受微信平台规则和能力限制，小程序发展影响因素在本书第 2 章中已有提及。微信生态各部分关系如图 7-44 所示。

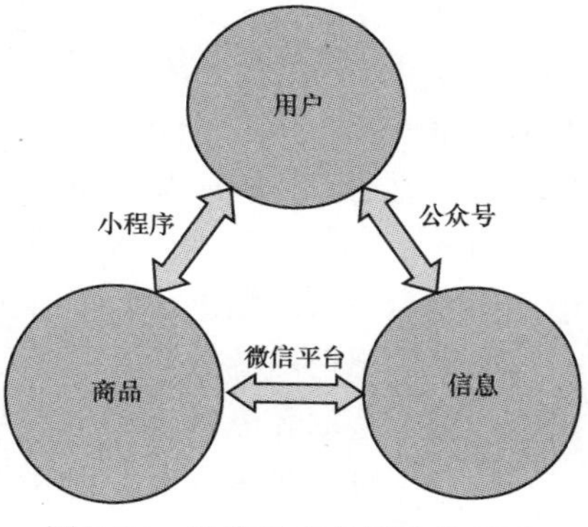

用户
小程序
公众号
微信平台
商品
信息

图 7-44　微信生态各部分关系图

相比而言，App 面向的用户群是约 20 亿的智能手机用户，是基于 Android 和 iOS 两大移动操作系统的开发，除开发需要遵循生态系统外，运营和推广都可以遵循创业公司自己的想法（苹果相对严格一些）。

所以，本身属于高频服务而且对于交互和界面体验要求很高的领域，从长远来说，做 App 会更加合适。但低频长尾服务、更注重线下场景以及本就属于微信生态内的领域，拥抱小程序就是更好的选择。下面将用几个小节来讲解，为什么这些行业领域适合做小程序。

7.3.2 有了公众号，你可以做一个小程序

在 App 火爆的时候，很多人都会问："做了微信公众号，还需要再做一个 App 吗?"这完全取决于你怎样看待生存这件事。从道理上说，有人认为完全没必要再做一个 App。如今，小程序收到了众多人的追捧，这时又有人会问："我有公众号了，还需要再做一个小程序吗?"下面将为大家分析一下，假如你有公众号了，是否还需要再做一个小程序。

对于不少做得还不错的微信公众号，他们在拿了投资、开始商业化发展之后，就不再满足于做一个公众号了。于是，这些人开始大肆招募开发者，着手打造自己的 App，在他们看来，如果不做一款 App，他们就不是一副干事业的样子。

是的，在过去，互联网行业里有一个很大的误区：

1）互联网创业 = 做个网站。

2）移动互联网创业 = 做个 App。

在那个时候，好像你不做个 App，资源就都是别人的了，就会让公众号累积起来的丰富资源都流失掉。虽然很多人都投入了大量的时间、金钱和精力，做了一款自己的 App，但是 App 做出来后有没有人用，又是另外一回事了。很多人费心费力打造出的 App 都无人问津，最后竹篮打水一场空。

而小程序作为轻量级应用，开发与成本方面都略胜 App 一筹。做公众号的人思考完"是否该做 App"之后，不妨再来思考一下"是否该做小程序"。

有了公众号，还需要再做一个小程序吗?

和 App 不同，公众号和小程序都存在于微信生态里，所以需要考虑的仅是小程序能为公众号提供什么价值。

如果你想把鸡蛋分开几个篮子放，那小程序不一定是最佳选择。但如果你想拓展渠道获取新流量，那还是可以看下面的内容。

小程序具有无需安装、触手可及、用完即走、无需卸载的特点。但将公众号与小程序对比一下你会发现，两者在很多地方都相同，见表 7-1。

表 7-1　公众号与小程序对比

	无需安装	触手可及	用完即走	无需卸载
公众号	是	是	是	是
小程序	是	是	是	是

但公众号比小程序多了一道“关注”的步骤，这个仿佛是“询问”的步骤，恰恰会让用户有思考和选择的空间：我关注后会经常用吗？它会来“骚扰”我吗？要不用完就删掉吧？

是的，也没妨碍到什么，但不常用的你待在那儿我就是觉得你占内存，人类的心思就是这么难懂。

那么，小程序对于公众号的意义是什么？

1）转化渠道。

2）流量渠道。

3）服务渠道。

公众号做到一定体量时就会有变现的需求，或本身就是为了留存用户而开的公众号，过去在文章中加外部商城链接实现转化，一切都那么顺理成章。所以，当马化腾为了内容监管宣布全面管制外链后，公号圈一片哀号……许多公众号都仿佛失去了一只得力的右手。内容管制规定如图 7-45 所示。

图 7-45　内容管制规定图

此时，小程序的出现，无疑让公众号运营者们再一次看到了希望。公众号的本质是媒体，更大的属性是单向信息交互，如果想和用户有内容以外的互动和交流，甚至在实现其商业价值的过程中，都会受到较大的限制。

而小程序的本质是应用，在微信生态里，将小程序定义为一个独立的工具或许不完全正确，毕竟小程序自己能产生的流量还是有限。

如果使用“公众号 +”的逻辑，将小程序当作公众号的附加能力去实现一些内容以外的功能和价值，将传播的事情交还给公众号或许更现实。

在 2017 年上半年，就已经有不少公众号抓住了小程序红利期，“吃螃蟹吃了个饱”。例如，汽车垂直领域新媒体头部公众大号“玩车教授”，2014 年创立，到 2016 年 7 月估值就已经达到 7 亿元，跻身汽车头部大号行列。在这个 App 横行、H5 满天飞的互联网生态中，“玩车教授”是如何利用小程序的优势实现变现的呢？下面具体讲述一下“玩车教授”玩转小程序的招数。

1. 为什么选择小程序

“玩车教授”之所以选择做小程序，有以下 3 个原因：

1）传统 App 推广成本和教育成本高：例如几年前的 iPhone 4s 还是 16G，需要一直删除 App 来维持手机运行，而小程序无需安装用完即走，直观便捷，微信庞大的用户量，也将创造新一轮红利。

2）海量资讯缺乏系统收纳：在网易云音乐看段子，在今日头条看新闻。多平台分发导致资讯相对分散，需要可以快速打开的系统分类资讯汇集地。

3）新媒体被资本赋予更多想象空间：这也是最重要的一点，资本看好小程序，微信的 10 亿用户量充满了想象空间。小程序正式发布的那一天，我们都在研究小程序，相信那天也是许多人的不眠之夜。

2. 借助小程序，月流量增长 600％

“玩车教授”接入小程序之后，其流量翻倍增加。小程序在哪些方面能帮助“玩车教授”提升月流量呢？

（1）小程序与公众号交叉绑定

当小程序第一次推出二维码时，就尝试在公众号文章中插入，但用户都认为这是公众号的常规动作，所以转化效果并不理想。直到 2017 年 4 月 20 日，微信官方推出“公众号可关联不同主体的小程序”的接口，“玩车教授”将小程序和旗下的 3 个公众号进行了交叉绑定，整体流量提升了多少呢？

“玩车教授”仅仅是与不同的公众号交叉绑定，就增长了 200% 的月流量，如图 7-46 所示。可见，小程序新增流量的威力令人艳羡。

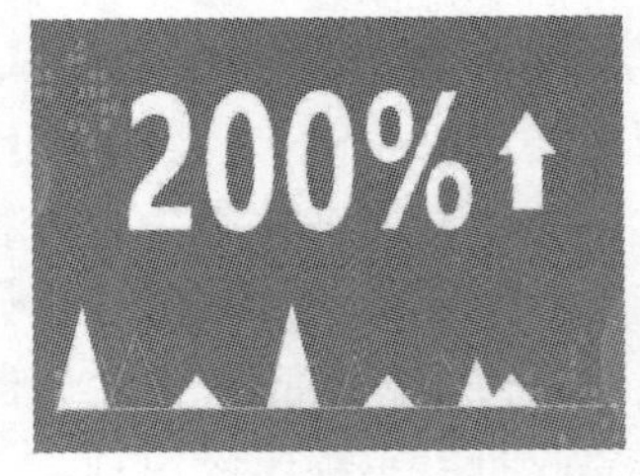

图 7-46 “玩车教授”借助小程序月流量提升 200%

（2）效率与体验双提升

类似“玩车教授”这种拥有几百万粉丝的大号，保持文章更新频率是首重。当汽车类文章需要介绍一辆车的参数、报价、口碑等信息时，就会非常耗时。而小程序卡片的开放可谓解放了各位作者，只要非常简单、直接地在文章任务中插入一个小程序卡片，点击进去即是这款产品全方位的讲解，极大提高了文章效率与质量，而且插入小程序卡片的方法适用于所有行业。

“玩车教授”在文章中插入卡片后，不用再长篇大论将一辆车的参数、报价、口碑等信息堆在文章里，如图 7-47 所示。极大地提高了文章效率与用户体验。使用这个方法后的“玩车教授”整体流量提升了足足 400％。

在公众号文章中，商品详情/数据/参数等较为复杂的文字都可以通过插入小程序卡片的方法全方位了解产品，从而极大地提高了文章的效率与质量。

另外，通过在公众号中插入小程序卡片，实际上这个小程序卡片的内容并非直接销售变现，而是将流量导入到小程序中储存起来形成洼地，同时也给予

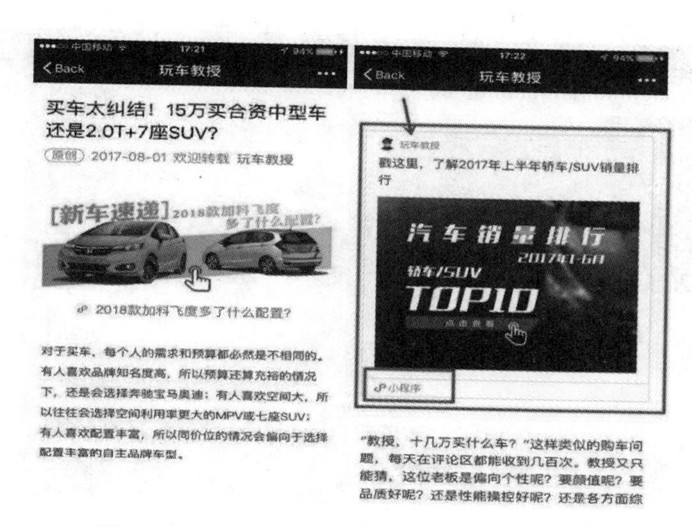

图 7-47　“玩车教授”在文章中插入卡片页面

了用户更好的服务体验。

（3）最有效的引流方式：重新解绑和绑定

对于服务号来说，4 次/月的发送频率简直让人抓狂，而“玩车教授”使用了一个意想不到的导流方式：重新解绑再绑定小程序，利用此方式与几百万粉丝进行触达，如图 7-48 所示。那么这个方法让他们整体的流量提升多少呢？

600%！这是一个不可思议的数字！解绑再绑定小程序，系统会自动发送一条通知给粉丝，这条通知不占用发布条数，每个月可以解绑 5 次，每一次都可以吸引粉丝到小程序里。正是这一个小小的举措，最有效地将公众号的粉丝转化到小程序里实现留存。

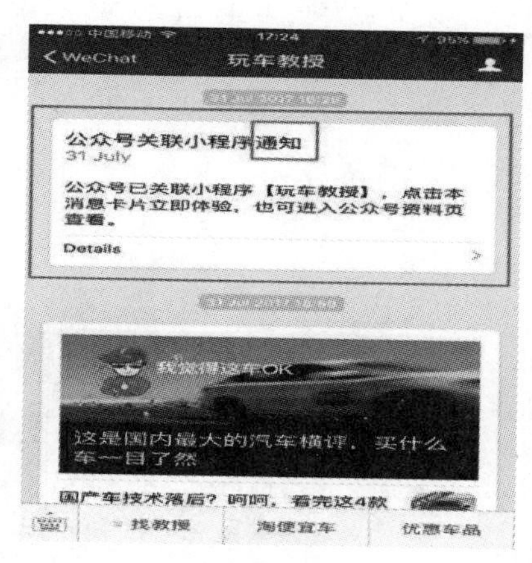

图 7-48　“玩车教授”导流方式：重新解绑再绑定小程序

3. 小程序变现，只用了这三招！

“玩车教授”这个被估值 7 亿身价的公众号，其利用小程序商业变现的历程可以分为三个步骤：

（1）媒体硬广及软广

作为拥有庞大粉丝群的汽车平台公众号，“玩车教授”在小程序中接洽汽车品牌的宣传活动，用广告的方式实现变现，如图 7-49 所示。小程序商家可以根据自身产品定位、粉丝群体等各方面来决定是否效仿。

图 7-49　“玩车教授”可插入广告入口

（2）电商卖货

一个公众号可以绑定 50 个小程序，那么，为什么不将 H5 商城搬到小程序呢？对比从前接入第三方商城存在的入口深、引流难的问题，小程序的触达更快更准确，是拉新与留存最好的体现，它的商业存在价值无疑是非常巨大的。对此，“玩车教授”又开发了一个新的小程序——车品教授，页面如图 7-50 所示。

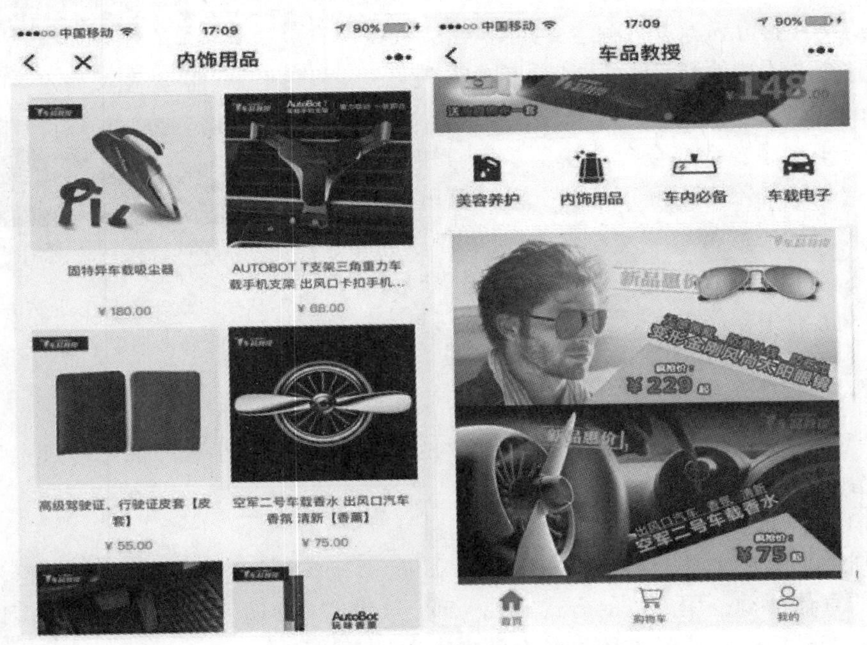

图 7-50　“车品教授”小程序页面

（3）“附近的小程序”卖券

“附近的小程序”这个“按照企业注册地点为准、辐射范围只有 5 千米的功能”，乍一看都会认为它只是为线下而生的。

但别忘了，小程序是微信里的一款工具、一个场景，它有能力随时随地让人们回归到微信这个生态里。例如，星巴克用星说小程序，线下门店无数，却只在小程序里卖券，推出以红包的方式抢券、各种引导分享优惠券的方式，旨在从线上引爆，如图 7-51 所示。以上这些将“附近的小程序”利用线上传播，回归于微信社交场景，利用分享的方式引导用户使用和消费，包括但远不止于此。当然，“玩车教授”利用“附近的小程序”卖券，同样可以引导用户使用小程序，并促使用户在小程序中消费。

图 7-51　星巴克星说小程序优惠界面

关于哪些领域适合接入小程序，“玩车教授”的运营总监许洁洁说：“2014 年，公众号开始慢慢火起来，但当你进入到这个领域，发现要付出比之前更大的代价，可能得到的效果也并不如想象中那么好，所以每个人都有自己的价值判断，对于小程序从业者来说，做一款和自己的品牌相符的小程序，让粉丝切切实实体会到它的价值，才是正确的方向。”

对于大的公众号而言，你的粉丝本来就知道你、认可你，教育成本为零。曝光成本只是自身流量的使用问题，所以只要小程序做得不差，导流转化效果可以想象。

小程序对于现有的大号还有一个利好在于，小程序可以提供丰富的服务能力。这一能力可以大大释放大号粉丝的消费潜力。

原本在公众号主要完成阅读，现在可以直接通过公众号导流到小程序里，为用户提供更丰富的交互、交易等服务，真正实现商业闭环。比如提供学习、读书类的公众号，可以通过公众号文章或公众号 Profile 页进入小程序连接到书城、讲座、付费社群等，实现粉丝阅读相关需求的一站式满足。例如，插坐学院公众号与小程序互联，可提供一站式服务页面，如图 7-52 所示。

图 7-52　插坐学院公众号与小程序互联一站式服务页面

为用户提供的服务越多，无疑商业上的想象空间也就越大。所以说，现有公众号的入口价值又提高了，其估值在资本市场上相应地也将会有大幅度的提升。

当然，并不是所有的公众号都适合做小程序，下面介绍一下哪些公众号适合做小程序。

1）粉丝多，需要流量变现的大号。

2）需要为用户提供更便捷、更具体服务的。

3）拥有线下门店需要导流、激活用户的。

实际上，用户并不关心用的是哪个小程序，他们更关心的是哪个小程序能在此刻更好地解决他的问题。如果你不想让用户在下次使用同类服务时选择另一个小程序，最好的方法就是本着服务的原则，将自己的小程序优化到更好。

不管怎样，小程序的核心在于用完即走，连接人与一切。微信公众号的服务虽然低频，但可以建立品牌、等级、优惠、传递内容。编者认为，小程序将开启微信的下半场，也将开启公众号的第二春。对于内容创业者而言，一场新的战争开始了。

7.3.3 你做社群，也可以做一个小程序

继微信公众号火爆之后，社群一直被认为是微信生态中的第二块“宝藏”。毕竟微信在本质上是庞大人群基于现实关系构筑成的复杂社群，包含了1V1信息交互（即时通讯）、群体信息交互（群聊）、单向信息交互（公众号）和商业交互（服务号、微商）。

朋友圈的病毒式传播、社群的高感染度，都是以往移动分发时代所没有经历过的需求体。微信生态内以信息交互为基础构成的新需求和小程序所带来的新供给是一种全新的价值关系。

以微信群为例，做好一个社群其实并非想象中的那么简单，初期拉人入群不是难事，困难的是在漫长的社群管理过程中，如何才能保证群成员能围绕某个主题持续交流？如何将社群价值最大化？管理者是否能长期细心维护？这些都是社群的痛点。

而小程序在社群建设上是可以起到一定的积极作用的，可以说是给社群带来了“二次生命力”。例如，用户量已达千万级的“群应用”小程序，提供了签到、名片、开发票、发起约会、资源共享、群相册等功能，这些都是社群常常会使用到的功能，但仅靠单纯的聊天记录，会变得非常散乱。

“群应用”小程序根据社群特征与用户痛点，将这些需求都整合到一起，丰富了微信群的交流形式，社群的生命力自然而然得以延续。群应用页面如图7-53所示。

图7-53 群应用页面

当然，除了群应用以外，还有很多社群类小程序也经营得有声有色。例如，小打卡小程序、群幂小程序、小密圈小程序、群 Play 小程序等，这些社群类小程序都是利用加入“功能、互动、参与、玩法”等工具属性，进而提升社群的动力。当然，现在小程序对于社群的最重要作用也在此，即小程序能帮助社群运营者提升社群活跃度。下面以小打卡为例，讲述一下它是如何打造小程序社群的。

小打卡是一款通过打卡培养用户阅读学习、外语培训、课程作业、运动健身、早起等习惯的小程序。比如，用户创建一个“英文兴趣小组”卡片，群友需要每天都朗读一段英文，才能完成打卡。另外，小打卡还支持多管理员、数据统计、审核淘汰、提醒、点评、图文语音日记等功能，以便帮助用户养成某种习惯。小打卡页面如图 7-54 所示。

图 7-54　小打卡页面

随着小程序各项能力的不断提升，用户的体验也更加完善。比如，之前小程序对于音频支持时间较短，导致小打卡内的群友无法听取过长的音频内容。如今，随着小程序音频播放功能的不断提升，小打卡内可支持更多的格式和操作方式，同时支持自定义录音时长、采样率码率。另外，小程序还支持边录边传，减少了用户的等待时长，提高了录音成品的质量。

小程序音频播放功能的提升，让社群管理和知识付费领域的发展更进一步。如今，企业的 CRM 互动、在线教育一对一（一对多）教学等，都可以在小程序上完成。再加上小程序具有的场景化、多入口、分享能力等特点，能让更多的知识类产品在微信生态中无处不在。例如，用户想买一节外语培训课，这时培训老师会直接发来一个二维码，用户扫码即可进入“现场视频教学”。而且用户学完这节课程之后，还可以把这节课转发给自己的同学、朋友。事实上，这种视频类的内容更吸引眼球和更具冲击力，也更能够促进用户相互转发。当然，如果培训机构再附加一些类似红包、立减金、传情卡、优惠券等玩法，这样的传播效果将是现象级的。

更令人欣喜的是，之前小程序内不允许有虚拟付费功能，这在很大程度上限制了小程序在应用层面的发展。不过，现在这个限制功能已经开放了。目前，小睡眠、知乎等小程序内都上线了虚拟付费功能，这极大地提升了用户体验。小程序不断优化更新新能力，让用户体验不断提升，再加上群内的优质内容产品，群友的忠诚度无疑会比之前的任何阶段都高。

总之，如何满足微信生态的需求，或者说满足微信用户的需求，或许比弄懂如何用一个小程序打动单一用户来的重要得多。

7.3.4 你做电商，也可以做一个小程序

微信的出现，解决了社交、交易和支付的跳转门槛，用户、商家、平台三位一体。不过随着微商→微店→H5 商城→小程序电商，微信的商业形态不断在进化。在这个越来越强调“社交化”“内容化”“场景化”的互联网生态下，不少人都拿小程序与原生应用（App）、H5 商城做对比。下面就来看看小程序电商与 H5 电商、App 电商相比，具体优势体现在哪里。

1. 开发和入驻，到底谁优谁劣？

（1）小程序 or App

1）小程序开发成本低，App 开发（入驻）成本太高。

2）独立 App 开发周期长，小程序开发周期约 5 个人日。

3）小程序后期迭代速度快、难度低。App 维护与迭代效率较低。

有人会说，那我不开发 App，直接入驻到天猫、京东等平台呢？当然可以。不过入驻类似平台，以京东平台的服装类目为例，你可能需要缴纳：

1）平台使用费，每月 1000 元。

2）保证金 3 万元。

3）交易费率，每笔交易抽取 7% ~8%（FBP/SOP），不同的品类费率不一样，天猫与京东也不同，但类似，开店成本高昂。

并且有的商城也不是想入驻就能入驻的。以天猫为例，可能会需要你有

× ×收藏量的淘宝店、年营业额达到× × ×万元等要求。

而在小程序上开发商城，有两种方式：

1）使用小程序第三方模版，直接套用。

2）定制开发，可满足个性化需求。

如果是使用第三方模版生成的小程序，那么开发成本 + 服务费一般不会超过 1 万元/年。并且后续可随时维护与迭代。与 App 的开发成本、维护成本相比，可以说是九牛一毛了。

2. 小程序 or H5 商城

如今，一些模版商和小程序开发商制作的小程序，功能体验和开发速度等介于原生、HTML5 和小程序之间，取得了一个较好的平衡，并且免除了服务器以及运维人员的成本，是非技术人员的产品首选（见有 7-2）。

表 7-2　小程序、App、H5 商城开发对比

	App（购物平台）	小　程　序	H5 商城
开发	需要适配市场上多款主流手机，开发成本增加	一次开发就可以自动适配所有手机；可选择定制开发或授权使用第三方模版	可选择定制开发或接入第三方平台，如微盟、有赞
资金	① 开发价格按需定价，与其余两项相比成本最高 ② 入驻天猫、京东等平台，需缴纳平台使用费、保证金、交易费等费用	定制按需定价，第三方模版平均价格区间为 0 ~ 8000	定制的按需定价，接入第三方平台，一般按照半年费、一年费等计算，参考均价为 6000 ~ 15000 元
开发周期	周期长，一款完善的双平台 App 平均开发周期约 3 个月	周期短，一款明确需求后的小程序纯开发周期约 1 周	周期中等，比 App 短，比小程序长

3. 发布与推广

（1）小程序 or App

1）App 发布需提交多方审核，资料手续烦琐。

2）小程序无需安装，触达快，学习成本低。

3）App 市场已趋于饱和，小程序依然是一片蓝海。

独立 App 的发布，烦琐程度已然不用多言。但实际上，入驻 App 购物平台，在上线之前要做的准备也非常多，且审核时间长。

尤其是目前的大型购物平台，规则已经非常成熟了。在营销、推广等方面限制都非常多。并且，App 商家如果想要获得一个微信里的用户，一共需要以下步骤：

1）从 App 里分享商品给好友。

2）好友点击/复制链接，直接跳转到 App 或到 App 打开。

3）登录。这里要注意，如果用户没有安装此 App，还需要输入该 App 的账号与密码，才能进行购买。

4）输入收货人、地址、电话。

5）付款（没绑定银行卡还要重新绑定）。

传播购买的方面来说，小程序的购买渠道就直接多了：只要商家或用户将小程序卡片分享出去，用户点击即可购买。

而小程序的发布，只要提交到微信平台进行审核，审核成功后即可马上投入使用。加上本身的开发周期，总共用时不超过10天。

更有趣的是，小程序还可以快速获得你在微信里曾经使用过的地址，省去了重新输入的步骤。从分享到完成交易，整个过程仅需1分钟。

（2）小程序 or H5 商城

H5 商城作为一个寄托在公众号里的产品，本身的意义是在微信这个大生态中让用户更便利地购买。但 H5 商城功能既没有 App 详尽，更没有小程序简洁和便捷。甚至连二次购买的入口都比别人难找，这就尴尬了。

H5 商城最大的硬伤就是入口太深且单一，影响用户回流是最大的问题：

1）小程序的触达：微信→小程序（搜索框、公众号图文、公众号菜单等，详情请见后图）。

2）H5 商城触达：微信→公众号→H5 商城（历史分享过的商城和公众号信息）。

由此可见，二次触达入口太深直接导致推广难度增加（见表7-3）。

表7-3　小程序、App、H5 商城发布与推广对比

	App（购物平台）	小　程　序	H5 商城
发布	需要向十几个应用商店提交审核，且每个应用商店的要求的资料都不一样，非常烦琐	只需要提交到微信公众平台审核	挂靠微信公众号，无须单独提交审核
用户群	面向所有智能手机用户，截至2016年智能手机保有量已超23.3亿部	面向所有微信使用人群，约9.38亿人	面向所有微信使用人群，约9.38亿人
推广度	需要用户主动下载十几 M 以上的程序包，在没有 Wi-Fi 的情况下推广艰难	可以通过二维码、微信搜索等方式获得，推广难度降低	通过公众号、朋友转发等方式进入，相对便捷，但入口太深，影响体验感
机会	市场已经饱和，几乎所有的领域都已被覆盖	目前依然是一片蓝海，在新的使用场景下有很多瓜分蛋糕的好机会	没 App 功能多，没小程序便捷和成本低，夹在中间，地位尴尬

4. 同生态下的获客成本

接下来是更深入的、同处于微信生态下的：小程序与 H5 商城的获客成本对比，见表 7-4。

表 7-4　小程序与 H5 商城的获客成本对比

	小　程　序	H5 商城
流量入口	附近的小程序、小程序选项入口、微信搜一搜、公众号图文、公众号菜单、朋友圈（太阳码）、微信群、支持会员卡直接打开小程序等入口	公众号菜单、朋友圈、微信群
推广	推送到聊天界面（群或个人），自带广告橱窗，展示页面非常吸引	类似图文的转发效果，容易被忽略
搜索	可以在微信搜索框、小程序搜索框搜到	不能直接搜索到，需先打开公众号
留存	要从公众号进入，留存低，入口深	“历史使用”列表留存，领券留存、付款后关注公众号留存等

小程序释放了多个入口，包括微信“搜一搜”、LBS 推广入口等。据不完全统计，小程序入口已经超过 60 个了。而 H5 商城依然依靠公众号菜单、朋友圈、微信群这几个传播渠道。

大家一定看到过小程序转发到聊天页面后的样子，这哪里是一条消息，简直是一个橱窗，如图 7-55 所示。

如图 7-55 所示，谁更吸引眼球？无疑是占了半个屏幕的小程序窗口。

而在留存与唤醒方面：

（1）H5 页面无法被单独沉淀用户（无法直接关注），一般都是配合公众号或者 App（HTML5 打包 App）的产品形态，间接增加了用户操作成本。

（2）关注公众号可实现留存，但无法通过 H5 商城单独与用户触达。

小程序则可以通过以下方式实现留存与唤醒：

1）在小程序中购买商品，付款成功后，可直接勾选关注此小程序关联的公众号。

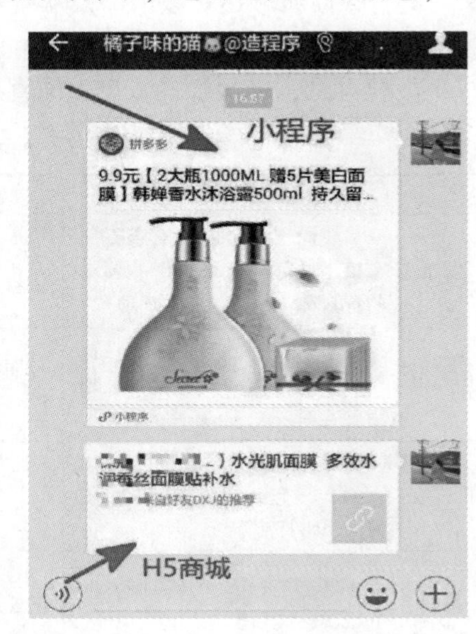

图 7-55　小程序、H5 商城聊天页面对比

2）小程序历史列表。

3）置顶到对话列表。

4）添加到桌面的小程序。

5）用户通过小程序购买成功后，商家拥有主动向用户发送 3 次消息的权限，可实现唤醒。

6）引导用户关注小程序，用户关注成功后，即可无限次与用户互动。

由此可见，在触达用户的通道当中，小程序的优势远远大于 H5 商城。而 App 购物平台，目前的市场份额更是早已被抢得渣都不剩了。

总之，做电商的你加入小程序行业，并非要取代谁，而是要做到不被取代。

7.3.5 你做线下场景，也可以做一个小程序

阿里巴巴 CEO 张勇曾提出一个新零售的观点："围绕着'人、货、场（场景）'当中所有商业元素的重构，是走向新零售非常重要的标志，未来的线上线下商业是人货场的融合。"所以，小程序还有一个非常"重量级"的流量入口：线下使用场景。

小程序里的"附近的小程序"功能，以及近日"附近的小程序"里再次增加了三个细分行业标签的举动，足以体现微信在提高用户在线下场景使用小程序频率方面的决心。

基于线下场景的小程序，其想象空间是非常大的。先抛开传统行业不谈，今年横空出世却又备受争议的共享行业：如共享单车、共享充电宝、共享雨伞等，都是基于线下使用场景衍生的新需求。而且这几个共享行业新物种，都曾使用小程序创造过不菲的成绩。

据 36 氪消息，共享充电宝公司"怪兽充电"已经完成了近 2 亿元新一轮融资。领投方为国内某私募基金，原有投资方蓝驰创投、广发信德、云九资本、高瓴资本、顺为资本、清流资本等均参与跟投了本轮融资。而事实上，"怪兽充电"本次融资，距离其亿元 A 轮融资不到 4 个月。

继"共享单车"以迅雷不及掩耳之势覆盖全国后，"共享充电"也紧随其后。但"共享充电宝"受到的争议程度可远比"共享单车"要多得多。

无独有偶，早在成都举办的微信公开课上，另一家共享充电宝品牌"小电"也利用小程序"即用即走"的优势，0 成本地将线下每单推广的时间降至数秒。半年内占领全国 100 多个核心城市。

与 App 相比，小程序在设计、研发、用户学习成本、使用成本的投入都相对较低。背靠微信 10 亿月活用户的庞大流量，结合充电宝的线下使用场景，使得"小电"在接入小程序半年后就获得了良好的回报。

目前，“小电”小程序获客率达到95%，日均订单峰值突破50万，通过社交立减金等营销活动也使得订单得到突破性增长，如图7-56所示。

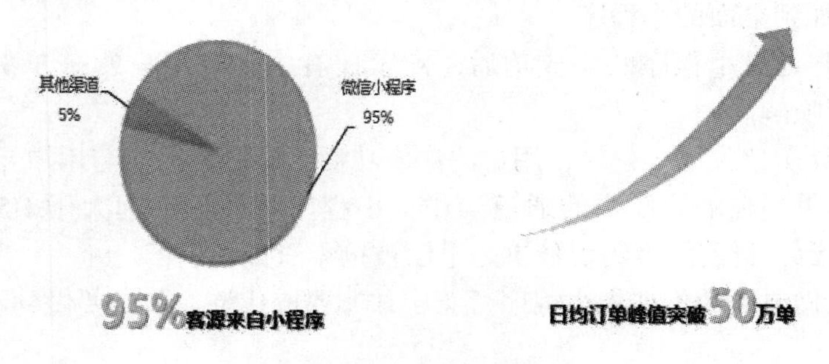

图7-56　小电业绩图

既然共享充电宝是为了解决线下用户刚需而生，那如何完美打通线上和线下，让用户更乐意、更高频地去使用，就是一个亟待解决的问题。

“小电科技”正是一个利用小程序将共享充电宝优势极大发挥的成功案例。那么，除了已有的模式，如何更好地利用小程序的特性解决共享充电宝现有的问题，以及还可以用小程序为共享充电宝增加哪些功能，则是后入局者们需要思考的关键。

在传统行业方面，如餐饮、旅游、服装、婚庆、家居、教育行业等，这些衣食住行方面、有线下门店的行业，几乎都可以让小程序大展身手。微信一直在说，它们推出小程序的最重要目的就是连接线下，所以，对于各类线下场景如果能接入小程序，这是再好不过的了。

另外，与高门槛的App和美团App类流量中心化平台对比，小程序试错成本更低，流量也不用再无奈地被平台“独吞”，而是真正地拥有自己的品牌与影响力。

当然，如何利用小程序的优势为自己的产品赋能，如何借助微信庞大用户体量挖掘更多与用户双赢的玩法，这是每一个小程序从业者需要不断钻研的领域。

案 例 篇

第8章 零售领域案例

在各种商业模式中，零售无疑是最受用户关注的一个。因为零售不同于其他企业的运作方式。一切行业都是为消费者服务的，但中间有一系列流程，只有零售是直接面向用户的，能与消费者建立直接的交易。由于零售服务群体太大，几乎所有人每天都要与零售商进行交易，这就容易造成产品供应不足、效率低下等问题，用户需求得不到满足，产品也得不到良好的营销和口碑推广，不仅影响用户体验，而且会让零售行业的发展变得迟缓。

小程序的出现，可以说为零售行业打开了一扇新世纪的大门。从各类小程序榜单数据来看，排行榜前10名的小程序中零售类小程序大约4个，呈持续走高之势。在Top前100名中，大约20个都属于零售类小程序。可见，零售类小程序势头不小。

零售类小程序之所以如此热门，一方面得益于微信本身自带的强社交属性，熟人之间的相互信任推动着社交购物的增长；另一方面小程序所具有的天然交易属性也可以很好地适应于商业服务与货币交易所需要的环节，从而形成最终的交易闭环。

本章选取了6个典型的零售类小程序案例，将从使用场景、商业模式等角度分析零售类小程序所带来的价值。

8.1 未来便利店

随着“无人化”逐渐成为趋势，无人零售场景已涉及多形态和多品类，其中自助贩售机种类最多样。而无人便利店因形态更趋近超市，进而受到更多资本的关注，也引来诸多玩家入局。EasyGo 未来便利店就是其中一家。

EasyGo 在 2017 年年初启动，面向中高端小区，以进口零食和日用品为主，采用可移动的“盒子”形态来搭建。它也是全国首家用小程序完成整个购物流程的便利店，无需下载 App，仅一个“未来便利店”小程序就实现无人值守购物流程。无人便利店是怎么和小程序结合的呢？它主要体现在开门和结算两部分。

1. 开门：“扫码 + 小程序”

EasyGo 采用“扫码”的方式进行开门，扫码成功后，手机会自动关联EasyGo便利店的小程序，并提醒用户“门已打开”，整个过程快速便利，用户无需下载任何应用。

2. 结算：“RFID + 小程序”

EasyGo 采用的结算方案采用“RFID + 小程序”的模式，在每件商品上都粘贴了一个“未来便利店”小程序码的白色贴纸，每张贴纸都印有 RFID（无线射频识别）标签。店内没有 RFID 扫描收银台，扫描区设在店门附近，用户挑选完商品后，只要拿着商品，在扫描区站立数秒，机器就会通过 RFID，对 RFID 标签进行扫描，同时推送清单到小程序，直接完成扣款。

图 8-1　无人便利店扫码

小程序在无人便利店这个场景中，真正承担起了便利的功能。无人便利店之所以会受青睐，很大程度上是它能减少人力成本，提高效率。但由于人脸识别、生物识别目前的商用效果都不太好，如果让用户在无人便利店购物时还需要下载一个App，这个便利店反而就变得“不便利”了。

“小程序不是一个App，不需要重新注册，再绑定手机等。它是为用户解决需求的，我们对无人便利店的想法也是这样，不需要用户做过多的操作，进店拿到商品，就自主结账离开。而通过小程序，就能够达到这种设想。”未来便利店创始人王牧牧在接受采访时这样说：“除了触手可及外，小程序和微信支付打通，3秒快速支付完成，也为未来便利店的模式提供了方便。”

其实，当我们谈及“智慧零售”或“无人便利店”时，“无人”只是个噱头，“数据”才是无人便利店真正追求的，一家便利店的人工成本仅占10%～15%，便利店可以做到无人收银，但上架补货依旧需要人工操作。

在这方面，EasyGo已经率先使用小程序，通过“线上+线下”的方式实现用户信息精准获取。目前，EasyGo便利店的上货和补货均通过大数据进行分析，然后安排统一配送，3个人就可以完成30家门店的日常运营。仅一个月时间，小程序访问量就已经超过5000次，购买率达到80%以上，开业首月即实现盈利。或许现阶段，小程序是智慧零售的最好支点。

8.2 智慧加油站

对于有车一族来说，加油一直是个逃不掉的烦恼，加油要排队、付费要排队，还要下车，麻烦又低效。不仅车主体验不好，加油站也不好过：收银效率低影响单量；业务单一影响发展。不过，微信已携手冠德石油，共同推出全国首个自动付+车牌识别微信智慧加油站。全程无须下车，无须拿出手机支付，甚至无须摇下车窗与加油操作员交流，即可完成入场—加油—驶离的全部流程。

想要实现智慧加油全过程，只需用户使用“冠德石油+”小程序，提前录入车牌号和默认油品等信息，开通微信自动支付，这样设置好后再通过智慧加油站时，就可以体验到免下车、高效自动付加油费。

除了预先录入必要信息，在智慧加油站可以体验到自动付加油方式外，冠德石油+小程序还包含其他多种惊喜体验。

1. 多种支付方式可选

在冠德石油+小程序中，除了自动支付外，还可以选择“冠德秒付”“冠德闪付”。前者可以预先添加车牌号和默认油品，加油后手机确认支付即可，无须下车排队。“冠德闪付”则是扫一扫加油站二维码，识别出油枪编号及金额，对本次加油进行微信支付。自动支付/冠德秒付/冠德闪付页面如图8-2所示。

图 8-2　自动支付/冠德秒付/冠德闪付页面

2. 轻松管理加油电子发票

加完油后开票也是一个必须经历的繁琐环节，特别是新政出台后，企业发票必须输入税号等信息，这个环节就更让人头痛了。不过，冠德石油 + 小程序和微信发票也打通了，用户可以在“发票管理”中“新增发票抬头”处预先输入抬头和税号。如果你之前已经在微信发票中输入过了，也可以免手动输入，一键导入即可。

加完油后，电子发票自动生成到你微信发票中，这对车主来说，又是一大福利。冠德石油 + 小程序和“发票管理”页面如图 8-3 所示。

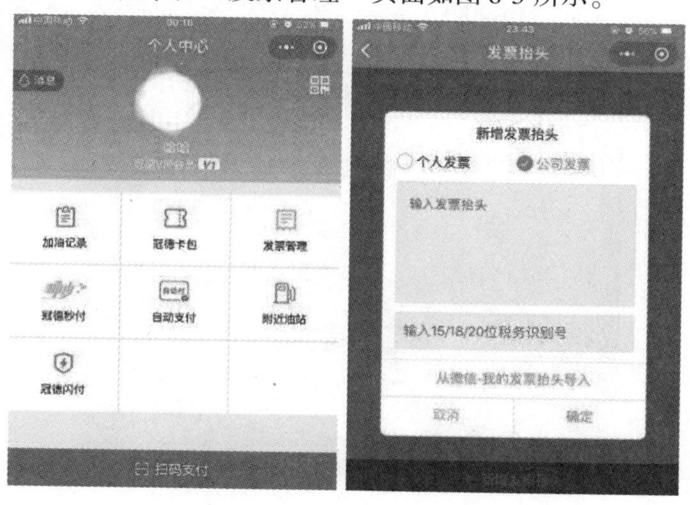

图 8-3　“冠德石油 + ”小程序和“发票管理”页面

3. 一键导航附近油站

想找冠德加油站，在冠德石油 + 小程序中点击“附近油站”，就能一键导航，再也不怕找不到免排队的加油站了。

4. 丰富多样的会员体系

加油对车主来说是个体验问题，但对加油站来说，不仅是效率问题，如何多次触达车主也是他们需要思考的。冠德石油 + 小程序中就有一个“冠德卡包”按钮，内含各种体验券、折扣券和现金券。免下车排队加油的体验那么好，还有优惠券可以便宜些，为什么不用呢？

另外，使用该小程序及成为冠德 VIP，加油次数增加会员等级增加，开个线上商城兑换礼品、优惠券之类，也许又能带动加油站的一条新业务线就出现了。

总之，“小程序 + 微信支付 + 微信发票”的组合套餐，应用在加油站又是一个行业解决方案！据统计，微信智慧加油站平均驻留时间约为 5 分钟，比传统油站效率提高近一倍。以后加油还要排队？不存在的。

8.3　每日优鲜便利购

和无人便利店稍有不同，每日优鲜便利购是个无人货架。早上刚到办公室，还来不及买早餐；或是下午有些饿了，请同事帮忙顺便递瓶饮料……在办公室，零食总是会给你需要的理由。相比无人便利店的社区高科技，无人货架则从办公室场景切入，离人更近。不过两者的共同点是都选择小程序作为入口。怎么用的呢？每日优鲜便利购货架示例如图 8-4 所示。

图 8-4　每日优鲜便利购货架

1. 扫码—选商品—支付

用户想买瓶饮料，只需扫一扫货架上的二维码，找到对应产品添加购物车支付即可。和未来便利店的“RFID + 小程序”的自动结算模式不同，每日优鲜便利购的支付还要靠自觉。

2. 突发情况，先取后补

无人看守，自行付款是件很考验人性的事。不过，在每日优鲜便利购小程序里，还有一个“补款”的按钮。如果遇到突发情况，比如客户来了着急拿瓶水赶时间，来不及扫码支付，就可以事后补款。“每日优鲜便利购”小程序页面如图 8-5 所示。

图 8-5　每日优鲜便利购小程序页面

与未来便利店一个月实现盈利相比，每日优鲜便利购似乎是个“亏本生意”。真的如此吗？其实不然。每日优鲜便利购只依靠商品的买进卖出意义不是很大，但并非没有增值空间。每日优鲜便利购小程序作为线上线下场景的连接，自然拥有大量企业用户，将用户的消费数据采集，对企业员工进行深度分析，利用货架或小程序，针对不同的用户场景做不同的广告宣传，或许这会是办公室场景广告的新盈利点。

8.4 YH 永辉生活 +

逛超市时，最容易遇到的事就是排队。通常人们去便利店只买小件少量的东西，去超市往往买的数量多，收银慢，排队时间长。不过，这样的问题，YH 永辉生活 + 小程序已经可以解决了。

免去冗长的排队，顾客在店内通过 YH 永辉生活 + 小程序扫描商品的二维码，就能将商品添加至小程序的“购物车”里，选购完毕后，直接在小程序里使用微信支付就能一键买单。节约人力成本的同时提高消费者体验，同样是扫码支付，小程序的扫码支付成功率到达 94%，高于 App。小程序“触手可及，用户即走”的特点，在此处充分表现为“高效率”。消费者在使用小程序时，将其作为快速达到目的的工具，而打开 App 的行为可能只是看看有没有优惠券。

除了扫码支付免排队这一特色功能，YH 永辉生活 + 小程序中还有诸多借助微信生态，打造出零售新玩法的地方。YH 永辉生活 + 小程序展示如图 8-6 所示。

图 8-6　YH 永辉生活 + 小程序展示

玩法1：小程序和微信打通

当你一打开“YH永辉生活+”小程序，横幅广告位置就会出现你的会员卡。我们都知道，会员和优惠券是屡试不爽的营销方式，会员享折扣，积分送好礼，这样的模式为的是圈住客户。使用小程序即成为会员这种做法，替代了收银员的询问，大大提高了会员注册率和留存率。

玩法2：优惠券获客

进入“YH永辉生活+”小程序后，平台会送你一张10元优惠券，但这个优惠券只能在App中用，需要你点击“去逛逛”，从小程序跳转App。一张优惠券就把用户拉回了App进行消费。

玩法3：跳转礼品卡小程序玩社交

在“YH永辉生活+”小程序中，还有个购买礼品卡送亲友的入口，点击后会跳转至“YH永辉礼品卡”小程序。购卡后可分享给微信好友。这种方式既为其他小程序引流，又玩起了社交，很容易在朋友间传播。

玩法4：30分钟配送到家

晚上做饭想买点食材，又懒得去超市一趟，这时候就可以打开“YH永辉生活+”小程序，点击“最快30分钟配送到家”按钮，满18元即可包邮，挑好东西下单，接下来就只能坐享其成让快递小哥送上门。

“YH永辉生活+”小程序其实已经是微信智慧零售的范畴。零售商家通过微信支付+小程序打通用户线上线下购物一体化、借助支付即会员实现更精准的会员运营模式、借助支付+单品完成商品数据打通，在这样的基础上，大数据运营也就顺理成章，精准营销实现平台、实现商家与消费者的共赢共生。

8.5 若比邻闪送超市

除了去大型超市购物囤货外，在我们日常生活中，最常逛的还是若比邻这种“家门口的小超市”。通过在社区直接部署社区商业中心、社区超市，若比邻为社区居民提供了一个全渠道、线上线下整合的生活与零售服务平台。其中，社区超市是若比邻社区商业业务中的核心组成部分。

而若比邻小程序的诞生也为全渠道社区模型、新零售模型打造了一个智能导购、自助结账，预约送货上门的优质服务体验。本节就从若比邻闪送超市小程序的设计思路和主要创新点两个方面展开介绍。

1. 用小程序打造微信收银系统

聚焦在现有的超市场景当中，我们可以很容易捕捉到排队买单的问题：

客流量多的时候，收银台也会出现排长龙的情况；而客流量少的时候，只开启部分收银台，对前期固定资产投入来说是一种浪费。

解决收银台排队买单的问题有两个思路：一是提高单个收银台的效率，二是增加收银台的数量。但这两种方式都会增加企业的运营成本。

若比邻跳出了原有的思路，选择了微信小程序。从零售企业的角度来看，第一，微信小程序“扫一扫”功能可以实现扫码枪扫描商品条形码的功能；第二，微信支付是目前用得较多的移动支付方式；第三，微信本身有10亿级的用户，开放的ID几乎没有使用门槛。

因此，打开若比邻闪送超市小程序，我们会发现这就是用微信小程序打造自助收银系统，实现以最低成本让用户以最快速度结账的目的，同时用户在超市购买物品，扫码即可知道商品的价格与产地，整个过程不需要太多人工介入，在提升用户体验的同时，也提高了零售销售效率（见图8-7）。

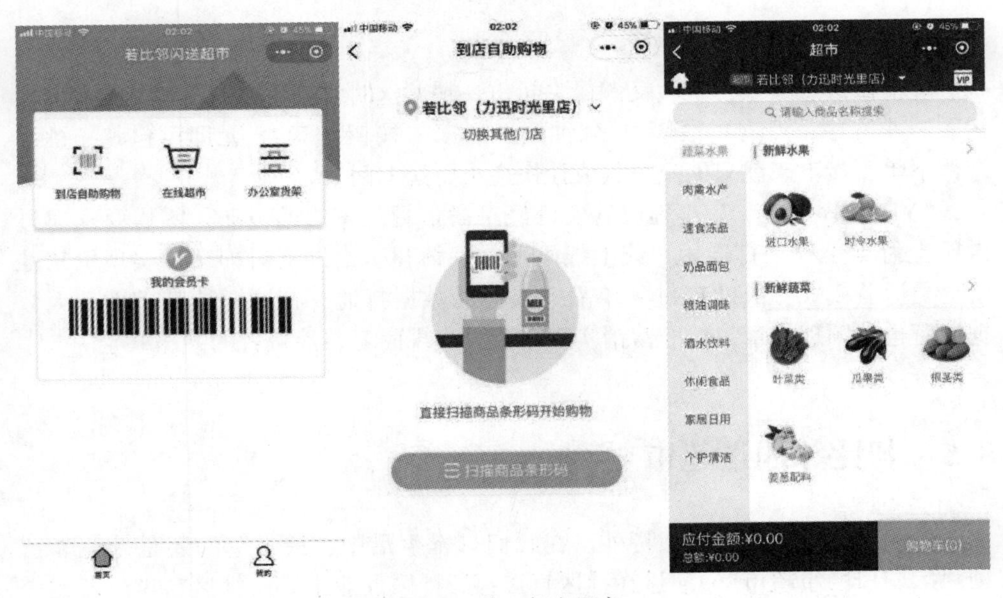

图8-7　若比邻小程序

2. 实现躺着在家买东西

众所周知，近几年，电商成为冲击实体零售最大的竞争者。实体零售也希望拓展用户购物场景，让消费者在家里面躺着选购。

如何更接近用户，更方便用户？若比邻的思路是：附近的小程序+快捷的购买支付。

实施流程：具体的实施路径方案回归到零售本质的“人货场”，流程如图8-8所示。

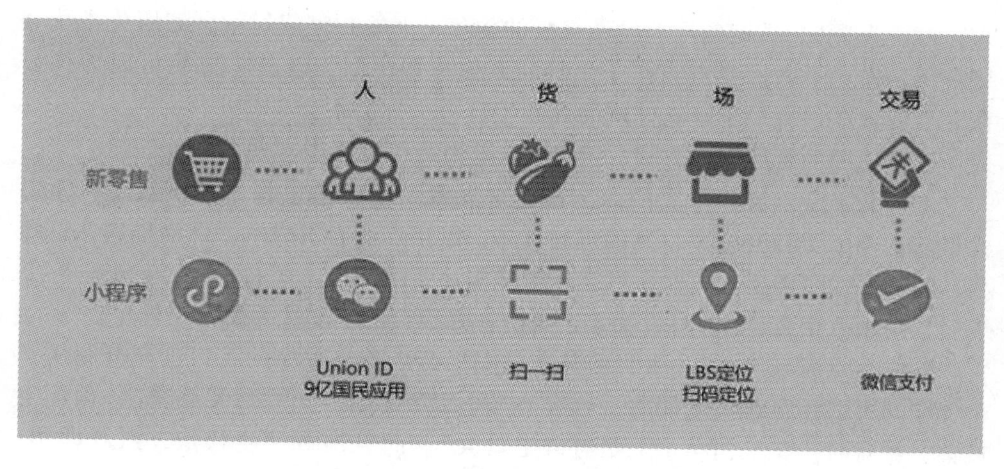

图8-8　为小程序零售人货场关系

如何让用户接受和使用这种方式？还是要回归到实体门店。若比邻采取了几点尝试：

1）小金额产品试水“快速结账”，培养第一批忠实用户。

2）随机立减，引爆话题和裂变。

3）会员卡+模版消息，增加复购率。

3. 主要创新点及效益成果

总的来说，若比邻的创新在于使用微信小程序降低用户和零售商双方成本，用“到店自助”+在家购物的服务链，解决了超市排队问题，拓宽了零售交易场景，打造社区零售的新模式。

最终，在短短的一个月内，若比邻4个门店就有1.2万人使用过若比邻小程序，产生1万+订单和50万+销售额，门店订单增加了20%。

从微信“列表”打开若比邻小程序的比率达到50%，用户在短期内已经养成了小程序使用路径的习惯。其中，若比邻两家门店每天使用小程序转化的单数为100单，一个月达到3000单，而这些都没有做任何推广。可见，小程序对线下零售来说，又将是一把增长利器！

8.6 i麦当劳

当你想吃个麦当劳时，无论在餐厅内，还是在去往餐厅的路上，都可以进入“线上点餐”，选定餐厅，挑选喜爱的餐食，下单并完成付款，到店免排队直接享用，你会不会接受？当孩子生日时，你不用出门，动动手机便可以为孩子在麦当劳餐厅预订一个好吃好玩的开心生日会，你会不会心动？

这样便捷的餐厅服务方式，已经在i麦当劳小程序中实现了。

麦当劳在全国有几千家门店，算起来点餐人工成本也是个巨额数字。所以在早前，麦当劳就开发了自己的点餐App，以便降低人工成本。然而推广并不顺利，App下载门槛高，光这一点就让很多用户不愿意了。但自i麦当劳小程序上线后，短短八个月，i麦当劳就荣获微信官方颁布的年度优秀微信小程序！

除线上点餐系统外，i麦当劳其实是麦当劳矩阵小程序的入口，充分利用了小程序间可以相互跳转的能力，你在点餐时就跳转到“i麦当劳点餐”，预定生日会、派对时，又会进入“i麦当劳生日会”。而且加载速度很快，点开即用，甚至你都没注意到自己已经跳转到了另一个小程序中。

虽然小程序“小”，但在点餐体验上却一点也不马虎。麦当劳小程序点餐系统有什么功能呢？

1）快速查找：在地图上标注，方便顾客准确定位餐厅位置。

2）预约餐位：节省顾客排队就餐的时间，用餐过程更愉快。

3）订单管理：用时少、查询方便、实时定位外卖员位置，高效便捷。

4）评论功能：点餐系统采用好评返现或返优惠券的形式，吸引顾客餐后点评。

在点餐高峰期，顾客可以在排队期间通过手机扫描餐厅门口展架上的二维码，进入麦当劳小程序点餐系统，率先查看菜单，进行预先点餐，一键下单，用完即走，没有负担。

如果要帮朋友也点一份，i麦当劳点餐小程序也支持邀请好友一起来点，点餐系统会自动生成独立的邀请码，消费者可将小程序和邀请码分享给朋友。这样，即使朋友们还没到达餐厅，也可以通过邀请码直接进入，一起线上点餐，不用烦恼帮朋友点什么菜式比较好的问题。而且所有的数据微信麦当劳小程序点餐系统都会自动合并，统一到同一订单内。i麦当劳点餐小程序截图如图8-9所示。

总的来说，麦当劳小程序打造的这套点餐系统有四大优势：

图 8-9　i 麦当劳点餐小程序截图

1. 扫码下单：节省点餐时间

在高峰期，顾客可以在排队期间通过手机扫描餐厅门口展架上的二维码，进入麦当劳小程序点餐系统，率先查看菜单，进行预先点餐，热销菜、创意菜、时令菜、优惠菜，应有尽有，提前将要选的菜放入购物车，先手机下单，后到店取货。

2. 分享，邀请好友

麦当劳小程序点餐系统会自动生成独立的邀请码，消费者可以将小程序和邀请码分享给朋友。这样，即使朋友们还没到达餐厅，也可以通过邀请码直接进入，一起线上点餐。而且麦当劳小程序点餐系统会自动合并所有的数据，统一到同一订单中。

3. 提供全套点餐服务

消费者可以在小程序内直接点餐外，而且还可以查看餐厅信息、购物车个人信息等。除此之外，还可以直接在麦当劳小程序点餐系统进行催菜、下单和结账等操作。体验更快更智能的点餐服务，让粉丝把更多的时间用在与朋友一起聊天、分享生活的点滴上。

4. 人性化的交互设计

麦当劳小程序点餐系统在设计上充分考虑用户的实际使用习惯，人性化地加入菜品分类目录的元素。粉丝除了直接滚动屏幕查看菜式外，还可以直接在菜单列表快速查找。

i 麦当劳小程序也和微信卡券打通，使用小程序即成为会员，可以领取会员卡至卡包，消费后就能获得积分。而累积的积分又能在 i 麦当劳积分商城中以非常优惠的价格兑换麦当劳产品，让客户心甘情愿再到店消费。i 麦当劳会员卡和积分兑换截图如图 8-10 所示。

图 8-10　i 麦当劳会员卡和积分兑换截图

除了作为餐厅效率工具外，i 麦当劳也相当于是麦当劳的一个小程序官网。例如，“开心通告栏”里就是麦当劳新推出的一些套餐；“麦麦小游戏”是教小朋友动手做一些麦当劳的周边玩具；“点亮梦想”是麦当劳官方赞助的一档央视少儿选秀活动。

除了上述列的各类适用于亲子互动的内容外，i 麦当劳小程序中还有一个“麦有礼”按钮。想给喜欢的女神买个早餐，在吃早餐栏目中选个早餐套餐给她；想对同事说句谢谢，想对朋友说声加油，就可以在小程序中买张现金卡，有多种卡片封面可选，“加油”“你很棒棒”“逢考必过”转发给好友，心意卡片替你说出来。i 麦当劳麦有礼截图如图 8-11 所示。

“提升顾客体验是麦当劳的核心目标。在麦当劳看来，顾客体验不仅仅是提供热而新鲜的美食，还包括享受到的服务，以及点餐、支付、取餐、用餐全过程中的体验，不论是在餐厅内还是餐厅外。”麦当劳中国副总裁、首席市场官须聪女士在中国“互联网 +”数字经济峰会小程序论坛的演讲中提到，“麦当劳正在用‘互联网 +’赋能餐饮的新结构，全面升级顾客体验。通过微信小程序，麦当劳可以认识并了解顾客，提供个性化的产品和服务。”

图 8-11　i 麦当劳麦有礼截图

第9章 电商领域小程序案例

微信小程序从 2017 年 1 月 9 日上线之后，很多人通过线下商超体验到了小程序的便利，深度思考小程序的产品逻辑后，要验证商业逻辑，判断一个领域的市场机会，还要从以下三个最基础的维度出发：

1）成本上是否有优势？

2）用户体验上是否有优势？

3）效率方面是否有优势？

基于小程序开发成本低、交易成本低、用户体验好、操作流程短等特征，我们可以感知到小程序的潜力是巨大的。此外，小程序的价值，还蕴含在微信生态赋予的能力中。微信既是一个社交平台，也是一个内容平台、支付工具，商家需要充分借助微信生态的力量，而不应该割裂开来，只从小程序来看小程序。

在电商领域，有如拼多多、蘑菇街、大眼睛买买买等知名电商小程序引领风骚，大放异彩，小程序逐步展现出微信社交流量的威力，释放巨大红利。

具体来说，小程序电商有如下优势，总结一下包括：

1）电商离钱最近，直达交易适合小程序的形态。

2）小程序电商的规模有机会过万亿。

3）电商行业较其他业务领域（餐饮、零售等）更标准化，标准才能规模。

4）电商人才的丰富性，可以降低后续培训成本，行业有机会快速增长。

小程序电商最关键的是社交，这也是为什么有人提出“微信电商是社交电商”这个概念的原因。本章将从 7 个典型的电商类小程序案例，介绍小程序与社交电商、电商商城、品牌电商等方面有哪些契合点，以及电商类小程序所带来的价值。

9.1 拼多多

对比微商的个人化，微店的“半路夭折”，H5 商城的深入口，小程序这个基于微信环境的产物，拥有着“触手可及”的特性，再加上小程序的 60 多个入口的表现可见，它才是真正适应微信社交属性的电商工具。

拼多多通过社交分享的“拼团”模式，以“多实惠，多乐趣”凝聚更多人的力量，以更低的价格购得更好的东西，这样的独特经营模式硬生生地让拼多多在已经是红海的电商领域杀出了一片蓝海：上线一年 8000 万用户，两年拥有超过 2 亿的用户，获得了远超电商行业平均水平的成长速度，直接将行业带入了社群时代。拼多多 App 界面如图 9-1 所示。

不仅如此，“拼多多”还抓住了小程序的红利，上线了拼多多小程序。拼多多小程序系统是拼多多 App 在功能上的一种精简版，并在一些功能上做了创新。例如，拼多多小程序移植了海淘这一板块，去除了超值大牌、免费试用、开团的浮动通知栏等 App 中的原有板块，如图 9-2 所示。另外，拼多多小程序利用小程序便捷优势以及分享传播快速等特点，颠覆了传统的营销方式。

图 9-1　拼多多 App 界面

图 9-2　拼多多小程序界面

拼多多小程序让销售变得更简单，开启了“商家+消费者”的双赢模式。这种简单的商业模式，使得拼多多小程序在上线不到半年，就疯狂吸引了1亿多粉丝。

拼多多小程序之所以具有如此强大的吸粉能力，是因为小程序与社交电商具有高度的契合点。拼多多小程序商城系统的营销模式到底是怎么运行的呢？

1. “不限人数+固定人数”双模式玩法

拼多多拼团小程序包括不限人数和固定人数两种玩法。其中，不限人数玩法是先设置一个期限，最后以拼多多拼团人数确定成团价格；固定人数玩法是商家事先设置拼团人数，比如，商家出商品团，1个人买该商品是49.9元，5人团价格变为29.9元；如果消费者参加5人团，应先付29.9元，则开团成功，然后把链接发到朋友圈，让有需要的朋友参团；如果在24小时内，满5人则拼团成功，未满5人则拼团失败，系统自动退款。

2. 依托电商软件，做各种电商功能

拼多多拼团小程序软件开发简单，可依托电商软件，在小程序中设计各种电商功能，如三级分销、微店等功能。

3. 随时随地发起，自动组团

拼多多拼团的发起时间和发起地点是由顾客来定的，顾客可以随时随地发起拼团，在凑够拼团人数后可自动成团。

4. 全网全渠道分享，邀请好友组团购买

顾客可以将自己发起的拼团商品分享给微信群、微信好友等，轻轻松松邀请好友一起组团购买。而且拼多多小程序的分享是不限空间、不限时间，并且可以在全网、全渠道下进行分享，以便迅速拉人成团。拼多多小程序分享示例，如图9-3所示。

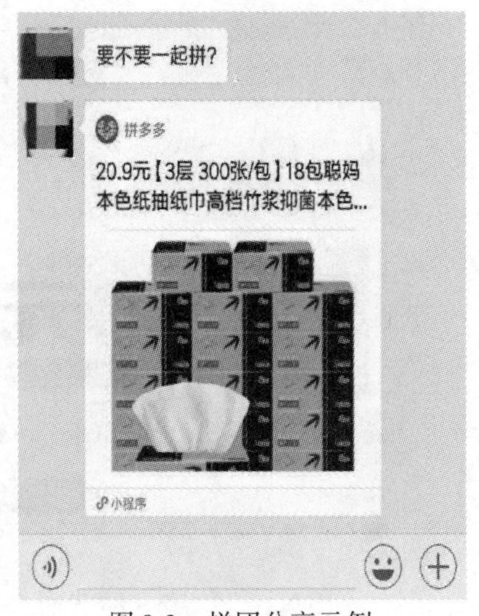

图9-3　拼团分享示例

关于拼多多入驻小程序的原因，拼多多创始人黄峥曾表示，相比较于纯内容形式的普通文章而言，电商所具备的较长的供应链，决定了要表达清楚电商产品，就需要更复杂的内容展现形式。

而小程序提供了更丰富的界面，不论是

图形展现还是互动方式，都比原来的 H5 更流畅。未来，电商也会从纯搜索式转化为契合不同场景中的形态，小程序正好为用户提供短时、高频的应用场景需求。在微信生态当中做电商，如何将社交属性与电商融合是最基本的原则。

商家要利用微信的社交关系链为自己的小程序商城赋能，核心就是要考虑用户在触发某种社交行为时的心理。

是利己，利他，还是互惠互利？这些是影响用户最终会不会分享的重要原因。如果不希望触及微信红线被下架，在营销工具开发方面就要十分谨慎。有多年电商领域经验的“拼一点商城”CEO 谢伟阳表示，目前他比较看好的，是拼团、邀请红包这类营销功能。

值得一提的是，许多商家对于小程序电商的理解存在一个误区：小程序具有“用完即走”的特性，这样一来，用户不就无法留存了？而谢伟阳则认为，强调留存和使用时长是独立 App 的思路，在小程序商城里，要考虑到小程序作为微信二级平台的特殊性，商家应该首先重点关注“服务”的问题。

这里的“服务”包含你的商品与服务本身。最理想的一种场景是：用户想买东西时就想到你，买完你的商品就走。对商家来说，小程序缩短了这个服务流程，是一个提升服务体验的工具，是一个快速触达用户的方式。但是，商家如果想促成交易，在小程序内可以通过内容推荐、用户群运营和营销活动的形式，适时唤起用户或者调动用户的分享积极性，以带来更多的成交机会。

9.2 小米商城 Lite

2017 年 4 月 18 日，由小米商城 Lite 团队开发的小米商城 Lite 小程序悄悄来了，这让很多人都意想不到，毕竟小米作为国内率先做移动互联网社交的，当年小米的米聊早在微信诞生前就已经拥有很多用户，也曾出现口碑爆棚的情况。所以，小米这次入驻小程序平台，让很多人感到意外。

小米商城 Lite 小程序为了给用户提供最新的小米商城、小米官网活动信息以及产品信息，于是有了这款小程序。有人说：“以后小伙伴们在购买小米的产品或者抢小米新品时，就可以在微信上排队了。”用户直接打开微信进入小程序就可以抢购小米新品了，而且这种抢购方式也更加方便和快捷。小米商城 Lite 小程序页面如图 9-4 所示。

小米商城 Lite 作为一款应用类的微信小程序，为用户提供了大量的关于小米商城商品的内容，通过微信就可以轻松选购到自己想要购买的小米产品，操作方式非常方便快捷。具体来说，小米商城 Lite 小程序有哪些功能模块呢？

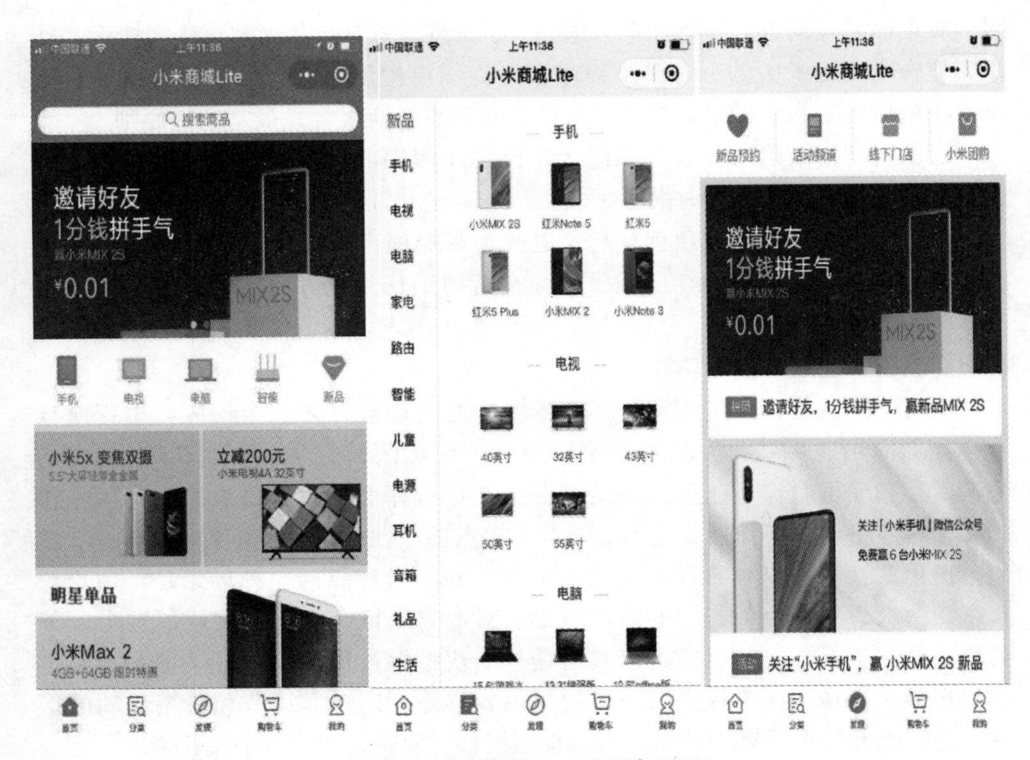

图 9-4　小米商城 Lite 小程序页面

1. 预约购买小米手机

微信小程序支持微信支付功能，利用小米商城 Lite 小程序，用户可以随时随地参与小米手机的预约购买活动，这意味着用户不用去官网抢购小米新机，在手机上即可轻松下单。

2. 炫酷新品我先知

小米商城 Lite 提供新品信息推送通知服务，用户可以随身掌握小米所有商品的信息。

3. 订单物流即时查看

利用小米商城 Lite 小程序，用户可以实时查询订单信息，掌握物流状态。

4. 手机话费快捷充值

利用小米商城 Lite 小程序，用户可实现“小米充值，0 利润，纯福利”。

5. 特惠频道

在小米商城 Lite 小程序上，周一至周五每天 10 点秒杀，限量特价，先到先得；优惠配件超低折扣，不限时购买。

另外，刚上线的小米商城 Lite 小程序助推小米 6 进行上市预热，还推出了转发集赞赢小米 6F 码的活动，如图 9-5 所示。与此同时，小米 6 也为小米商城 Lite 小程序的推广助了一臂之力。

无论是从上述事例，还是从小米以前的所有动作看，小米的快速崛起，离不开创始人雷军的顺势而为。微信是小米曾经的对手，可能一般人都会这么想“自己也是互联网大佬，坚决不用微信推出的产品”。然而，顺势而为的雷军并没有对此做过多计较，而是不断地紧跟时代的步伐，利用微信、QQ、微信公众号等做营销。因为他很清楚，腾讯的产品基本上覆盖了所有的互联网人群，如果能合理利用腾讯的这些产品，就能让自己的产品覆盖绝大部分用户，这样做宣传效果的威力是巨大的。

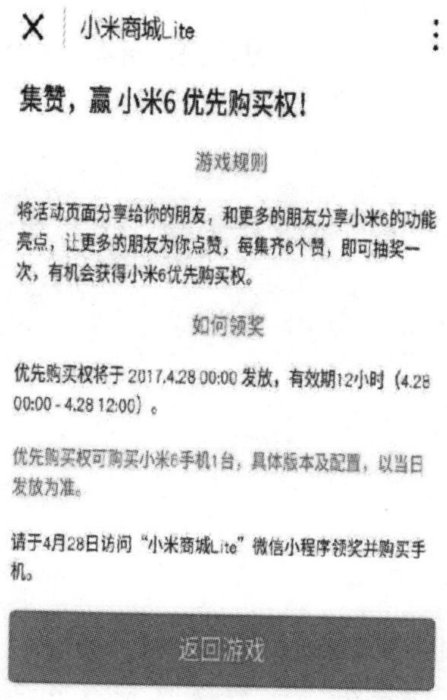

图 9-5　集赞赢小米 6F 码的活动

可以说，小米几乎利用了腾讯所有有流量的渠道为小米的产品做营销。例如，当微信正式发布小程序之后，小米便在第一时间给自己的小米商城做了一个小程序——小米商城 Lite；在“小米之家”微信公众号上，仅小米 5S 这款手机的评论数就超过了三万条；小米的 QQ 空间，粉丝超过 2000 万。同时，小米还开通了所有能销售产品的平台，比如，小米天猫旗舰店、小米京东旗舰店等。

总之，小米借助腾讯的各种社交渠道所产生的流量都是很惊人的，提升产品销售量的数字也是令人羡慕的。

如今，微信小程序为电商带来了新契机，商家应该学习雷军“顺势而为，借势腾飞”的思维，不放过任何一个能够给自己产品带来价值的平台。

9.3　骆驼官方商城小程序

骆驼官方商城小程序从 2017 年 8 月上线便异军突起，上线 100 天迅速崭露头角并冲上小程序上升排行榜第一名，斩获首届小程序产业峰会“电商零售类阿拉丁神灯奖”。目前，上线半年时间，月活用户接近百万，缔造移动电商零售的新神话。

正如本书前面几章提到的，电商类小程序是一大风口，企业为抢夺电商新流量，竞争尤为激烈。在小程序的竞争厮杀中，电商零售领域更是战争的前沿阵地，在这场流量圈地运动中，骆驼官方商城小程序能取得优异成绩，与后期的创意营销玩法不无关系，其中也不乏经典案例玩法（见图9-6）。

图9-6 骆驼官方商城小程序截图

玩法一：微信现金红包

骆驼官方商城小程序借鉴了微信红包这种老少皆宜的玩法，通过老用户邀请好友一起瓜分现金红包来获取新用户和活跃老用户。和常见的红包玩法不同的是，骆驼官方商城小程序的红包发起人必须是骆驼会员，设置一定门槛，既体现了用户特权，又刺激了普通用户成为会员。

发起人将红包分享到微信群或者微信好友，邀请好友一起拆红包，达到人数后一起瓜分现金红包，获得的红包余额可提现到微信钱包。拆现金红包的发起人通过邀请获得了红包，好友参与活动一起拆也有红包，这促进了用户的分享和参与热情。

玩法二：拼团

小程序依托微信而生，而微信是强社交平台，小程序自带强大社交属性。利用这种属性，骆驼官方商城小程序在设计上就开发了拼团、1 分钱抽奖等社交类营销工具。拼团是一种社交裂变非常有效的营销玩法，在电商行业有不少的成功案例。骆驼小程序在拼团的玩法上更增加了直播抽奖的环节，用户可以直接参与到开奖结果的揭晓中，同时更加公平公正公开。据悉，骆驼官方商城小程序拼团活动上线至今已达到 15 万左右的客单量。

玩法三：骆驼卡

与大多数会员卡不同的是，骆驼官方商城小程序会员卡专属性更强、识别度更高，被称为“骆驼卡”（见图 9-7）。积分返现，甚至折扣是一般商家对会员卡的“释义”，而骆驼卡则是在会员积分值的基础上设立会员等级，不同等级的会员享受对应的优惠折扣和会员服务。例如，钻石会员可享受特定专属活动。利用用户的攀比、对比的心理，差异化的优惠、服务可以最大化地体现会员价值，有利于提高用户活跃度和存留，促进会员转化。

图 9-7　骆驼官方商城会员卡截图

玩法四：趣味游戏

红包能刺激大众神经，而游戏占据我们大多数的娱乐时间，两者结合会碰撞出怎样的火花？“语音口令”和“猜对有钱”是骆驼官方商城小程序专有小游戏，通过游戏和红包相结合形成独特亮点，吸引用户参与。语音红包通过出题者录制设定口令，答题者说对口令即可获得红包。

“猜对有钱”是由语音红包演变而来，出题者录制问题，回答正确的参与者即可拿到红包，且红包可以提现。用红包作为诱饵，你可以用稀奇古怪的绕口令刁难人，也可以让别人说出各种恶搞段子，在提高游戏趣味性的同时，也能激起用户间的好胜心，不断加入游戏中并形成自主分享，达到传播裂变的效果（见图9-8）。

图9-8　骆驼官方商城小程序猜对有钱页面截图

玩法五：裂变购物券

“双十一”活动时，骆驼官方商城小程序设计了一个分享群抢购物红包玩法。以“寻找群里单身狗”这样的趣味活动为主题，当用户把活动分享到微信群后，系统会从群里选择一个头像和昵称，当用户集齐设定人数门槛即可开启礼品。活动有趣好玩，同时用户也得到了相应的购物红包。该功能上线30天，带来5万的参与人数，为骆驼2017年“双十一”以5.36亿总成绩卫冕鞋服品牌七连冠打下了坚实的基础（见图9-9）。

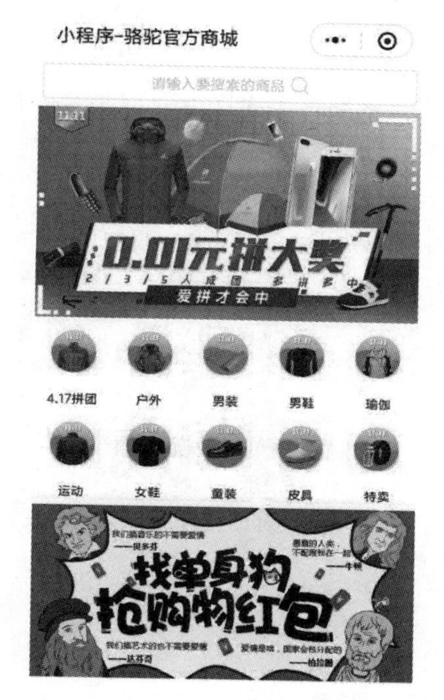

图9-9　骆驼官方商城小程序“寻找单身狗”活动截图

9.4　黎贝卡 Official

目前，服装是电商行业中最难做的产品类别，但主打女装自有品牌黎贝卡却在如此激烈的服装行业中，在黎贝卡 Official 小程序平台上打造了亮眼的成绩：

首次上新：

2017年12月18日19点，黎贝卡小程序黎贝卡 Official 关联公众号“黎贝卡的异想世界”。

2017年12月19日22点，黎贝卡同名自主品牌正式开售。

2分钟内售出1000件商品。

7分钟交易额突破100万元。

2小时内首批2000余件商品全部售罄！

第二次上新：

59秒交易破百万！

黎贝卡 Official 是在小程序推出快一年的时候上线的。黎贝卡试水小程序电商，不是第一批吃螃蟹的人，但却是小程序电商的佼佼者。其主要原因表现在两个方面：一是在 2017 年这一年中，黎贝卡依靠大密度的高质量图片，以及“闺蜜”式的身份塑造，其商业影响力逐渐被证实，赢得了“带货女王”的称号；二是随着小程序越来越成熟，小程序电商也越来越被人接受，再加上黎贝卡自身的势能和资源优势，使得它利用小程序打造自己的自媒体电商格外顺利（见图 9-10）。

图 9-10　黎贝卡 Official 小程序页面

在黎贝卡看来，小程序对打造自媒体电商的优势主要包括以下 4 点：

1）小程序比 H5 更强，用户体验更好。

2）小程序在微信上有固定的落地入口，能提升用户回访。

3）小程序在公众号内有非常灵活的显示方式，能提升页面的访问率。

4）小程序对现有电商体系是一个很大的补充，甚至会是革新性的应用。

黎贝卡 Official 小程序的成功上线，还离不开黎贝卡的个人品牌定位以及采用的电商逻辑。

1. 试水小程序，并推出个人品牌

在黎贝卡Official小程序上，黎贝卡也展现了推出个人品牌的愿望。虽然之前就有电商提出帮她打造个人品牌，但是她认为电商的一些局限性让她无法把控每一个具体环节，甚至还会透支粉丝的信任，所以，她一直在打造个人品牌上没有太多的进展。在了解了小程序之后，黎贝卡对打造个人品牌又充满了信心。于是，黎贝卡在黎贝卡Official小程序上线时也上新了个人品牌的商品，这次新品上线是黎贝卡的第一次试水，显然结果还是令人满意的。

目前，黎贝卡已经推出了9款个人品牌的产品，这些产品主打羊绒等基本款，价格为350～1600元。小程序结构设计也相对简约，如图9-10所示。在小程序上，黎贝卡的个人品牌类服装满足了那些由于工作繁忙而没时间购物，但又对服装的品质有高追求的粉丝的需求。

2. 传统的电商逻辑，在小程序上同样适用

黎贝卡Official加入了“购物车”功能，早在之前的电商平台上就已经证实了此功能的实用性，黎贝卡将“购物车”功能移植到小程序上，其效果依然很好。可见，很多电商平台上已经被多次验证过的电商逻辑，同样也适用于小程序。所以，电商小程序的设计也可以参考电商平台的一些优势功能，去粗取精，或许也能设计出一款优质的电商类小程序。

另外，黎贝卡Official之所以爆发出如此惊人的威力，还离不开有赞小程序店铺在背后的支持。当小程序上线之后，有赞就紧随其后推出了“小程序解决方案”，这些解决方案让周黑鸭、虎嗅、361°、幸福西饼等众多品牌商和自媒体卖家率先尝到了甜头。此后，黎贝卡也借助有赞搭建了黎贝卡Official小程序店铺，成功开启了小程序电商的大门。

9.5 虎Cares职场物欲清单

有时候，选择大于努力。对于内容创业者来说，小程序卡片和小程序码是差异化运营小程序矩阵的导火线。内容电商类小程序运营者在微信公众号、论坛、贴吧等内容平台上发布优质内容，并在文章中插入小程序卡片和小程序码。例如，某美妆类电商平台把小程序卡片放置到订阅号推送的文章中，用户在阅读美妆产品的介绍、消费经验的同时，还可以扫描文末的群二维码，进群购买文中提到的产品。

在优质内容的激发下，读者主动扫码进入小程序，并产生购买的冲动，这

种从“内容→购买”的转化，是很多电商领域的小程序常用的引流方法。例如，美丽说、虎 Cares 职场物欲清单等。

虎 Cares 职场物欲清单是虎嗅网旗下的精品内容电商类小程序，它是职场人的物欲清单，主要售卖办公类商品，用户在这款小程序中可以捕获更加聪明、令人心情愉悦的办公方式和物件。虎 Cares 职场物欲清单小程序页面如图 9-11 所示。

图 9-11　虎 Cares 职场物欲清单小程序页面

虎 Cares 职场物欲清单小程序主推职场丧 T。事实上，每个人的衣柜里都会有很多件不同款式、不同图案的 T 恤。但很多人往往会缺少一件图案足够吸睛、有趣，甚至能够表达出自己想说又说不出的内心戏的文字图案类 T 恤。

很多职场人都有想吐槽的事情，但又会碍于各种原因，不能把想表达的事情用语言表达出来。于是，虎 Cares 职场物欲清单就是让那些话到嘴边说不出的话，换一种更轻松有趣的方式表达出来，这也是虎 Cares 职场物欲清单推出“职场丧 T”系列的本意。

“职场丧T”系列的这套“皮肤”，当然不只是拥有衣服上展现出的明面技能，还有定制专属的大吊牌，让用户把这些T恤穿出去，可达到100%回头率的潮流穿法。

为了让虎Cares职场物欲清单频繁出镜，运营者经常会在公众号的文章末尾加上其小程序码、小程序卡片等，为这款小程序引来不少流量。

另外，虎嗅作为一家科技类自媒体平台，小程序的确是开展电商的最直接、最简单的载体。而且虎嗅凭借“虎Cares职场物欲清单”小程序，以最短的时间拓展了自身的变现能力。如今，微信公众号变现及流量获取越来越艰难，小程序作为一种新的应用形态，很有可能成为当下的“破冰”利器，这也是为什么越来越多的内容类平台纷纷入驻小程序的原因。

不过，在小程序这条新的赛道上，不要以为内容产品进入小程序的门槛低、所需功能简单，其实不然。如何在众多小程序大军中脱颖而出呢？内容创业者必须考虑清楚以下几个问题：

1）我为什么要做小程序？

2）在小程序上，我如何才能探索出不一样的玩法？

3）我如何才能最大限度地发挥小程序的价值？

例如，时尚博主于小戈先通过“iDS大眼睛社区”做社交化的精准传播，仅仅一个月就裂变出700多个闪购群，影响了5万多名用户，他们纷纷在群内充当客服，相互刺激消费，这种庞大的社交体系，进而沉淀出更加优质的内容和精准的选品定位。另外，于小戈在做精准发酵放大的同时，还在700多个闪购群中直接放置“大眼睛买买买商店”和“大眼睛买买买全球店”的小程序卡片，这种做法直接实现了小程序矩阵流量到购买的无缝转化，并连通了小程序之间的价值链服务。

可见，小程序利用小程序卡片功能，能很容易激活订阅号在内容上的沉淀积累，将沉默的潜在消费者唤醒，促进了用户从“阅读”到“购买”的“常规漏斗式”转化。在小程序的帮助下，销售转化率比在原文中的链接提高了500倍。

9.6 十点课堂+

十点读书创始人兼CEO林少表示，内容付费这个市场在未来两三年内大概会有300亿元的规模。过去，内容付费是处在把“内容产品化”的阶段，而现在十点读书会更加侧重于如何把“产品服务化”。另外，林少还提到，当市场上的课程品类越来越多时，十点读书将需要借助小程序或者App去完成更好的用户体验。

十点读书起初接入小程序的目的，是想利用小程序解决一些用户的痛点问题，比如，用户在手机锁屏后音频就不能播放，而在十点读书+小程序的屏幕右上角，可看到“在微信中边听边看”的提醒，可见，小程序为十点读书的用户提供了更好的用户体验感。尝到甜头的十点读书，现在已经关联了4个小程序：

1. 十点读书+

这款小程序以FM电台为主，可以在微信中边听边看。

2. 十点课堂+

这款小程序用于销售十点课堂的付费课程。当有新课程上新时，会在推文中插入小程序卡片，直接进入小程序购买课程，或者直接点击原文链接进入购买平台。

3. 十点视频+

这款小程序以视频为主，视频内容包括文艺、情感、旅行、生活等。而且这款小程序保持日更，提倡美好生活方式类的视频内容打开率较高。

4. 十点好物+

这款小程序是生活电商类小程序，上架的商品包括书本、文具、生活用品等。

下面具体讲一下十点课堂+小程序，作为十点读书旗下的知识付费项目十点课堂+的成绩还是颇为亮眼的，其专栏《教你巧用心理学，过更有效率的人生》利用小程序获得了11万人次的付费订阅，单价99元/次，累计销售额高达1100万元；可见，知识付费型内容商品的热门程度。

与原来的H5呈现形式相比，十点课堂+小程序页面更加简洁、更加流畅，如图9-12所示。

图9-12　十点课堂小程序页面

十点课堂 + 小程序的成功，给我们带来了很多思考：内容电商能做些什么呢？

（1）做好内容升级

现在的用户对产品性能的重视已经不再那么执着了，反而更容易被有着较高意义的产品吸引，比如，用户在阅读某篇文章之前，并没有打算要购买某产品，然后他们在作者营造的故事、情怀等场景中，不由自主地产生了想购买这款产品的欲望，进而主动地去搜索和购买这款产品。

用户为什么会出现这种心理变动呢？原因是文章作者抓住了读者的感性心理，他们通过愉悦的、动人的内容表达方式，把读者带入某个特定的场景之中，让他们产生情感共鸣，降低了他们的理性认知，从而产生了购买的冲动。所以，内容电商要想留住由小程序带来的用户，就需要以用户的感性心理为突破口，进一步升级和优化内容。

那么什么样的内容更容易激发用户的感性心理呢？内容要更接近用户的刚性需求或者长尾需求，贴近用户的日常生活，如情感、工作、家庭等方面。只有内容涉及用户的切身利益，才有可能引起用户阅读文章的兴趣，进而点击进入小程序，并购买产品。

（2）做好流量管理

流量管理实质上就是用户管理。由于小程序具有和公众号无缝连接的优势，很容易获取线上流量，但超过线上流量 20 倍的线下流量是比较零散的。内容电商可以利用“小程序 + 内容”把线下实体流量带动起来，进而实现线上和线下流量深度融合的目的。

9.7 玩车教授

买车的消费决策非常长，因为专业性高、费用不低，消费者难以快速做决定。4S 店的人推荐靠不靠谱？这辆车值不值得购买？买了车该如何保养？因为有着诸多不知道，催生了不少汽车类自媒体，玩车教授就是其中之一。不仅把汽车自媒体做成了行业大号，同时也把小程序“玩出了花”，结合小程序的特点和对用户的深究，有效解决了用户在购车前后产生的问题。本节将给大家讲讲玩车教授小程序的 3 大玩法。

玩法一：小程序 + 客服

小程序客服消息可以让用户通过微信直达商家客服，给用户更好的服务体验。

在汽车市场领域，对于需要购车的用户来说，一般都会先通过上网进行车型的查询、比价，然后看看哪家4S店近期在进行促销活动，并留下自己的电话号码。（等待工作人员电话沟通）当等到4S店来电后，你可能已经忘记之前问的是哪家店。对用户来说，服务体验十分差，商家也因此错失好多成单的机会！

玩车教授小程序针对用户和4S店之间信息沟通不及时的问题，在新上线的“4S店主页”功能中，恰恰就解决了这一痛点。“4S店主页”功能可以帮助4S店更多地给用户展示自己的企业信息，提高用户对品牌的信任度。用户可以通过玩车教授小程序查找心仪的4S店，除了基础的车型的查询、优惠查询，动态的了解之外，还可以随时和4S店进行电话沟通，或者1对1的在线沟通，直接面对4S店的销售人员，掌握第一手优惠信息。

而在商家端，销售人员通过微信会实时收到客户的咨询消息的推送提醒，马上对客户进行微信回复，以此提升4S店的整体服务质量、工作效率和销售转化。对用户而言，能及时得到微信回复意味着增加了对该4S店的信任和服务肯定。而在整个沟通过程中，用户和各家4S店销售人员之间的沟通均不需要互相添加微信，又充分地保障了用户的信息私隐（见图9-13）。

图9-13　玩车教授小程序客服咨询演示

玩法二：小程序＋公众号

玩车教授于2014年成立至今，一直作为汽车垂直领域新媒体中的佼佼者，拥有庞大的用户群体，不断给爱车用户输出高质量的汽车内容。当小程序面世后，玩车教授将一些复杂的产品信息展示交给小程序，在公众号中插入该产品的小程序卡片，点击进入即可查看该车辆全方位的信息、口碑、测评等，再也不用把一辆车的长篇大论、参数、报价、口碑等信息堆在文章里了，极大地提高了文章效率与用户体验。使用这个方法后的玩车教授，整体流量提升了足足 400%。此外，除了玩车教授还有玩车 TV 和车买买三个不同的汽车自媒体号，给更多的用户群体带来更多的内容和周边（见图 9-14）。

图 9-14　玩车教授公众号内插入小程序截图

玩法三：小程序互跳

小程序的互跳既提升了产品的功能性，提高了用户的活跃度，同时也解决了用户不同场景的需求，一举多得。

在玩车教授小程序的功能栏下设置了问答互动，点击即可转跳到“养车问答”小程序，用户可以根据自己的情况，选择不同的问题进行交流。用户可以在线直接咨询专家，向专家提出问题，也可以浏览同类型的问题，找到答案。

如果你是资深车友，也可以申请成为专家，赚取佣金，还可以帮助更多车友快速的解决问题，建立社交互动圈子（见图9-15）。

图 9-15　玩车教授小程序跳转养车问答小程序截图

第10章 本地生活类小程序案例

小程序这类新的互联网产品，相对 App 来说，它基于微信生态，其开发成本更低、周期更短、经营更简单、推广更便利等优势。所以，各行各业的人都纷纷加入了小程序的行列，如衣、食、住、行等生活服务类应用。

如今，购物、快递、外卖、出行等本地生活类服务，已经被很多创业者改变成可以任意选择时间并在家进行的服务形式，而且这种用代替消费者跑腿的方式更能满足现在“懒人”和“忙人”的用户需求，这类解决用户需求的方式也已经成为一种新趋势。特别是在有了小程序之后，创业者可以很轻松地开发一款小程序，用户也不需要下载，便可以随用随走。小程序的到来，势必会为本地生活类小程序带来新的福音。

10.1 随手逛

想找找身边有什么吃喝玩乐的好店，你会怎么做？最好的办法当然是发条朋友圈，让好友给你推荐，这一定比大众点评、美团的推荐更合你的心意。能不能既免去发朋友圈求助的麻烦，又可以获得附近好友珍藏的本地好店呢？“随手逛”小程序就可以应用于这样的场景。

随手逛由一个个本地商圈组成，无须跳出微信，基于小程序，你就可以经营你的商圈，分享好店，或者探索其他商圈不一样的生活方式。人人都可以创建商圈，无论你是一个吃喝玩乐好店分享者、线下门店店主，还是专业的圈主，都可以加入一起来玩（见图 10-1）。

图 10-1 随手逛小程序截图

1. 服务本地，多种角色各有各的玩法

如果你是普通玩家，随手逛会是一个非常好用的工具。你可以通过商圈，收罗记录自己逛过的好店。把你的商圈，做成一本精美的《生活收藏手册》，分享给身边的好友，你还可能会因为给商家引流了一个新客，而获得商家代金券的奖励。

如果你拥有一家实体店铺，希望能够通过微信拓展客流，你可以在随手逛入驻一个开在附近的商圈，随时随地把店铺的优惠信息、诱人的菜品图片，分享给商圈的其他圈友，与潜在的顾客互动、沟通。

如果你是专业的圈主，你可以通过运营商圈，聚集流量、用户和商户资源，帮优质的商家做精准的线上营销、拓客和引流。沉淀品牌和价值后，你还有机会为商户提供深度服务、引导商家升级随手逛的高级付费版本、生成独立商户小程序等，你会因此获取丰富的回报。

2. 解构中心化，让实体店掌握自己的命运

相比美团等以中心化流量为主的本地生活平台，随手逛更像是对微信 10 亿流量的解构。把用户和流量重新分配到商家的手里，将用户数据私有化，如何实现的呢？

一是汇聚成商圈，流量共享。一个商圈可以联盟 1000 家商户，商户之间可以共享用户。一个商户可能会缺少流量，但一条经营良好的美食街肯定不会缺少流量！圈主和商圈内的店铺以抱团的方式，就能做到充分利用资源，将这个商圈的线上微信用户引至线下门店。

二是每一家实体店铺入驻随手逛之后，都可以随时生成自己的独立小程序。也就是说，每家店铺都能有自己的应用后台，用户不仅会沉淀在商圈中，也能沉淀在自己的店铺中，不需要广告费、平台抽成，却有了实实在在自己的流量。

三是平台提供各种营销插件，实现商圈业绩增长。随手逛不仅提供优惠券、会员卡等一系列营销插件，还提供技术、运营、产品开发等一系列支持，帮助圈主运营好本地的商圈，帮助实体商户生成小程序，帮助他们引入客流，进行更好的微信营销。

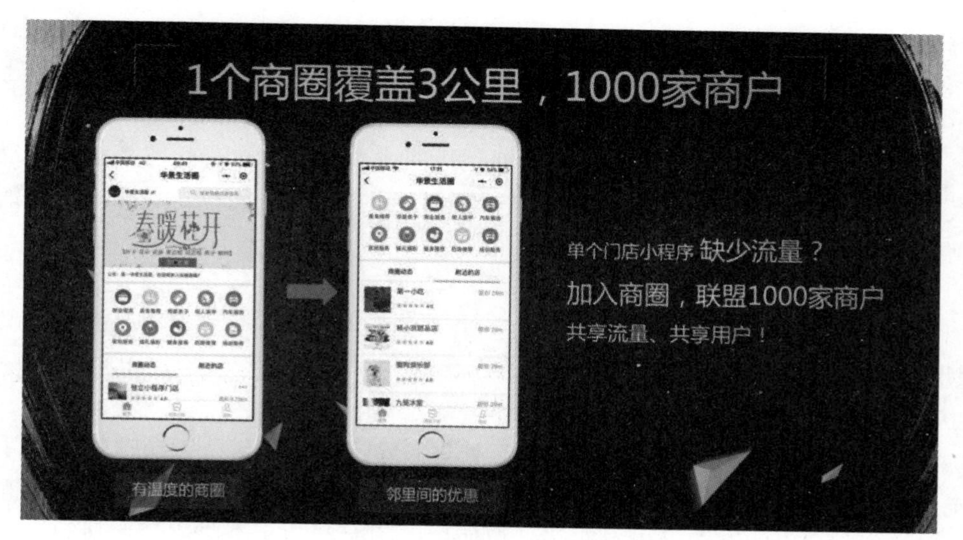

图 10-2　商圈截图

3. 手机操作，随时随地管理商圈

圈主创建商圈后，可以随时在手机端管理商圈，也可以很方便地邀请微信好友成为管理员来协助管理商圈。当商圈店铺发布不良信息或者恶意广告时，圈主和管理员有权随时删除该信息，维护商圈的良好氛围。

4. 撬动微信社交关系链的支点

依附微信迅速崛起的企业不少，如云集、拼多多、趣头条等，微信最大的好处在于，可以产生社交化的销售裂变。传统的推广方式，通过打广告，50%

的钱不知道花在了哪里。但通过微信和小程序把商品进行重新包装，让利给消费者，轻而易举就能让消费者帮你转发传播，在微信里获得巨额的流量；又因为是熟人朋友的推荐，本身对产品销售更是一种背书。所以说，找准微信社交关系链的支点，你就能撬动整个线上销售。

5. 打造商家联盟，实现双方共赢

在淘宝时代，曾经有一批“淘宝客”，他们将优质的商家、高性价比的商品聚合起来，为消费者提供购物导航。淘宝客的时代已经过去，如今随手逛的圈主，也能有一天能将3公里的商圈，1000家的门店，聚合起来，为消费者提供更适宜、更优惠的导航。

其实，在技术上实现这一点并不难，难在最后的利益如何统计分配。随手逛的商圈将商家聚合之后，每个圈主都可以拥有自己的团购导航，每天精选商家爆品向用户进行推送，并因此获得佣金。协助商家学习线上营销之后，你还可以帮助商家生成独立的小程序，拥有更多更丰富的玩法……

如果说商业的本质是不断提高效率、降低成本，提升自身的服务能力，以及顾客的体验，那么随手逛小程序将是本地生活的“新选择”，这种顺应用户消费习惯、顺应时代发展的产品，值得留意。

10.2 转转官方

一时兴起买买买，闲置的物品怎么处理？除了通过转转、闲鱼这样的二手电商平台发布闲置品售卖外，微信群也是个非常不错的渠道。发布几张图片和商品介绍就可以“开门做生意”了。但便捷的同时往往也会带来一些风险，比如交易得不到保障，对方收钱后直接把我拉黑怎么办？

以往我们会选择将商品发布在二手电商平台，再将链接转到微信群中。这样交易虽然有了保障，但成交率却不高。因为对方看到你的链接，感兴趣时，需下载App才能操作，这一步操作就将很多意向客户挡在门外了。

针对这样的痛点，转转率先利用微信小程序的能力，推出“转转官方”小程序，让微信群的二手交易更顺畅有保障。用户有闲置品想出售时，就可以在“转转官方”中发布，以小程序卡片的形式转发至微信群。群友点开即可浏览，感兴趣可以马上拍下。借助小程序的能力，“转转官方”迅速在微信群中蹿红。除了借助小程序群能力和其本身带来流畅体验，转转还做了哪些动作让用户认可这个平台呢？主要有以下几点：

1. 组建圈子，发现同好

二手交易有很强的群体特征。例如，进行闲置化妆品交易的往往是一群美妆达人；婴儿闲置品交易的往往是母婴达人；婚纱等代表特定场合的服装，背后也有着同一个群体。组建垂直社群，将有相同爱好的人聚集起来，这是转转的运营思路。

在“转转官方”小程序首页，有个转转圈，里面有超过 300 个垂直社群。加入圈子可以发帖、和圈友互动以及发布闲置品。圈主可以对圈子进行管理，屏蔽违反规定的商品、对商品进行加精、管理圈友等。通过“以点带面”的方式，让达人去影响圈子，转转圈截图如图 10-3 所示。

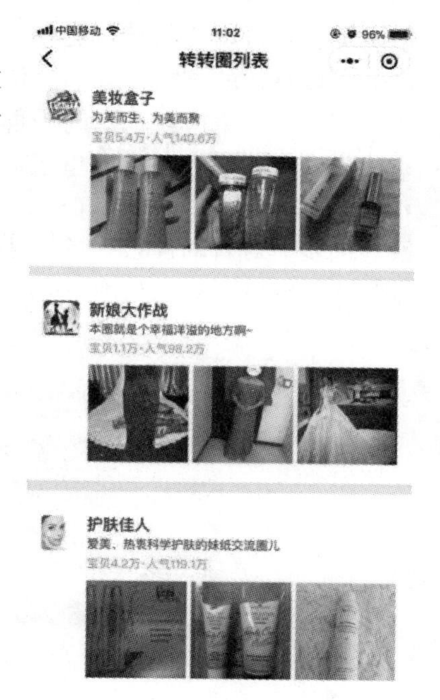

图 10-3　转转圈截图

同时，转转也为每个达人生成了专属小程序码，达人可以通过发布小程序码传播圈子。另外，不管是通过小程序码发生的点赞、发布或是交易都可以形成数据，并作为转转与达人们结算的依据，转化为金额不等的现金红包奖励。

点赞到一定额度，转转会替达人承担一定的降价金额，而参加过点赞的用户可以瓜分这些金额。圈主通过微信群、朋友群分享小程序码，新增兴趣圈用户平均转化率提升 56.7%。

2. 发布赔付，促进活跃

发布了闲置品，卖不出去怎么办？一次两次卖不出去，用户几乎就会放弃二手交易平台。卖家少了，买家也会流失，这将是一个恶性循环。针对这样的问题，转转推出了发布赔付激励法。

卖家交易成功或发布物品成功后，可拿到邀请微信好友获取 7 天速卖的特权：好友在转转上发布的商品，如果首单交易没有在七天内完成，转转会根据不同物品按比例给出赔付金额，并以现金红包的方式发放。

除此之外，转转还用了电商类小程序常用的社交裂变的办法，支持多人拼团、好友共买等，激励用户分享好友组团，很快就带起了微信社交关系链。在这一场景下，新老用户的发布转化率为 18.7%。社交裂变玩法上线后，小程序端迅速为转转平台带来了大量新增商品，全平台商品发布数量上升 5%。

3. 搭建矩阵小程序，满足多维度用户

兴趣圈子并不能覆盖所有二手交易买卖行为。除转转官方小程序外，转转还推出转转小集市、转转闲置社、转转估价和转转竞拍其他 4 个小程序。

例如，手机这类价格波动较大的 3C 电子产品，闲置出手时就可以先在转转估价中估个价。卖贵了怕没人买，卖便宜了觉得自己亏心里不平衡，在这样的情况下，就可以使用转转竞拍，目前转转竞拍还仅限手机产品，用户可以上架产品，以竞拍的方式出售，价高者得。

而转转小集市就是专门为群二手交易场景做的工具。用户将该小程序分享至微信群，就相当于在群里搭起了一个货架，大家有东西要出售的，都可以放在这个小程序中，避免了群里交易信息刷屏，闲置品是否已经售出的信息也能及时同步。对目的性很强的二手交易群来说，这个工具就非常好用高效。转转小程序分享好友截图如图 10-4 所示。

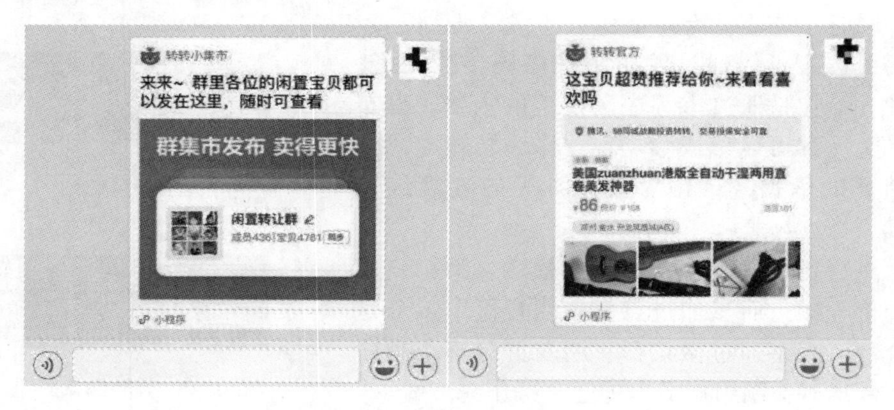

图 10-4　转转小程序分享好友截图

目前，转转矩阵小程序用户已经超 2000 万，在“二手电商 + 小程序”领域，转转不仅给我们提供了便利，还给了我们足够大的想象空间。

10.3　快递 100 小助手

亲戚说给你寄了一箱特产，过几天会到，你想查查物流到哪里了怎么办？

这时候，只需打开“快递 100 小助手”，输入物流单号，就能知道快递运输信息，支持全球 800 + 快递物流单号查询。快递 100 小助手小程序，不仅让查快递变简单了，用户寄快递也会变得容易。

1. 面单免手写

虽然寄快递的方式早就从打电话变为从微信公众号下单了，但大多数物流公司依旧以人工派单为主。快递小哥上门取货时，家里或公司有空白面单还好说，可以提前写好，快递小哥一到就可以拿单拿货走人，如果没有提前准备面单，只能等快递小哥到了才能开始填写，数量少还好，如果要寄几十件物品，这个手写的效率就可想而知。

快递 100 小助手的一大特色就是支持免手写面单。选择快递员，线上填写寄件收件人信息，下单后等待快递员上门取件即可，无须手写面单，快递员也省去了等待时间。

2. 打通寄件流程

寄件用户首次完成下单后，快递 100 小助手小程序会自动保存自己的专属快递员，再次寄件可以直接下单，无须电话查找快递员；而快递员可以通过快递 100 收件端绑定寄件客户，减少寄件客户流失，从而提升业务员的收件量，实现寄件用户与快递员一对一绑定连接，针对企业、驿站、快递员、散件等多个场景，提升用户黏性和收寄效率。

寄件用户的流程为：扫码—填写信息—直接下单快递员手中，2 分钟完成下单。快递员收件流程为：收到订单—获得单号—打印—完成收款—收件走人，基本流程就是下单—接单—电子面单—打印—收款，搞定收寄，如图 10-5 所示。

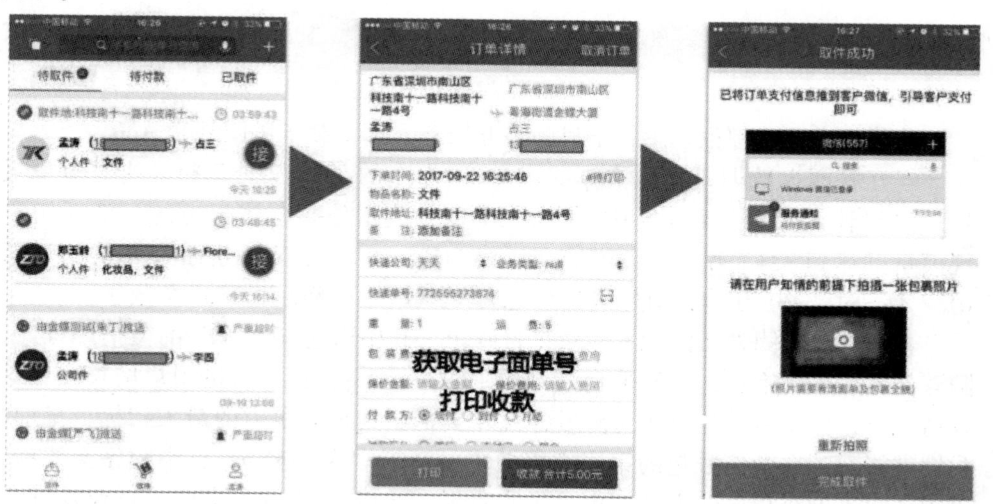

图 10-5　快递 100 小助手寄件流程

提高电子面单使用率，减少纸质面单占比，节约业务员成本。如果快递员也使用快递100收件端，还能在收件端随时提现实时到账，方便业务结算不给快递员一点负担，让快递员可以更加方便、省时、省力地收件。

3. 优化收寄快递体验

以往通过公众号等途径提交快递上门服务时，你不知道平台会给你分配哪个快递员，对方上门时间也不太确定，有时候说好2小时上门取件，结果等了3小时还没到。在快递100小助手小程序中，会根据你的地理位置给你推荐附近的快递员，上面标有该快递员的上门时间、每月订单数、收件率等信息，帮助你挑选最合适的快递员。

因为不同快递公司收费标准有差异，有时候为了挑到性价比最高的，需要进行比价。和在一个个快递公司官网输入地址查询价格的烦琐方式不同，在快递100小助手中选择快递员，添加手机及地址后，还能选择该快递员支持寄送的快递公司，查看价格和时效。

除此之外，快递寄出去后，对方签收你也能在微信中收到通知提醒，省去单号查询的步骤。

快递100小助手小程序，以一种轻便的形式融入用户的生活中，提供便利。如今的零售已经进入了第四次革命，不管是阿里巴巴提出的新零售还是京东提出的无界零售，快递物流效率的提升，是这次零售革命中至关重要的一环。快递100小助手小程序也给用户带来了轻智能收寄的优质服务体验。

10.4 美团外卖

美团外卖我们都很熟悉，不过，并非所有人都下载了美团外卖App。

但互联网大数据研究机构Quest Mobile发布的《2017外卖行业生态流量报告》结果让人惊叹，截至2017年第三季度，美团外卖整体生态的月活跃用户规模量已达到8213万人，数字惊人。要知道，整个外卖行业独立App的活跃用户才不过7300万，美团外卖的生态月活跃用户已经超过了这个数字。

事实上，美团外卖的大量流量来自腾讯，其中就包括占大头的微信小程序。随着外卖市场的饱和，外卖平台很难再通过单一App获得大量用户增长，在这种情况下，生态流量建设成为衡量各大外卖企业真正竞争力的最大指标。早前，我们就能看到在微信钱包的第三方服务中，就有“美团外卖”，小程序上线后，美团外卖借助小程序的力量，更是平步青云。2017年9月外卖服务行业及细分用户年龄分布如图10-6所示。

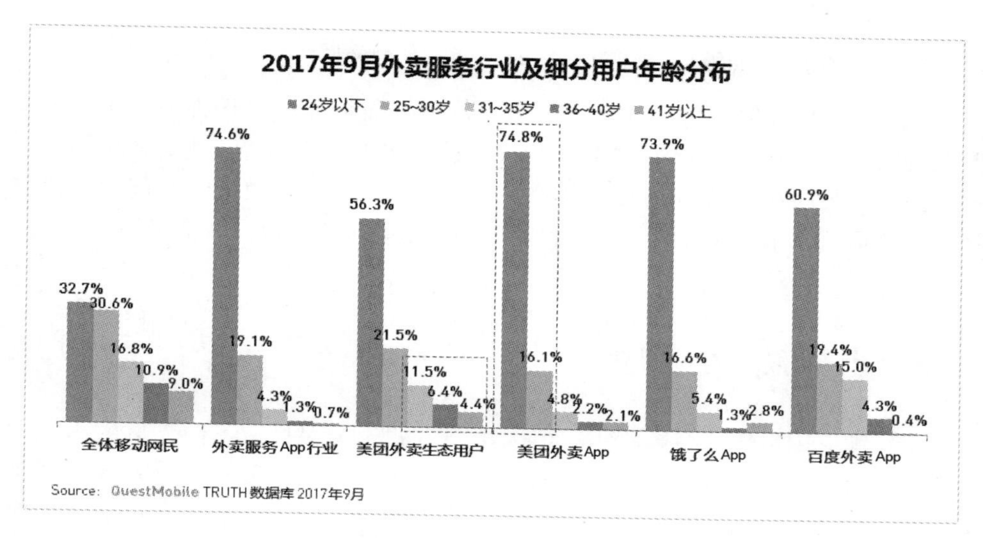

图 10-6　2017 年 9 月外卖服务行业及细分用户年龄分布

美团外卖是如何借助小程序获取新流量的呢？下面将列举分析。

1. 免下载也能点餐

微信的月活量已经超 10 亿，这是一个比美团大得多的体量。如果一个美团外卖用户能带动一群人来使用点餐，流量不就源源不断来了。所以在小程序出现之前，美团外卖的拉新方式是邀请注册成为新用户，你就可以获得现金券。现在这样的链接在微信中已经看不见了，有了美团外卖小程序，免注册免下载，点开即可使用。

办公室同事说要一起点午饭，将美团外卖小程序分享至群聊，没有安装 App，照点不误。因为小程序可以借助群聊，用极低成本获客的优势，美团外卖也相当重视小程序，率先使用了小程序之前发布的新能力，从 App 分享至微信，自动变成小程序，这对原 App 用户也很友好。

2. 一店一码多点推广

入驻美团外卖的商家很多。由于小程序免下载、免安装、扫码即可使用的特点，美团外卖小程序为所有商家提供一店一码，商家有了自己独有的小程序码，就可以打印张贴在店面，消费者到店可以扫码点餐，提高效率；也可以将小程序码在其他渠道传播，因为扫码就能点餐，可以提高转化率。

在千千万万商家的共同努力下，商家收益增加，美团外卖也获得了大批新流量和佣金。

3. 微信内广告引导

在线下一些商家支付完成后，微信支付后页面会提示“送你一张美团外卖券”，点击后就会跳转到美团外卖小程序。这其实也是美团外卖优惠券引流的一种方法。小程序在微信内得天独厚的优势，和微信支付、微信卡券能力都已打通。这些运营营销手段经过组合，也能获得大批新用户，或是激活老用户。

10.5 出行服务小程序

出行类应用虽然是高频刚需，但因出行方式选择多样，不同人群的出行方式选择倾向也不同。例如，一个朝九晚五的青年上班族，他的出行方式更多是地铁公交和共享单车；如果是一个经常出差的商务人士，打车 App 可能就是他频繁使用的。因出行习惯不同，可能对你来说是高频使用的 App，对我来说只是一个月偶尔使用的工具。遇到这样的情况，你就可以选择使用小程序，来解放手机内存。

滴滴出行和摩拜单车都属于最早一批小程序，它们的小程序跟 App 有什么不同呢？

在功能上，小程序跟 App 并没有什么明显差别。

以滴滴为例，在小程序中搜索“滴滴出行”，首页就会出现目前你所在地理位置，以及附近的滴滴车主分布情况，有快车、顺风车、转车、代驾等多种类型可选。

如果你想预约车辆，可以点击“现在出发”字样修改出行时间；市内或跨城短行，没有公用交通，又不方便开车，就可以选择顺风车；如果需要去接机送机，滴滴出行小程序中的专车也能提供相应服务，输入航班号，剩下的司机搞定！

“滴滴出行”小程序版本已经涵盖了核心功能，和 App 版本相比，少了一些 banner、活动等运营营销性质链接，相比而言，小程序版本更加简洁。无论你是想释放手机内存，还是只是偶尔需要打车，“滴滴出行”是个不错的选择。“滴滴出行”小程序截图如图 10-7 所示。

再来说说摩拜单车小程序。如果说出行类小程序最受关注的，也莫过于摩拜单车了。“摩拜单车自从接入了小程序之后，每周使用量达到 100% 的增长”，摩拜单车产品负责人杨毓杰曾对媒体这样表示。数据显示，在 2017 年 2 月，摩拜单车新增了微信小程序功能之后，通过小程序注册的用户增长了 30 倍，所有通过摩拜小程序注册的用户，有一半是同时拥有小程序和 App。

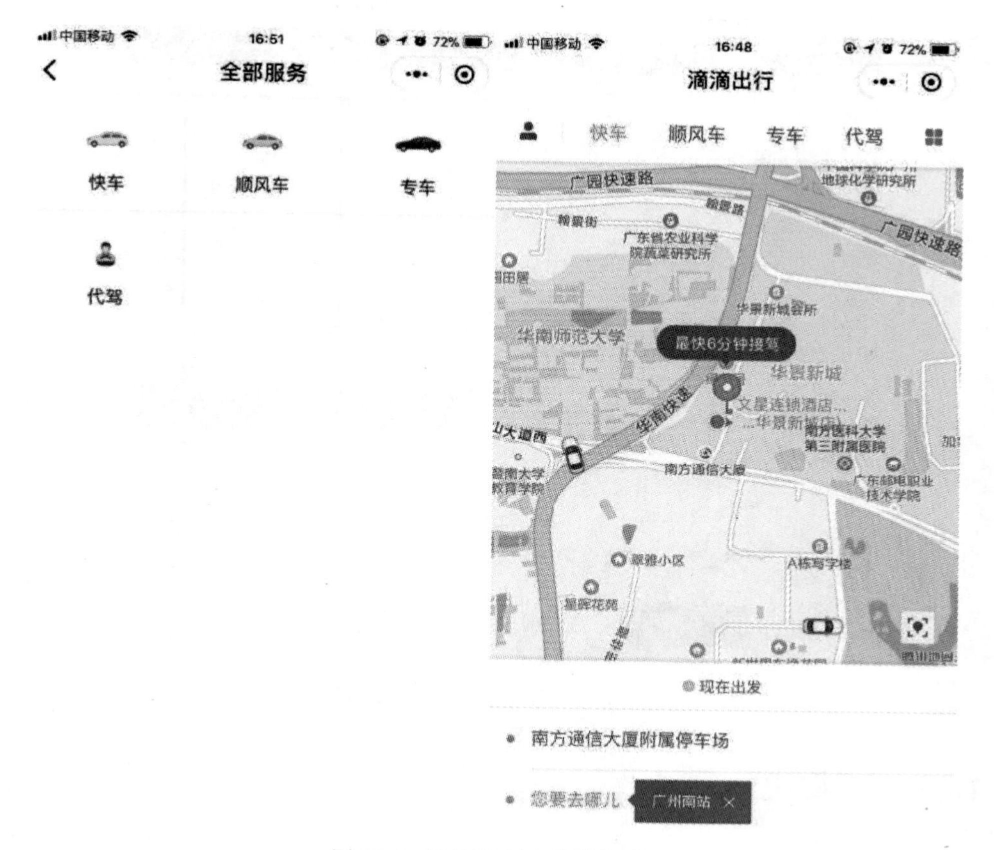

图 10-7　滴滴出行小程序截图

当时大家对小程序的前景并不看好，但看到摩拜如此优异的表现，又不敢轻视小程序的威力。事实上，摩拜单车对小程序一直是持有积极态度，甚至在某种程度上牺牲了一定的 App 的量，因为小程序确实能给用户带来更好的体验。

例如，一个新用户，想骑摩拜单车，但没有下载 App，这时候只要打开微信扫一扫单车上的二维码，就会跳出摩拜单车小程序，扫码开锁—骑走—关锁还车—微信支付完成订单。整个服务闭环一个微信就能流畅完成，再也不用大热天顶着太阳站在路边等下载 App，节省时间和流量。摩拜单车小程序截图如图 10-8 所示。

如果说出行类 App 将传统服务互联网化了，小程序则是将这些服务变得触手可及了。很多本地线下服务，原来没有线上入口的，现在可以通过小程序互联网化了；原来流程繁琐冗长的，如今也可以借小程序变得高效便捷。相信随着小程序不断发展，吃喝玩乐、衣食住行等各种本地生活服务体验也会越来越好。

图 10-8　摩拜单车小程序截图

10.6　享物说

生活中大量物品舍不得丢、卖起来又很麻烦怎么办？享物说提供了另一种物尽其用的解决方案：好物互送。

伴随着物质生活水平的日益提升和房价的不断上涨，闲置物品交易需求飞速增长。然而，传统的交易模式存在假货纷纭，交易周期漫长，出于好意的分享因无尽地砍价和打扰等问题，严重影响了用户的体验，甚至破坏了原有的善意。享物说模式为此困局提供了破解方法。

2017 年 10 月 18 日，享物说小程序正式上线。以“小红花”作为积分纽带，连接赠予者和接收者，超过 80% 的物品 3 天内成交，用最高效的方法实现了物尽其用。

与传统的交易方式不同，享物说使用的并不是金钱支付的方式，而是一种颠覆式的“玩法”：通过“小红花”连接起赠予者和获得者，在平台上送出物品收获小红花，可以换取其他的物品；而另一端接受赠予的用户，只需要付出相应数量的红花并支付 8～12 元运费；平台合作的快递方上门取件寄出，对方确认收货，交易便达成。

这种全新的交易模式，不仅省时省力，更提供了“没有金钱回报，胜似金钱回报”的巨大愉悦感。这使得享物说上24小时送出率极高，很多用户表示以“小红花”在享物说上兑换的物品远超自己的预期。

享物说的吸引力可以从以下三个角度来看：

1. 个人赠送者

1）便捷、妥善地处理闲置品。解决二手物品出售体验不好、丢弃可惜、无处安放的难题。赠送者只需上传物品照片，由享物说平台预约合作快递上门取件，运费由接收者支付。

2）兑换心仪物品。赠送者在平台成功送出物品以后，可获得长期有效的积分（享物说小红花），用来兑换平台上自己喜欢的其他物品。

3）体验赠人玫瑰手有余香的快乐。赠送者可以收到接收者发来的感谢视频，让快乐和惊喜传递（见图10-9）。

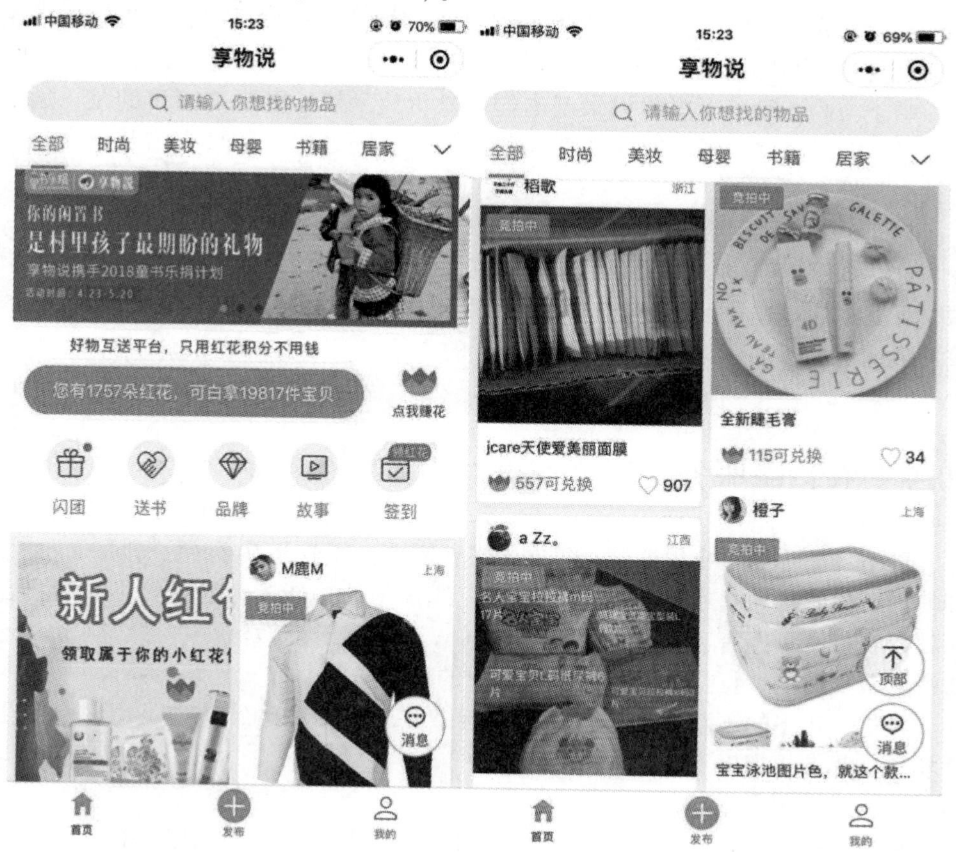

图10-9　享物说小程序截图

2. 企业赠送者

1）在享物说上免费发布新品和主推产品，讲述企业品牌、经营和奋斗的故事，达成吸纳粉丝、增加流量、增加信用、促进转化的效果。

2）为企业提供用户精准锁定、数据跟踪和分析等后续服务。

3. 接收者

1）领取心仪物品。接收者用小红花来换取平台上的所有物品，只需支付运费即可。

2）向赠送者表达谢意。收到物品后，拍摄、上传感谢视频，讲述自己的感受和心情。

这种交易模式极为高效。根据运营数据显示，享物说小程序平台上 80% 的物品能够在 3 天内送出。省事省时又可以免打扰，对送出日常生活中的闲置物品来说，形式恰到好处，很多用户一来便成了享物说的“忠粉”，接近七成的用户会重复赠予。

赠予与收获赋予了享物说最基本的工具价值，然而更难能可贵的是，通过享物说平台，很多人通过互送成为亲密的朋友。随着用户的规模增长，享物说的社交黏性也越来越强。

自 2017 年 11 月起，依托平台自身优势，享物说开始开展“你送一本书，我为你建图书馆”的长期公益活动。迄今为止，享物说百万用户携手摩拜、猎聘、汉庭酒店等企业一起为边远山区儿童和社区无偿捐建了 9 个图书馆，书的数量多达近 5 万本，影响了成千上万孩子的生活。

10.7 农行微服务

以下场景你是否也曾遇到，每次去银行网点，办业务 10 分钟，排队 2 小时。即使告诉你农行网站或 App 中已有网点在线预约的功能，你是否仍不知入口在何处。农行本身拥有庞大的线下网络优势，而此次借助微信小程序，则成功连通线上线下网络，将金融服务深入到用户的生活场景中。

经过一年多的不断迭代与优化，农行微服务小程序已经走进了用户多个生活场景（见图 10-10）。

（1）网点排队

在微信小程序开放仅 5 天后，作为四大国有银行首发小程序，农行微服务从大家比较关注的“网点排队”这个需求痛点出发，推出了在线预约排队功能，客户可以在小程序上预约具体网点及其时间，到网点直接去办理相关业务，免去了网点排队等待的时间。

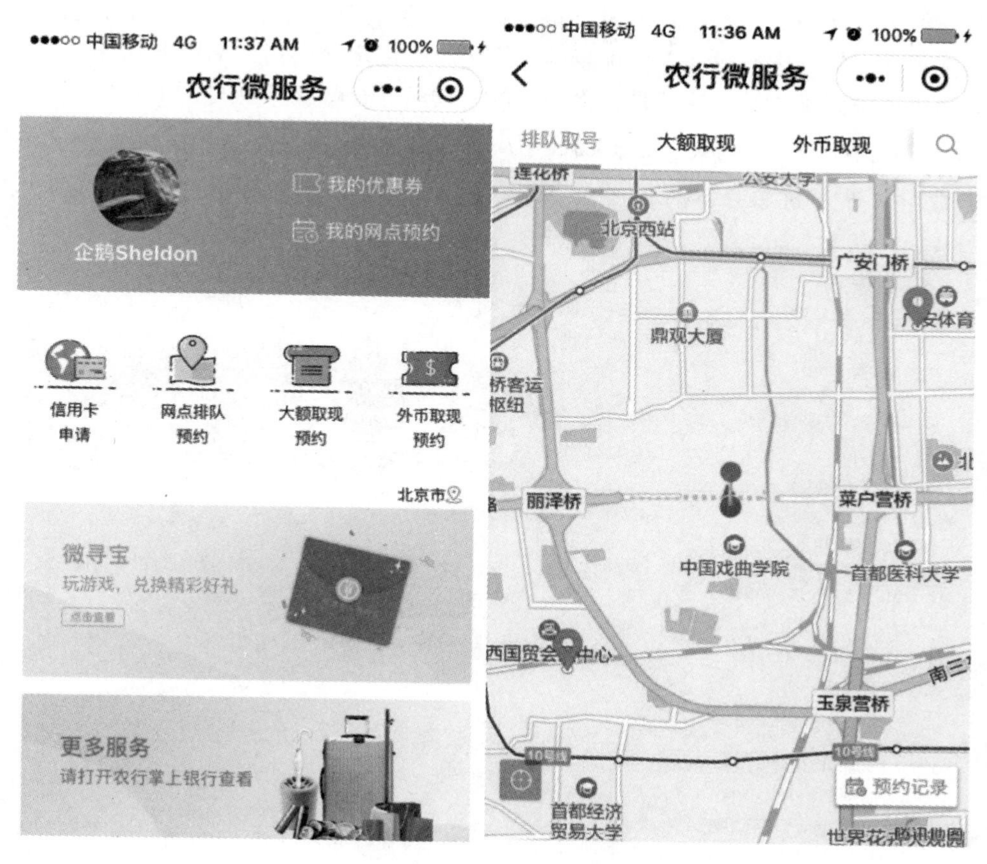

图 10-10　农行微服务截图

（2）大额取现、外币取现

首个功能推出 11 天以后，结合春节前消费、出境旅游等需求，农行微服务再次升级，增加了客户大额取现、外币现钞等预约服务，在方便客户的同时，也对网点进行了有效分流，提升了网点的效率和服务质量。在此之前，用户只能在手机 App 中做预约，具体需要经过下载、激活、寻找预约功能、打开预约、定位网点等一系列过程。

（3）附近小程序

在微信推出附近小程序功能后，农行还借助线下庞大网点终端的优势，只要附近有农行网点，就可以在附近小程序列表中直接看到农行小程序。此外，农行还在 ATM 上投放小程序入口，通过扫二维码也可进入小程序。

（4）优惠券领券

2017 年 3 月，农行推出了优惠券领券功能，并且把具体商户的领券二维码布到线下餐厅中。在餐厅吃饭时，很少有用户会主动打开农行 App 找对应商户的优惠券，但当你在餐厅看到优惠券二维码时，肯定会去扫，不用下载 App，非常简单地领到优惠券，这就是在你需要的时候给你金融服务（见图 10-11）。

图 10-11 优惠卷领卷截图

（5）信用卡申请

农行小程序的优惠券仅针对农行信用卡用户，对于没有农行信用卡的用户难道只能看着优惠干着急吗？针对这一场景，农行进一步推出信用卡申请功能，打造了信用卡领券功能的完整闭环。让用户在真正需要服务的场景中，通过小程序就完成了所有操作。

（6）优惠券活动升级

2018 年春节，农行推出优惠券领券新玩法，上线微寻宝活动，该活动通过搜集卡片、兑换礼品券的游戏方式，将领券功能游戏化。活动还充分利用小程序天生社交的特性，通过分享、求赠和群排名等社交功能，使微寻宝活动在朋友之间传播推广。此外，每张待收集的卡片，都会介绍一款农行产品或服务，因此微寻宝活动本身也起到了广告宣传的作用（见图 10-12）。

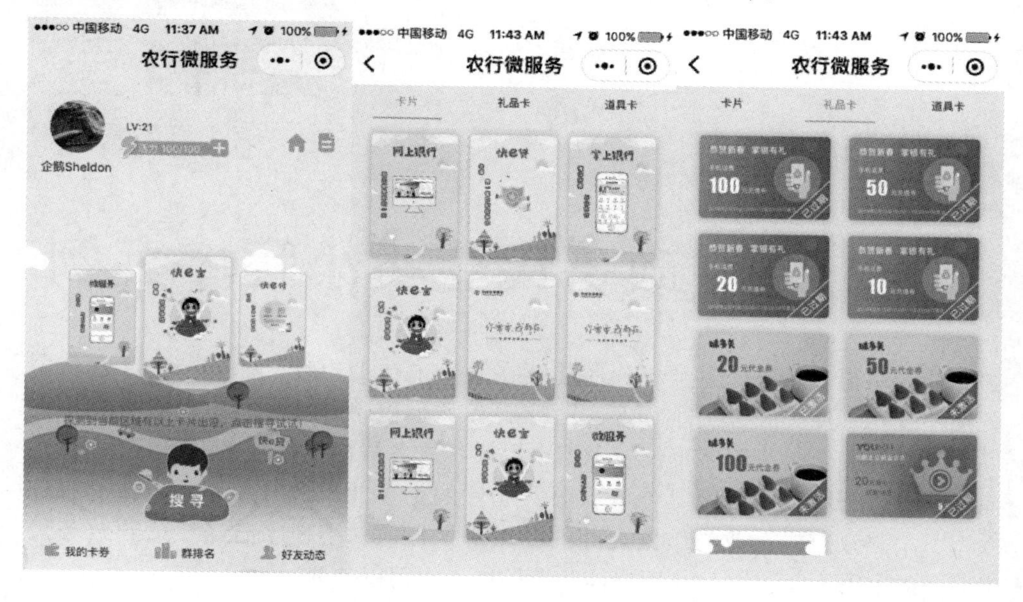

图 10-12　微寻宝活动截图

“刷”个早餐、买个理财、缴个水费、取个现金，客户的金融需求日益场景化、碎片化，带来的显著特征是来得快、去得也快，相较于使用农行掌上银行 App，客户在日常生活中更倾向于小而快捷的场景式服务。更好地服务客户，不再是要去建设地方，而是建设随时随地能提供金融服务的能力，一种“服务知时节，润物细无声”的能力。农行小程序正是让金融服务场景化、随手可得的典范。

第11章 政务民生类小程序案例

如今，很多政务民生类小程序陆续在微信平台上出现，比如，公共安全服务类小程序、便民服务类小程序、医疗服务类小程序以及公共出行服务类小程序等。政务民生类小程序不仅能为用户提供各式各样的、便捷的政务民生服务，而且还可以帮助政府以及其他具有公共属性的企事业单位升级服务方式、服务效率，增强政府或企业与市民之间的互动等。目前，小程序已经渗透到政务民生服务的方方面面，并且在用户体验上的优势也得以凸显。

总之，小程序的出现，推动政务民生服务打造了一种全新的政务民生服务生态圈。相信在不久之后，小程序势必会越来越多地被应用在各类政务民生服务场景中。

11.1 广州微法院

在诉讼业务办理方面，广州市中级人民法院与腾讯联合发布了广州微法院微信小程序。这款小程序为诉讼业务办理提供移动智能服务，为法官和当事人提供了很多便捷服务。

广州微法院小程序具有公众服务、微诉讼、微执行和我的案件管理四大核心模块，19 项诉讼功能，如图 11-1 所示。

广州微法院小程序全面提升了广州法院智能诉讼的服务水平，让司法服务变得更加透明、便民，让审判执行变得更加公正、高效。而且还极大地满足了人民群众在移动互联时代多元化的司法需求，全方位地提升了人民群众的移动互联司法服务体验。广州微法院小程序是国内的首批司法服务类小程序，其移动互联领域的司法服务水平在国内依然名列前茅。

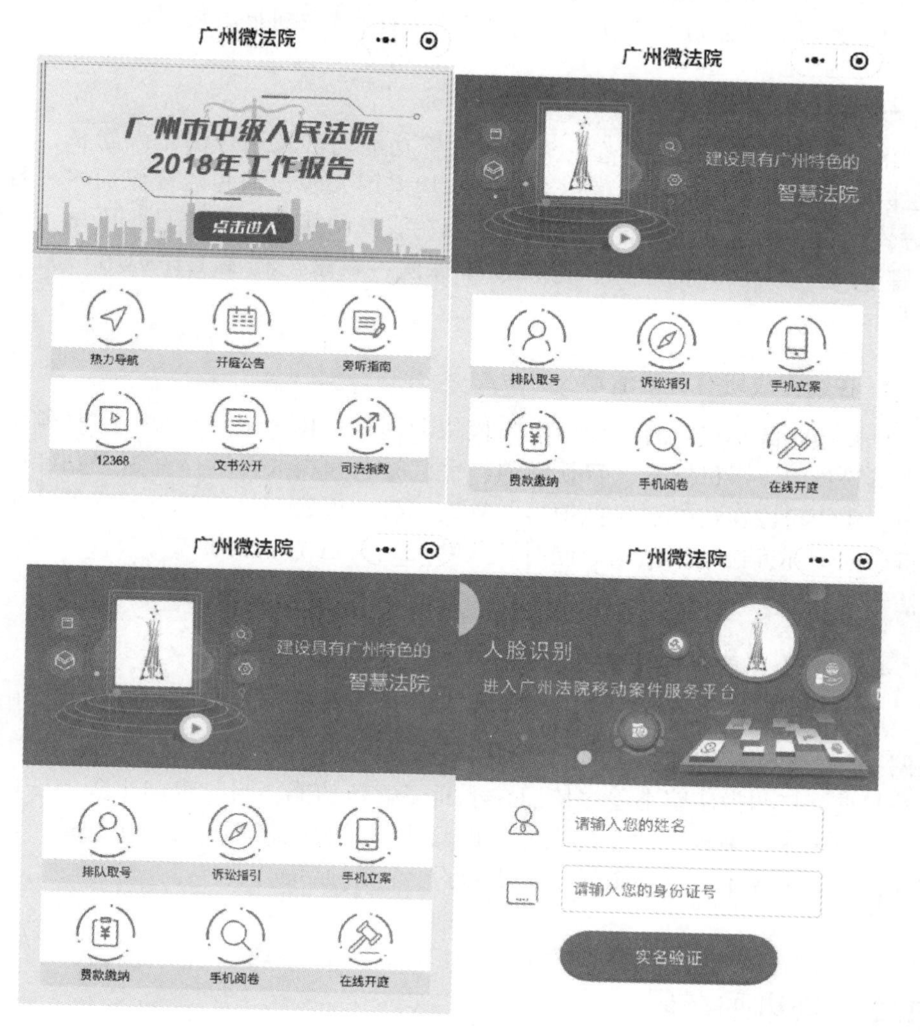

图 11-1　广州微法院小程序功能模块

那么广州微法院小程序是如何帮助广州市中级人民法院实现“智慧法院”呢？

1. “一站式”诉讼服务

广州市中级人民法院借助微信小程序与庞大的人民群众在司法服务上做连接，实现了网上立案、网上缴费、网上庭审、网上阅卷等“一站式”诉讼服务。而且小程序具有无需下载、操作便捷易懂的特点，使广州微法院小程序的使用更加便捷。所以，在广州微法院仅仅上线两个月，采用小程序查询案件进展人数已经超过了全广州市法院 2017 年在实体诉讼服务大厅查询案件进展人数的总和。

2. 双重保护用户隐私

由于手机立案、手机阅卷、查询进展等功能均涉及用户的个人隐私，广州微法院小程序为了保护用户的个人信息，均采用人脸识别和语音识别的实名验证方式，实名验证通过之后，用户才可以在线查阅相关案件信息。可见，广州微法院小程序为用户的个人信息加双重保险，在最大程度上保护用户的个人隐私。

3. 在线完成所有诉讼活动

广州微法院小程序的“微诉讼”模块为用户提供了 6 项功能，包括排队叫号、诉讼指引、手机立案、费款缴纳、手机阅卷和在线开庭。在这些功能的支持下，用户可以在线完成排队取号、立案、缴纳诉讼费、阅卷、开庭等几乎所有诉讼活动和诉讼辅助活动。同时这些功能还营造了一个便捷、公开、公平的司法审判环境。

4. 培养人民群众在线维权的习惯

广州微法院这类司法类小程序的出现，可以帮助广大人民群众培养使用互联网接触、了解法律和司法程序、利用司法维护合法权益的习惯。

目前，广州微法院小程序依旧在不断完善新功能，同时也向更多的法院推广，相信未来越来越多的法院在处理诉讼业务时会变得更智能、更便捷。广州微法院给政务民生类小程序创业者带来了一个新的启发。

11.2 腾讯乘车码

很多坐公交出行的人，常常是公交卡不离身。可能有时候出门急，忘记带公交卡了，这时乘公交车就成了他的麻烦事了。因为现在由于支付宝、微信支付的普及，很多人出门都养成了必带手机，不带现金的习惯。然而，乘坐公交车却只能投零钱或者刷公交卡，这让忘记带卡或者带零钱的乘客不知所措。

在地铁站或者公交站，有时我们会遇到一些拿着手机借钱的乘客，他们用微信红包或者支付宝转账来跟别人换现金，可能有些好心的人会给他们一些零钱，还有人可能会认为他们是骗子，这让着急赶路的乘客心急如焚。可以说，乘车付款是很多乘客的痛点。

如今，由于小程序自身的优势，很多开发者专注于交通类小程序，这类小程序可以让乘客不用带零钱和公交卡，拿着手机就能走天下。

腾讯公司 CEO 马化腾在 2017 年 9 月 13 日低调现身安徽合肥，并用微信新推出的小程序——腾讯乘车码，坐上了合肥市的 166 路公交车。

据悉，马化腾此番来到安徽，是与安徽省合肥市签署了腾讯乘车码、众创空间、腾讯云、AI 医疗、互联网 + 等一系列合作协议，正式启动腾讯与安徽省和合肥市的两级战略合作。腾讯乘车码小程序功能页面如图 11-2 所示。

图 11-2　腾讯乘车码小程序功能页面

而这其中最引人注意的就是将腾讯乘车码小程序接入合肥的公交系统当中。与一般的公交车不一样，使用微信支付的公交车都新装了一个可以刷二维码的专用扫码 POS 机，如图 11-3 所示。

图 11-3　公交车刷二维码的专用扫码 POS 机

用户只要打开微信中的乘车小程序，将手机二维码贴在机器识别区域，就可以自动扣款两元，并且还启用了“先上车，后扣费”的方式。乘车码二维码示例如图 11-4 所示。

图 11-4　乘车码二维码示例

也就是说，只要成功识别二维码，机器上的绿灯亮了，就不用等待“扣费成功”的通知，可以先上车，稍后会有“扣费成功”的消息发送到你的手机上。

有人可能问，如果微信上刚好没钱怎么办？没关系，即使微信上没钱，也可以先扫码上车，等你后续把钱存进微信里，就会自动扣费。

不过，需要注意的是，这种“先上车后扣费”的方式只能使用一次，如果上一次的车费没有结清，是无法再次使用的（滴滴打车也是同样的方式）。

另外，手机生成的二维码只能扣款一次。如果刷卡超时，或带别人乘车帮其付款，可以点击二维码下面的“每分钟自动更新”字样，刷新二维码再扫描。并且非常贴心的是，为保护乘客手机微信钱包资金的安全，防止他人盗刷，目前刷二维码乘坐公交车暂定每日 10 次的上限，已刷次数在次日凌晨自动清零。

腾讯乘车码小程序团队表示，目前乘车码的入口有“小程序”和“卡包”入口，后续还会逐步增加更多便民入口，如“微信钱包”→“城市服务”常驻入口等。腾讯乘车码的卡包入口页面如图 11-5 所示。

图 11-5　腾讯乘车码的卡包入口

不仅如此，对于未来的发展，腾讯乘车码小程序将继续丰富如地铁等使用场景，上线“电子发票”“到站实时查询”等功能，并将继续与各地政府、公交集团展开深度合作，推出更多的优惠措施，积极进行其他城市布局，也期待融入更多的品牌合作。

11.3　南方电网 95598

网上支付这种付款方式已经越来越普及，现在很多人都养成了使用微信、支付宝进行付款的习惯。鉴于小程序便捷的使用方式，电费查询、缴费类的小程序也陆续出现在我们的视线中了，如南方电网 95598。

2017 年 7 月 7 日 7 时 7 分，南方电网 95598 小程序正式上线。这是全国首个电网企业小程序，也是南方电网为进一步做好电力服务工作，全面满足用户日益多样化的移动互联网下的用电服务需求，同时还是积极响应“互联网 +”服务号召的重要举措。

其实，早在 2016 年，南方电网就已经推出了“南方电网 95598”微信公众号，其主要包括三个大的模块：

1. 我的用电

在“我的用电”模块中，用户可以办理电费查缴、业务办理、停电报修、欠费复电等业务。

2. 服务资讯

在“服务资讯”模块中，用户可以查询周边服务、电价信息、最新资讯、进度查询等业务。

3. 更多精彩

“更多精彩”模块包括精彩活动、积分乐园、我要吐槽等业务。

如今，随着南方电网95598小程序的加入，使得南方电网提供服务的渠道更加多样化。这款小程序除了覆盖了“南方电网95598”微信公众号所提供的服务，同时还让用户的操作更加方便，获得的服务项目也更加全面。

用户进入南方电网95598小程序界面，即可办理电费查缴、用电新装、用电变更、欠费复电、故障报修等业务，查询停电、电价、业务办理进度等信息，如图11-6所示。

图11-6 南方电网95598小程序页面

目前，南方电网95598小程序“复制”了实体营业厅、南方电网95598微信公众号、95598服务热线的业务范围，同时还优化了服务流程。自南方电网95598小程序上线以来，该小程序已经成为用户远程业务办理、查询电费账单、电价信息、停电信息、科普电力知识的便捷入口，很好地帮助用户解决了排队缴费、办理业务、费时费力等问题。用户在家打开微信“搜一搜”“扫一扫”，足不出户就可以享受信息查询、业务办理、公共信息查询等个性化用电服务。

另外，为了优化用户体验，南方电网95598小程序还设置了“智能问答”等功能。这些功能为用户在用电方面带来的新体验，也是南方电网公司为满足广大人民群众个性化用电需求开启的又一扇新的服务窗口。

11.4 道易寻

腾讯公司董事会主席兼 CEO 马化腾曾提出关于“智慧医院”的想法。2018 年 1 月，马化腾提到的院内导航已经通过小程序变成了现实。全国首个医院室内导航系统“道易寻”小程序正式上线了。

道易寻小程序团队开发的初衷是想帮助用户解决在医院院区内找地、找人、找车等看病过程中的迫切需求。因为国内很多大型三甲医院每天的人流量很大，而且楼层科室布局复杂，这导致医院内每日门诊用户中约有 1/3 的人都会前往咨询台或者找导医咨询求助，这些人中 70% 的求助问题都与地点位置及流程相关。

针对以上行业痛点，道易寻团队开发了能帮助用户提供与就诊相结合的自主导航、位置共享、停车寻车等服务的小程序，实现了导医和用户之间“一对一”的服务。道易寻小程序页面如图 11-7 所示。

图 11-7　道易寻小程序页面

1. 即用即走，操作简单

用户进入小程序的方式简单且多样化。例如，用户打开微信“发现—小程序”页面，搜索框输入“道易寻”，即可进入小程序界面，然后选定就诊医院，即可进入该医院的导航系统；用户也可以直接通过医院公众号处的关联小程序进入小程序；用户还可以在微信挂号后的电子订单跳转进入“道易寻”小程序。总之，小程序“即用即走”的优势，让用户在使用导航服务中的操作更加便捷。

2. 自主导航、位置共享、停车寻车

用户进入“道易寻”小程序页面可以享受的服务，具体内容如下：

1）随时查看医院详细地图、医院所有科室部门的位置，还可以结合自身LPS定位进行导航。

2）用户在需要抽血、取报告或者寻找ATM、开水间和充电桩时，可以直接选择相应的功能进行导航。

3）用户可享受位置共享、车辆查询等服务，以便可以快速及时地与亲友在医院会合、找到医院停车位等。

道易寻小程序为用户提供了高效便捷的医院导航体验。目前，道易寻小程序覆盖的医院，包括广州市妇女儿童医疗中心、上海交通大学医学院附属新华医院、上海交通大学医学院附属瑞金医院、福建省立医院、南京鼓楼医院（北院）、上海交通大学医学院附属仁济医院（东院）、上海交通大学医学院附属仁济医院（西院）、上海交通大学医学院附属仁济医院（北院）、江门市中心医院、浙江大学医学院附属妇产科医院、广东省第二人民医院、四川大学华西第二医院等10余家国内三甲医院。

据相关数据统计，在道易寻小程序进入导航的流量和导航使用量，超过每日门诊量的10%，而且这个数据仍然在持续刷新纪录。

道易寻小程序的推行是成功的，对此，微信团队表示：“医院导航小程序的推出再一次扩大了民生服务的触达面，通过小程序的多样化、轻量化的丰富能力，解决了医疗行业长期以来的用户寻路痛点。”同时，道易寻小程序也给很多小程序创业者一些新的思路，优质的开发者可以借助小程序的开放生态，为用户开发更多便利、多样化的生活服务。

11.5 微保

微保 WeSure 是腾讯旗下首家保险平台，它携手国内知名保险公司——泰康在线保险公司，通过微信、QQ 为用户提供优质的保险服务，如保险购买、查询以及理赔等，让保险触手可及。

2017 年 11 月 2 日，微保上线了微保小程序，其页面如图 11-8 所示。

图 11-8　微保小程序页面

微保小程序的优势主要表现在以下几个方面：

1）微保具有腾讯平台连接大数据的能力。在大数据的帮助下，微保可以帮助用户从众多保险产品中严格筛选出性价比高的那些产品，并为用户提供微保独家的优惠与增值服务。

2）微保在小程序场景的支持下，让保险变得更加简单、时尚、好玩，让用户随时随地接触到适合自己的保障。

3）微保小程序具有便捷的用户触达、风险识别、网上支付，以及与保险公司的精算、承保、核赔和线下服务能力。

在微保小程序的助力下，腾讯的金融板块上又新添了一块重要的拼图，同时也加快了腾讯在金融业务的步伐。如今，腾讯已经横跨第三方支付、征信、银行、基金销售、小贷、保险等金融领域。相信不久之后，微信会为金融服务类的小程序开放更多功能。

11.6 深圳交警星级服务

深圳交警星级服务是全国首批上线的微信小程序，它是深圳交警通过分析后台数据，并结合市民对星级用户平台各项业务的使用频率，最后决定率先把"电子证件"功能上线。

"电子证件"功能的具体操作是：通过"深圳交警"微信公众号注册的星级用户，系统自动将证件生成专属的动态二维码，与注册时提交的驾驶证、行驶证图片合成为实时"手机电子证照"。用户在遇到路面执法交警，或者到交警窗口处理违法行为时，即使不带或者忘带身份证、驾驶证和行驶证，只要打开深圳交警星级服务小程序（图 11-9），通过小程序系统即可对人员身份、驾驶资质和车辆属性进行确认，给用户、交警省去了很多罚款、扣车的麻烦。

图 11-9　深圳交警星级服务小程序页面

小程序为用户提供专属行程驾照电子证件，而且可实现电子证件"一码通"。具体来说，深圳交警星级服务小程序提供服务如下：

1）在交警窗口办事时，通过微信"扫一扫"窗口提供的二维码，即可直接生成电子证件完成查验。

2）在微信上可以搜索到附近是否有可以使用电子证件办理业务的交警办事窗口。

3）在遇到路面民警执法需要证件查验时，用户可使用登录过星级用户的微信直接"扫一扫"交警 PDA 屏幕的二维码，及时生成电子证件完成查验。

另外，深圳交警陆续推出的新版小程序正在逐步完善一些新功能，如深圳交警随手拍违法举报、交通违法处理等。未来，各种新的便利服务功能将在深圳交警星级服务小程序中陆续开放。当然，越来越多的市民会加入到星级用户的行列，享受到星级用户服务带来的便捷。

目前，深圳交警星级服务小程序可以和深圳交警微信服务号进行互联互通。所以，无论是通过何种渠道注册的星级服务用户，都可以用微信“扫一扫”功能扫二维码，随时随地调出电子证件。

11.7 12315

2017 年 3 月 14 日，国家工商总局正式发布了 12315 小程序，这款小程序的推出，应该是对原有的以电话服务为基础的 12315 服务体系的一个全新的补充。12315 小程序页面如图 11-10 所示。

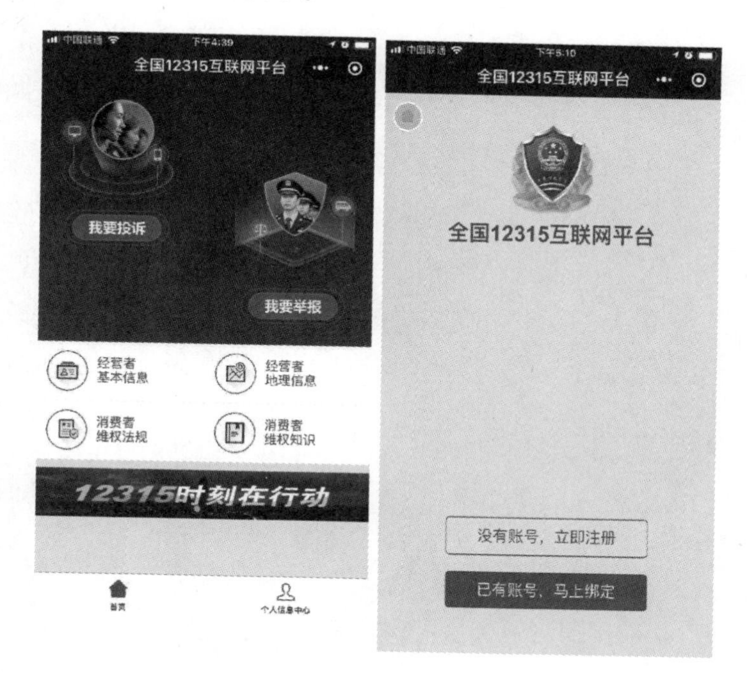

图 11-10　12315 小程序页面

用户进入“12315”小程序，可享受的服务如下：

1）选择“我要投诉”模块，用户可以对日常生活消费或服务中与商家发生消费者权益争议的事件进行投诉。

2）选择“我要举报”，用户可以对商家涉嫌违法违规经营的行为进行举报。

3）在“个人信息中心”，用户可随时查看投诉举报反馈进度。

4）用户可查询经营者基本信息及地理信息，了解消费者维权法规和维权知识。

小程序“无需下载、入口便捷、体验轻便、用完即走”的优势，不仅为用户提供了一个投诉和举报的便捷入口，而且还为国家工商总局以及各地工商局、市场监管部门提供了一条高效收集和管理、处理和反馈维权诉求的渠道，让消费者诉求网上处理流程更加透明、高效，从而极大地提升消费者在政务民生服务方面的体验。

第12章 企业官网类小程序案例

在微信商务社交越来越活跃的今天，在微信中创建一个官网也已经是件必不可少的事了。在小程序出现之前，运营一个企业公众号，做一个 H5 介绍，一份企业介绍 ppt，这三点成了企业介绍必备内容。但并非所有类型的企业都熟悉媒体领域，既使你的企业非常优秀，可能也难以从公众号中体现出来；而 H5 页面又较为单薄，不能充分展现企业特点，若 H5 内容做丰富了，加载慢，体验又会大打折扣；ppt 展示足够清晰，但信息不能实时更新，且传输耗时耗流量。

直到小程序出现，大家发现，这种名称唯一性、点开即用、便于在微信中传播分享、能满足不同企业商务展示需求的应用，和官网的特征不谋而合。在小程序市场中，除了工具、电商、社交等各类小程序外，企业官网类小程序的数量也不少。对这些企业来说，官网小程序是它们被微信用户了解的一个窗口，无论是从品牌层面还是营销层面来讲，它对企业来说都很重要。本章节选取了几个不同行业的官网类小程序，一起来看看小程序官网都给它们带来了哪些价值。

12.1 别克小程序

看上心仪的汽车品牌，想预约试驾，以往用户只能通过 4S 店或企业官网预约车型及试驾时间。计算机不在手边，手机操作不方便，试驾的事总是容易被搁置。

别克汽车品牌将旗下所有车型都汇集在别克小程序中，用户在手机上就可以点击心仪的车型预约试驾。除了预约功能外，别克小程序官网还为用户提供多种便利。

1. 方便用户找到

小程序已开放入口高达 50 个，用户在小程序中搜索别克，就能找到对应的小程序，点开预约试驾；在浏览别克公众号推送时，也可以通过公众号文中的小程序二维码、公众号详情页找到别克小程序。用户点击别克小程序后，也能在下拉任务栏、小程序历史记录等多个页面找到。

2. 方便用户预约

在别克 PC 官网预约试驾时，分为三步：第一步选择车型，第二步选择所在位置，第三步填写个人资料。而在别克小程序中，只需“选择车型”和“填写姓名电话”两步，由于小程序免注册的特点，在第一次打开时已经授权了你的地理位置信息。别克小程序预约页面截图如图 12-1 所示。

图 12-1　别克小程序预约页面截图

填写资料简单是方便预约的其中一个部分，更重要的是体验的提升。在 PC 官网选择车型步骤仅展示该车价位信息，对车接触不多的人，根本不知道这个车有什么特点。相比而言，小程序官网在预约试驾下方就包含图文、视频介绍该车的特点。用户在选择时就能一目了然。

3. 方便用户分享

小程序的社交属性一直被大家看好，换成官网内容也不例外。看上别克昂科威，不知道到底好不好，就可以一键转发给微信好友，问问怎么样。别克小程序产品介绍页截图如图 12-2 所示。

图 12-2　别克小程序产品介绍页截图

12. 2　古摄影集团

对摄影工作室来说，最重要的就是客片展示。

以往用户想拍一套婚纱照，要去门店咨询，查看客片，评估价格和效果，再决定要不要选择在这家拍。但线下沟通交流费时费力，古摄影集团就用一个小程序官网解决在线查看客片、获取报价的方式。

小程序无需下载安装，点开即用。不用耗费太多传输流量。摄影工作室的业务员给你传输了一个 30M 大小的 ppt，你会考虑下现在连的是 WiFi 还是流量，要不要下载，过了一周再回头找文件，发现文件已失效。但如果是小程序，就不需要这样的担忧，只要你不删除聊天记录，就能在群聊详情页中找回小程序。

古摄影小程序不仅点开即用非常方便，而且照片清晰，加载速度快。相比H5需要长时间的加载等待、图片还不够清晰的情况，用小程序做照片展示，可以说是相当正确的选择了。古摄影页面截图如图12-3所示。

图12-3　古摄影页面截图

除此之外，用户浏览了完古摄影小程序后，如果感兴趣，就可以填写联系方式和需求，获取报价。用户不用去门店就能享受服务，商家也能获取精准客户，一个企业官网小程序，就能实现双方互利互惠。

12.3　美的商业

美的商业是美的地产集团下的一个招商网站。

地产招商的周期长，光品牌洽谈就要提前花费3～9个月。其中大部分是线上联系到的意向品牌。如何给对方描述美的地产的项目呢？如何让对方觉得靠谱呢？

这时候就需要招商经理在跟客户初次接触时，能给到对方充足的信息量，确保对方能从中找到兴趣点。将美的商业小程序发给对方，公司介绍、品牌文化、商业板块布局、在营项目、筹备项目，各类信息一应俱全。美的商业页面截图如图12-4所示。

图 12-4　美的商业页面截图

另外，招商类网站还有一个隐患就是信息的真实性。企业类小程序的主体信息均经过认证，有营业执照、对公账号打款验证支持，企业官网小程序上就显得更加可靠。美的商业主体信息截图如图 12-5 所示。

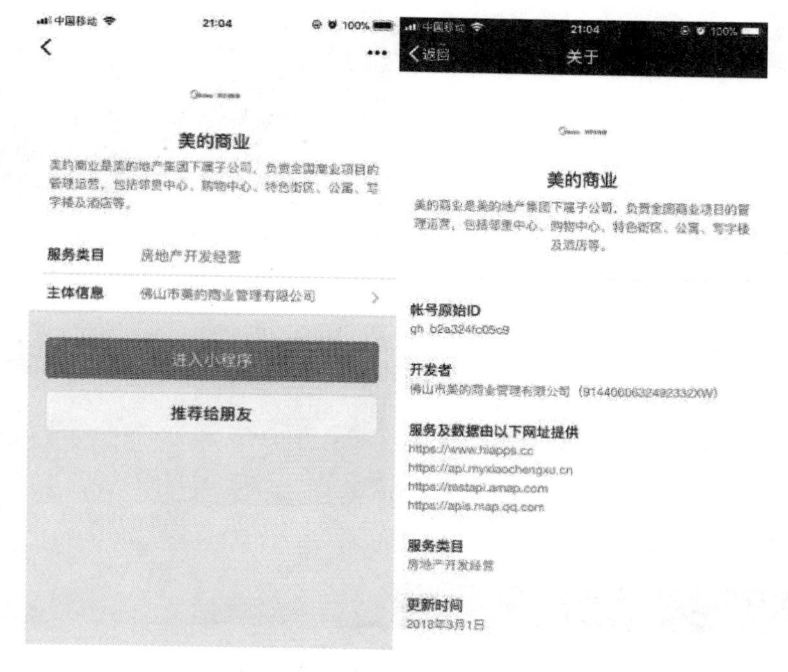

图 12-5　美的商业主体信息截图

不过，作为招商类官网，美的商业小程序若能增加电话拨打按钮、在线客户咨询等按钮，对浏览者来说会更友好。

12.4　马可波罗

马可波罗是知名的瓷砖品牌，在全国各省份均有经销商。面对庞大的经销商体系，搭建一个能及时同步信息、获得反馈的官网就很有必要。马可波罗小程序就起到了产品展示、企业文化、营销培训、案例共享的作用，成了品牌方和经销商之间的桥梁。

1. 不熟悉产品，上官网

马可波罗产品丰富，经销商如果不太熟悉，就可以在马可波罗小程序中的产品中心，找到全部产品。客户想要杏色的瓷砖，选择颜色就能检索出结果。马可波罗商品分类及产品列表如图 12-6 所示。

图 12-6　马可波罗商品分类及产品列表

2. 不懂如何营销，上官网

在马可波罗小程序中，有个营销培训栏目，均以视频的形式展现，经销商可以在上面找到培训视频、品牌文化等内容，轻松完成线上培训，还能从中找到合适的视频，作为企业实力展示发送给客户。

3. 客户说想看案例，上官网

装修建材业，成果展示很重要，单看一块瓷砖想象不出装修好是什么样子。这时候经销商就可以从官网的“案例共享”中下载各类素材图片，方便展示。

4. 相对产品说两句，上官网

经销商与客户接触中能收集到第一手反馈信息，产品好或不好，有什么改进意见，经销商也能通过官网，在具体产品页下，进行点赞或留言。

企业搭建小程序官网，最大的优势在于可以流畅地在微信手机端使用。使用者有需要时，随时随地可以获得所需信息，且基于微信的缘故，在分享上也占有优势。

第13章

工具效率类小程序案例

“小程序真的要火了!” 越来越多的人意识到这一点，其中有个重要原因在于，大量优质工具类小程序正逐渐渗透到工作和生活中。

例如，小程序上线当日，小睡眠小程序就获客 70 万；群应用小程序凭借名片功能，上线 69 天实现用户破千万；解决线上聚会痛点的群约助手，上线 3 天积累 100 万用户。

工具类应用强大的获客能力，早在 App 中就有所体现。足迹、魔漫相机、火柴盒、WiFi 万能钥匙……哪个不曾红极一时？但潮水退去后，这些工具类 App 都遇到了这样的问题：用户黏度低、变现能力差，很快被下一波浪潮覆盖。

不少工具类 App 开始寻求转型。例如美图秀秀就尝试了“工具 + 社区”“工具 + 硬件”，延展出美拍、潮自拍、手机等产品。但对于大多数工具类 App 来说，面临的却是用户增长无望、转型无果等情况。

小程序的出现为工具类应用提供了一个新思路：与其想方设法增加用户使用时长，不如好好打磨产品，用最短的时间为用户解决问题。

概括起来也就是张小龙的那句“用完即走”。他认为：“任何一个工具都是帮助用户提高它的效率的，用最高效率的方法去完成它的任务，这是工具的目的和使命。一旦用户完成了它的任务，它就应该去做别的事情，而不是停留在产品里面。”

在张小龙的眼里，微信也是一个工具，帮助用户快速完成任务后，不代表用户就离开了你，只要产品足够好，用户需要时就会再回来。

从 App 到小程序，这对工具类应用来说，意味着在打磨产品阶段就要换一种思维理念，机遇与挑战并存。本章节将筛选分析几个优秀工具类小程序，希望对你打磨产品能有些许帮助。

13.1 群通知

顾名思义，群通知是一款应用于微信群，向多位群友传达消息、通知、公告等信息的工具类小程序。产品看似简单，但仔细分析会发现，这是一个教科书级的工具类小程序产品，如果你看懂了，也有机会打造出一款具有长久生命力的工具类小程序。

我们先来看看群通知这款小程序的特点：

1. 产品直击痛点

微信群是微信内非常重要的组织形态，但你肯定遇到过这样的情况：

1）潜水的人太多，发布公告无人回应，信息是否传达到位心里没底。

2）群公告只支持文字和链接形式，无法一次增加图片、位置等多种信息。

3）群聚会报名往往采用接龙形式，多个群操作容易出现人员遗漏等问题。

总的来说，微信自带的群公告功能单一，不便统计。群通知正是看到了这些痛点，对微信群公告功能进行了“延伸”，如图 13-1 所示。

图 13-1　可图文编辑的群通知

图 13-2　带查看统计、留言功能

用群通知编辑信息发布后，已阅读的用户头像就会出现在该条通知中，公司群发布重要通知，谁没查看一目了然。群通知内容形式的选择也多样，支持图文编辑、分段编辑、添加联系人名片和位置信息等。另外，针对群聚会场景，可以打开群通知“报名”按钮，利用表单功能，一键收集参与者信息，大大提高组织者的效率，还能避免统计信息时遗漏出错等，如图 13-2 所示。

除功能解决用户痛点外，群通知的产品定位也解决了“工具类产品”的痛点。工具类产品常常会出现产品做得很好，但不易传播，导致用户单一的问题。而群通知本身就是一个传播工具，应用在各个群里，自带传播属性。A 群群主用群通知发布了一条信息，300 位群友接收后觉得这个工具不错，转而也开始使用，只需一批种子用户，这款工具就能在 B 群、C 群、D 群……形成裂变。

所以，你在构思一个新产品时，不妨想想这个产品能否撬动微信社交链，形成自传播？

1. 模版选择多样

能否解决痛点是产品的及格线，能不能满足更多需求才是好产品的评判标准。群通知这款产品虽然简单，但依旧对群公告这个场景进行了深挖。

目前，群通知上的封面模版就有 32 款，工作群、兴趣群、家长群、购物群、招聘群等，针对不同形态的社群，在这里都能找到不同的通知模版。群通知多类模版可选如图 13-3 所示。

图 13-3　多类模版可选

对应用场景的深挖，有利于扩大用户群体，同时，多样化模版也大大降低了用户学习门槛，不用会设计，照样能做出醒目的群通知。用户源源不断增长，产品才有生生不息的力量。

2. 产品操作简单

很多行业大咖谈到小程序不宜做复杂。这句话说得对，但可不要理解偏了，认为小程序只能做单一功能。从用户的角度来说，使用一款工具类产品，需要的是操作简单，如果功能单一，但操作复杂，或操作简单，但并不能解决用户痛点，那你可能走进了“顾此失彼”的误区。

我们来看看群通知是如何在细节处理上做到操作简单、功能强大的：

1）多重模版选择，这个上文已经讲过，在此不赘述。

2）两种模式自由选择。编辑一条群通知时，右下角有个模式切换按钮，有“简单模式”和“高级模式”两种可选。默认选择“简单模式”，如需增加多段落、长图文、名片、位置等信息，就可以选择“高级模式”。这样的设置一方面降低了泛用户的学习使用门槛，另一方面又能满足部分用户的个性需求。

3）整合资源，提高效率。如果你已有群应用名片，想在群通知里报名参加一次聚会，发布者要求参与人员填写公司、职位、姓名、电话，但这时候，你会神奇地发现，自己仅点击“我要参加”按钮即可报名成功。为什么不需要填写相关信息呢？这是因为群通知与群应用两个小程序间数据库相互打通，已拥有群应用名片的用户，就可以免去烦琐的信息填写。群通知通过整合资源，进一步让操作变简单。

所以，总结来说，产品定位、简单易用、场景融入，是设计一个小程序产品必须考虑的。微信的月活量已经超过 10 亿，面对这样的人群画像，你的工具类小程序希望得到迅速发展，重新思考工具、微信和用户三者的关系就非常重要。

这个工具对用户来说是否使用起来简单，且能提升效率？

这个工具是不是微信功能的“延伸”？

这个工具是否融入了微信的某个场景中，且是自带传播的？

以上这些内容都值得在动手做小程序前多花点时间思考。

13.2 小睡眠

2017 年 1 月 9 日，微信对外开放小程序，一整天，小程序霸屏朋友圈，迅速全网走红。其中心潮科技出品的小程序“小睡眠”，成为当日爆款。这款主打白噪声助眠的工具，上线首日即获 70 万 + 用户。这归功于搭上了小程序推广红利期，小睡眠小程序从上线起就备受关注，引发不少大V网友自发推广。小睡眠小程序界面如图13-4所示。

图13-4　小睡眠小程序界面

小睡眠小程序如今的表现如何呢？

和首日上线的大多数小程序用户流失严重的情况不同，小睡眠的留存率表现优异，有报道透露，小睡眠小程序的月留存率在40%左右，这在小程序中可以说是名列前茅了。

从本书的前文介绍中，我们可以感知到，小程序在获取流量方面有很大的优势，但用户留存却比App要难得多！这点或许在小睡眠小程序中，可以找到些启发。

1. 高频刚需小程序，时间是关键

如果一个工具类小程序，属于低频应用，且产品属性不含自发传播属性，那几乎可以预见，这类小程序上线后将很少有量进来，难以存活。

小程序推出的头3个月，微信也因此事焦虑，开发者失望离开意味着小程序这个产品可能就要黄。为此，微信频繁通过后台数据搜罗能自增长的团队，小睡眠就是被请教的团队之一。

“小睡眠比较特殊的是，每个人多少会有一些睡眠困扰，这是一个高频刚需的场景。”小睡眠的邹邹给出了这样的答案。

笔者认为，越是高频刚需的应用，进入市场的时间就越重要，因为用户往往会形成“先入为主”的印象。

其实，睡眠类应用在App市场上并不少，萤火虫睡眠、潮汐、蜗牛睡眠等，和小睡眠大同小异，竞争激烈流量容易出现触顶情况。但在小程序中，说到睡眠工具类，大多数人只会想到小睡眠。

在App市场，关注睡眠质量的人群主要集中在一线城市。但在微信中，二、三线城市的人群对小程序也充满热情。据小睡眠透露，他们的小程序用户能稳定自发增长，其中很多来自一线以外的城市。如果你的产品也是高频刚需类型，尽早进入小程序跑马圈地也未尝不可。

2. 小睡眠高留存的4个秘诀

产品定位精准是基础，产品好才是关键，这里的“好”是指符合小程序生态环境的好。

前文也提到过，做小程序不是将App照搬过来，小睡眠小程序在产品和运营上就做了一些特别处理，因此诞生了更适合小程序生态的小睡眠，主要体现在4个方面：

（1）UI设计极简美观

在人人戏谑颜值即正义的时代，一款应用的美观度在很大程度上决定了用户的好感度，更何况是小睡眠这样的助眠工具类应用。小睡眠小程序的UI沿用了App的设计，风格简洁。选择不同风格的白噪声，小睡眠页面颜色也会随之改变，并出现该段音乐对应的动效，可以给用户带来不错的视觉体验。

（2）功能操作简单

和小睡眠App不同，小程序版本只保留了最主要的白噪声功能，也就是各种助眠曲。相比而言，小睡眠App的功能就丰富很多，除疗愈助眠曲外，还提供一些专业级调理技巧、睡眠闹钟、白噪声混搭组合等。保留主要功能，更符合小程序“轻”的特点，用户点开就会使用，作为一款工具来说，也能大大提高使用效率，用户今晚用了小睡眠感觉不错，第二天自然就会再用。这也就是张小龙说的“用完即走，好用会再来”。

除功能简单外，小睡眠小程序操作起来也很方便，打开小程序，点击图标即可播放助眠音乐，其他诸如夜间模式、字号设置、音乐置顶等个性化设置，都收纳在底部“+”中。这样的低门槛使用设计，提高了用户友好度，自然愿意再用。

（3）单点深挖，内容丰富

小睡眠小程序砍掉了App上诸多功能，为什么还有千万用户会选择用小程序呢？因为对于这部分用户来说，你提供的这单一功能也足够丰富了。

小睡眠小程序上的助眠曲，超过200+首，轻音乐、自然音、睡眠引导语等，作为只是需要睡前播放一段音乐平静心情的非重度用户来说，这已经足够了，没有理由再去搜索下载一个 App。聚焦一个点深挖，对于工具类小程序来说，或许是个不错的选择。

（4）增加付费项目

毫无疑问，用户在你这花钱了，就更容易记住你。小睡眠小程序相比 App，变现来得更直接。小睡眠小程序中，有部分专业白噪声是需要付费播放的，价格分 0.99 元、1.99 元、3.99 元、5.99 元 4 种。

刚开始，小睡眠团队拿捏不准微信对虚拟付费的太多，只进行了短短一周的测试。到了 2017 年七八月份，突然发现微信不抗拒此类变现的尝试。得力于微信生态内完善的支付体系，小睡眠这个尝试不仅为工具类小程序变现尝试做了指引，还间接提高了用户留存率。

高留存离不开产品高频刚需的属性，但提高产品体验和适当的运营手段，也能潜移默化地让用户“依赖”你。看到这里，不如花点时间思考，你的产品有哪些部分可以改进提高用户留存呢？

13.3 小名片

从 2017 年起，小程序领域大获成功的案例不断被曝出。但除了几个头部的小程序创业者、拼多多以及一些自媒体大 V 尝到了甜头，绝大部分企业花钱做的小程序都成为摆设，并没有所谓的流量红利、订单也没有增加。

对大部分企业来说，谈再多的“风口”，都不如一张“订单”来得实际。毕竟在中国，有 8000 万市场销售人员面临着客户获取难、签单转化率低等难题。解决这些问题有两个立竿见影的办法：增加曝光量、提高转化率。

小名片小程序就是一款为销售赋能、帮助企业拓展微信客户的利器。和传统名片及微信获客方式不同，小名片小程序带来了以下 5 个“销售革命”：

1. 访客即客户，不加好友聊微信

给路人发传单，对方接过后在下一个路口就会丢掉。但如果把传单递给对方时，立即拉住他聊几句，让他到店消费的概率就会大大提高。

如果能和每位查看你名片的访客及时对话，订单成交这件事也就会容易很多。自带聊天功能的“小名片”，在小程序内就可以主动和访客发消息聊天，当客户不在小程序内时，消息也会以“服务通知”的形式出现在对方微信的聊天界面，用最直接显眼的方式触达访客。

所有查看你信息的访客，都是你的潜在客户，你可以持续跟进直至转化为客户，如图 13-5 所示。

图 13-5　小名片小程序支持不加微信和客户对话

2. 雷达实时推送动态，帮助把握商机

小程序在微信内是非常容易传播的，你的小名片可以发至群聊、可以发朋友圈、也可以被朋友转发，轻松实现曝光。但动不动几千人的访客量，如果一一对话既费时费力，又容易打扰到对方。

小名片的“销售雷达”插件，可以实时监测到谁打开了你的名片、点了哪个链接、点了几次，甚至是访客的停留时长和位置信息。这个功能可以快速帮你筛选出意向客户，实现智能精准获客。

也就是说，凭借这个功能，企业找客户就不再盲目。原来企业花三五十元才能获得 1 个精准用户，现在只需将名片转发到微信群，就能立即自动解析出 500 位群友的意向度。小名片雷达功能如图 13-6 所示。

3. 名片自带官网，告别百度竞价

为了让用户快速了解自己的公司和产品，过去企业往往会选择百度竞价打广告的方法。但这种推广方式不仅费用高，还容易让你的广告费打水漂。因为最终效果难以精准监测。

小名片可以让员工名片都统一带上公司官网，个人将名片递出后，对方可以随时点击“官网”按钮了解更多信息或直接下单购买商品，实现真正的全员营销，不花广告费，也能带来实实在在的效果。小名片跳转官网如图 13-7 所示。

图 13-6　小名片销售雷达插件

图 13-7　小名片跳转官网功能

4. 老板可以随时获取销售进展

这个客户业务员是否有跟进？跟进情况如何？以往这些进程需销售自己向上级汇报。小名片让销售管理变得更便捷，自带 CRM 系统，老板可以实时查看销售人员与客户的进展，省去烦琐的汇报环节。

5. 员工离职人脉也能一键交接

资深销售离职也是让公司头疼的事。企业难以管理员工私人微信中的资料，销售离职带走客户的情况非常常见。不过，小名片支持人脉一键交接，真正把客户都沉淀到企业账户上，实现公司客户永不流失（见图 13-8 ~ 图 13-10）。

图 13-8　小名片名片页　　图 13-9　企业人脉管理　　图 13-10　企业人脉交接

作为小程序风口下的热门应用，小名片具备了微信天然的社交流量，让商务人士之间的连接变得更加便捷，依靠小程序技术让每个企业都能享受到微信流量。相信企业用好小名片小程序，微信获取客户将变得容易，销售业绩也将获得不错的提升。

13.4 发票码

自 2017 年 7 月 1 日起，国家实行新政，无论是普通发票还是专用发票，只要抬头是公司，就必须填写企业税号。这意味着，当你在餐厅、酒店等地消费完向前台索票时，除了要告知对方企业名称，还得提供 15 ~ 20 位企业税号。这岂不是瞬间增加了开票难度！

不过，有了发票码小程序就能轻松搞定开票难的问题。

发票码这款小程序极为简单，进入首页添加发票抬头，可将公司名称、公司税号、单位地址、公司电话、开户银行及银行账号信息录入，这样在店里消费需开发票时，只需打开发票码小程序，出示服务员即可（见图 13-11 ~ 图 13-13）。

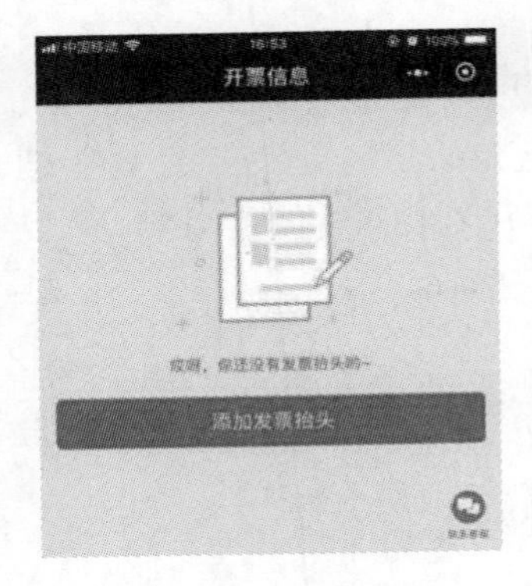

图 13-11　发票码首页

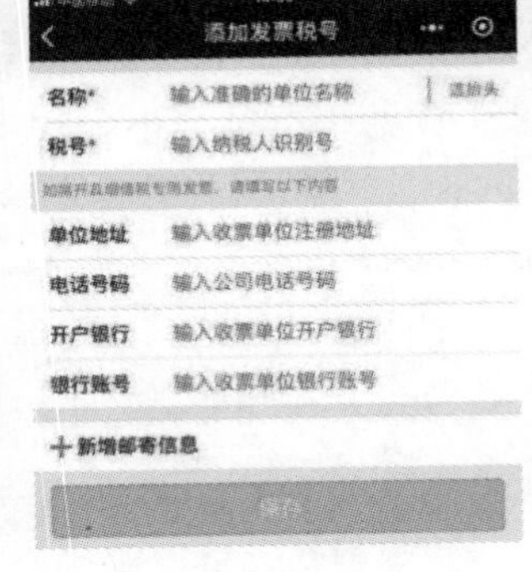

图 13-12　添加发票码信息

图 13-13　发票码展示页

另外，发票码支持添加多个发票抬头和分享微信好友，也就是说，发票码中的各类信息，只需财务一人填写，就能通过分享，将抬头税号等同步给全公司同事，高效便捷。下次需要开票时，打开发票码即可。税号记不住的问题，在发票码这是不存在的。

发票码能解决消费者开票麻烦的痛点，能不能解决商家、财务的痛点呢？

对商家来说，开票过程复杂，浪费前台人力。例如，手工录入信息耗时长；手工录入信息容易出错；手工录入信息效率低。

对财务来说，拿到发票后，才是“头疼”的开始：贴票耗时费力；验票耗时费力；审票耗时费力；归档耗时费力。对于企业普通会计人员来说，这些重复单调但对细心高要求的工作，会耗费他们 70% 的精力。发票码小程序能否解决这些行业痛点呢？答案是可以的，只需接入微信电子发票系统。

在 2017 年 12 月，微信团队宣布开放电子发票业务生态，微信事业群行业合作部总经理卓越强在发布会上表示：“微信是个开放的平台，只做连接，只做生态，至于业态内每个环节由谁来担任，希望与合作者一起做。”

在这样的背景下，发票码小程序的未来也不仅仅是一个“税号备忘录”，而是有望成为电子发票生态的一个入口。

“电子发票普及”这件事其实也已经喊了很多年了，但一直进展缓慢。不是痛点不够痛，而是体系过于庞大，这涉及企业、税务机关、消费者、社会四个层面，改变非一朝一夕的事。

但如今，10 亿月活的微信，信息聚集不再是难事，加之微信电子发票系统的落地，基础设施都完善了，一个发票码，就有可能彻底改变传统的开票模式，真正实现发票无纸化、数据化。

以消费者在餐厅消费为例：消费者吃完饭后可以扫一扫商家的“发票码”，选择抬头即可完成向商家索票，无须等待，商家开票成功后就能通过微信接收电子发票，不需要等待商家邮寄纸质发票。而这种自动化程度高的开票流程，也避免了商家手动输入开票信息易出错的问题，减少人力投入的同时又提高了效率。免等待，扫码开票流程演示如图 13-14 所示。

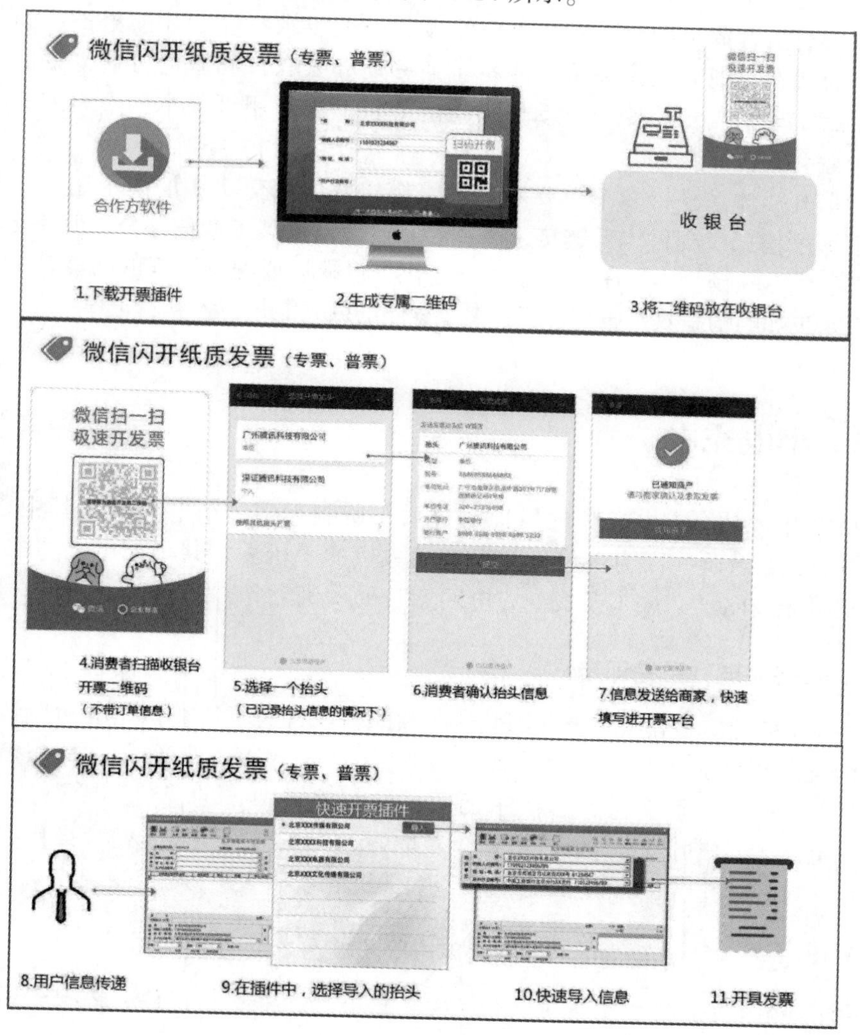

图 13-14　免等待，扫码开票流程演示

从数据流上来说，发票码的普及，对企业也大有裨益。如今下单、支付都能在线上完成，唯独发票难以数据化，因为传统纸质发票的信息是僵化的。

“发票码 + 微信电子发票系统”，无疑是电子发票的助推器，帮助实现电子发票全面普及。对企业方来说，财务数据的精度也能再提高，一年下来，业务员餐饮报销了多少，投入产出比是多少？类似的数据都能一目了然，帮助企业降低成本，提高效益。

我们还可以大胆想象一番，“发票码＋微信电子发票体系”能加速发票的信息化进程，如果是“发票码＋企业微信”呢？或许将完成微信办公闭环。很多企业受办公流程固化限制，即使是电子发票依旧要求打印后才能报销。倘若报销流程直接在企业微信中完成，或将企业移动办公软件和微信打通，微信办公闭环不就实现了吗？改变一个动作，就能节省下大量用纸成本、人力成本，这笔账企业会怎么算？

微信开放体系已将多个重要基础设施搭建好，社交功能汇集了用户，公众平台汇聚了信息，支付体系链接了商业，企业微信拓展了微信办公，但并非所有路径都已成熟顺畅，小程序的机会在于连接，将缺失或等待完善的功能补上，让商业链条更加顺畅高效，届时，工具类小程序的巨大能量，才算真正得到爆发。

13.5　小电充电

2017年“共享充电宝”的风口刮过后，所剩无多，小电充电是其中之一。在拯救了无数台险些因为电量不足而自动关机的手机后，共享充电宝“小电充电”把目光投向了“来不及找到充电网点”的手机上。

1. 扫码充电，用完即走

“小电充电”小程序充分利用微信各项能力，打通了从查找充电网点到开始充电的全流程体验：最轻便的入口——小程序、最简单的操作——扫一扫、最流畅的体验——微信支付。小程序无须关注，用完即走的优势：一键扫一扫，拿到充电宝。用户可以快速通过小程序获取附近充电网点信息，整个操作流程快捷简单，哪怕挣扎在3%的边缘，也可以在关机前顺利拿到充电宝（见图13-15）。

2. 受邀微信“功能直达”，触达用户更直接

微信2018年在搜索上下了不少功夫，单单“功能直达板块”就已经过3次调整。

目前，部分满足条件的企业会收到微信“功能直达”服务的内测邀请。而这个功能开放，对小电充电小程序来说，无疑是锦上添花。

微信小程序“功能直达”功能有利于小电更直接地触达用户，对“小电充电”小程序带动效果十分流量明显。用户在微信中搜索“充电”关键词，这一

图 13-15　小电充电小程序使用流程

关键词触发了小电小程序，出现在搜索栏下方，首先会看到由小电提供的“扫码充电”和查找附近充电设备入口，可直接进入小电充电小程序。另外，大量用户多次使用小电共享充电服务。小电老用户在微信中搜索充电，会同时看到“小电充电”小程序（见图 13-16）。

图 13-16　小电充电小程序微信功能直达截图

3. 小程序内广告营销，增加变现机会

微信官方数据显示，小电充电 95% 客源来自小程序。小程序能够无缝连接线上线下，为共享充电创造了新场景。小电主要针对全国一二线城市用户提供共享充电服务，以布局娱乐、休闲、餐饮、商场等消费场景为主，掌握海量本地消费场景入口，基于线下消费场景，用户直接扫码支付 1 元即可充电 1 小时，有效获得用户真实使用停留时长，高净值用户流量价值十分明显。

而且，如今小程序 webview 组件、广告组件都已开放，这对小电来说，也获得了更多流量变现机会。

13.6 车来了

据交通部最新发布的数据，公交在 2017 年一年乘坐的人是 722 亿人次，也就是每天约有 2 亿人次乘坐公交出行。由于公交电子站牌不完善、道路拥堵等问题造成的到站时间不准确等情况，导致乘客无法掌握准确的公交到站时刻，等车过程会造成乘客焦虑。或是伸着脖子，望眼欲穿；或是一路狂奔到车站，车却刚刚开走……

车来了小程序可以很好地解决这个问题，它是一款方便你等公交车的神器，可以轻松让你通过小程序获取公交的实时位置，到站时间，线路规划，以及报站提醒等功能，能有效地缓解乘客等车的焦虑，提升公交出行体验（见图 13-17）。

图 13-17　车来了小程序展示图

打开“车来了”小程序，它将通过获取用户的地理位置，自动定位用户所在的城市，以及展示距用户 1000 米范围内的公交车站，该站点的公交车量及到站时间等信息。当然，点击右上角的城市，切换到其他城市，可查询目标城市的公交线路及公交时刻等信息（见图 13-18）。

图 13-18　车来了小程序截图

车来了小程序，还提供查询特定的公车线路、公车站点信息等服务（见图 13-19）。例如，搜索、点击任何一条公交线路，即能查看该线路沿途停靠的所有站点，以及票价、首班车和末班车的发车时间等信息。此外，公交车目前所在的公交站点，也一目了然。

通过车来了小程序，搜索、点击任意一个公交站点，便能知晓停靠该站点的所有公车线路。车来了小程序还能帮你规划公交、地铁换乘方案，智能地给出最佳出行方案——可从多种方案中选择步行少、时间短、票价低、适合自己的路线出行。

车来了小程序还提供公车线路和站点收藏功能，以及“行程分享”可将动态实时分享，让被分享者随时了解分享的位置信息（见图 13-20）。

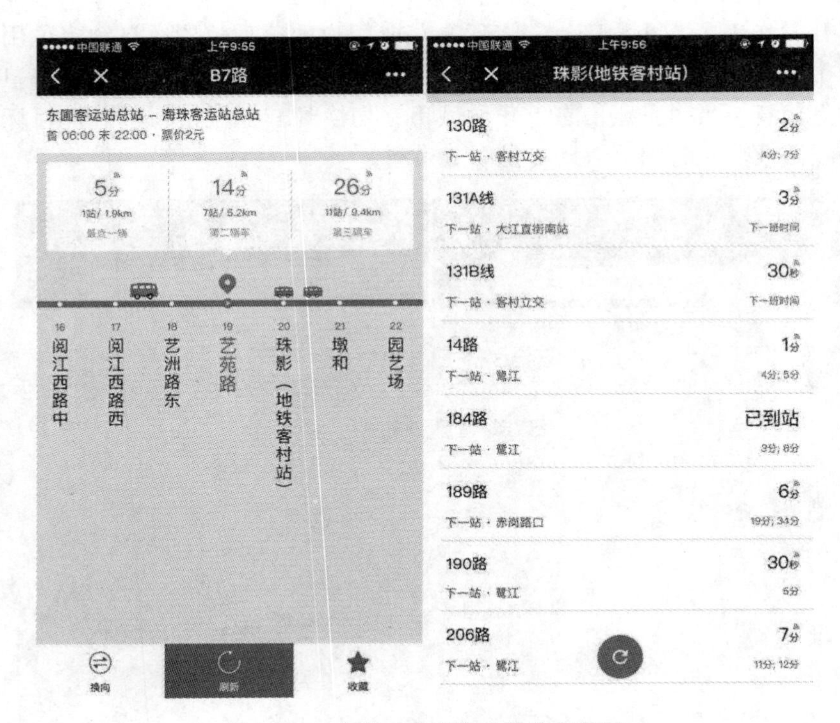

图 13-19　车来了小程序查看公交截图

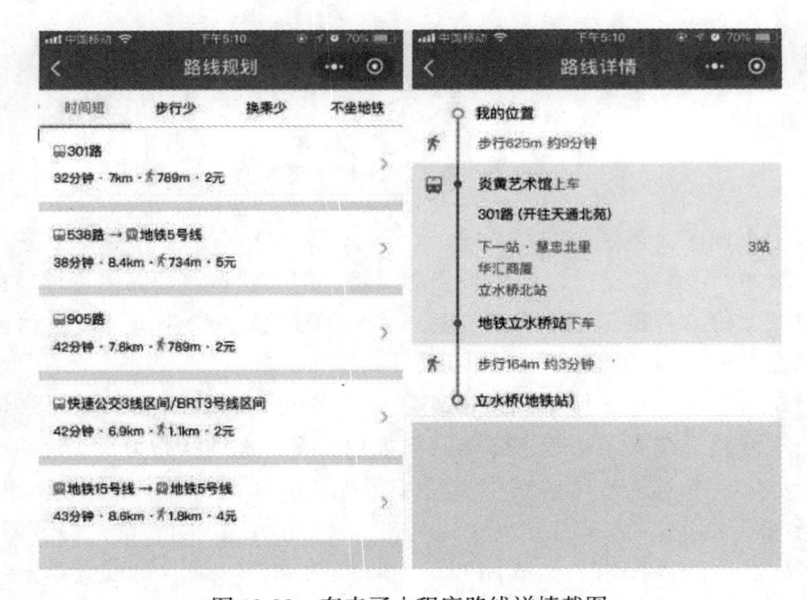

图 13-20　车来了小程序路线详情截图

车来了小程序，是为公交出行量身定制的线上下公交出行辅助工具，满足公交通勤用户掐着时间出门，减少不必要的等车时间，可以帮助公交通勤用户有效减少在通勤中的时间浪费。同时，公交换乘方案规划等功能也帮助提升非通勤需求用户公交出行体验。

目前，车来了已经为超过8000万用户提供公交出行服务，在微信公众平台及小程序端的使用用户也已近2000万，且增速迅猛，活跃度高，留存率高，主要有3个原因：

1）微信互联网极低的获客成本，车来了更容易触达潜在用户群。

车来了已将其公交信息服务业务开拓了近百个城市，且潜在用户大都已是微信用户。由于微信小程序的无需下载、激活，以及可分享裂变的高传播性，车来了通过小程序可更有效地触达潜在目标用户。

2）公交出行用户每天都会坐公交，决定了车来了小程序极高的活跃率。

车来了满足公交出行的刚需，公交出行用户以每日两次的频次乘坐公交车，再基于小程序的小而美形态，造就了车来了小程序的高活跃度。

3）聚焦数据服务，决定了车来了极高的留存。

车来了投入大量人力和技术来维护和不断优化数据质量，已建立一套高于用户期望值的质量标准，数据和复制质量造就了车来了小程序极高的用户留存。

4）典型的线下和线上相结合，将线下用户导入线上的服务场景，契合微信小程序平台特征。

车来了专注于用户公交出行场景的服务，这是基于线下场景在线上提供增值服务的典型。基于线下场景的线上增值服务，且基于线下位置反哺线下，这是微信生态的重要拓展方向，车来了小程序一直以来的高速健康增长也有力地说明了这一点。

13.7 黑咔相机

2018年开年，不少人被黑咔相机小程序刷屏了。只需打开黑咔相机小程序，导入有天空的照片，1秒就能让天空“动”起来，还可以配上有情调的音效！以及魔幻天空、魔法天空、梵高星空、嘿表情多种模式可选。每个人都可以轻松做出吸睛的唯美短视频或照片。春节期间，黑咔相机小程序迅速蹿红，其排名仅次于“跳一跳”（见图13-21）。

无疑，这是一个典型的爆款小程序。然而，刷屏的同时，又鲜见“山寨”涌入。甚至我们常见的相机类App，如FaceU激萌等也尚未进入小程序领域，黑咔相机独占鳌头。他们是怎么做到的呢？本节就从三个方面介绍“黑咔相机”

是怎么走红的。

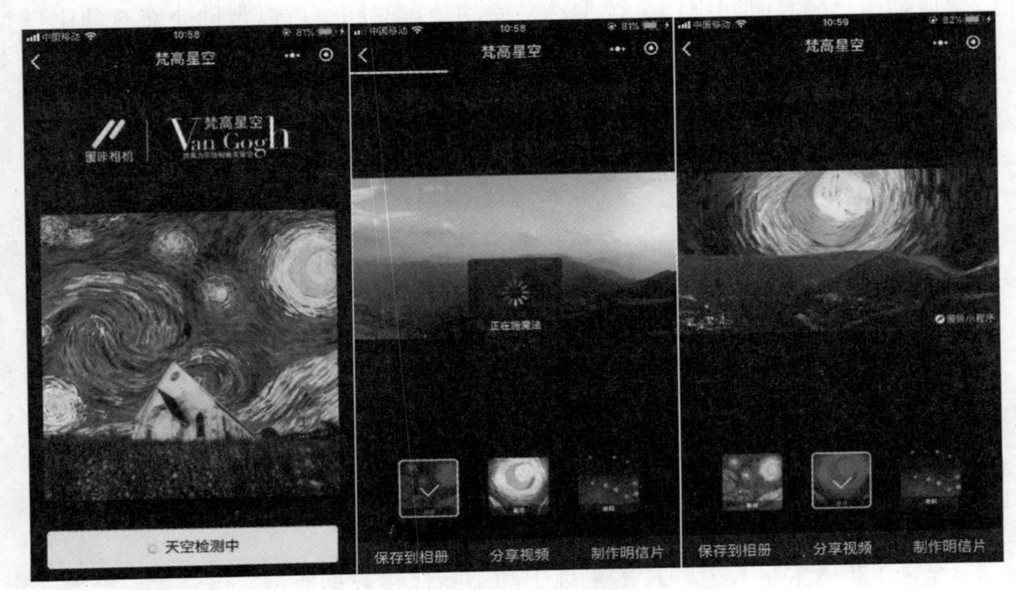

图 13-21　黑咔相机小程序截图

1. 领先的人工智能技术

黑咔相机 CEO 姜文一表示，现在的黑咔用了两方面的技术：一个是 Deep learning，一个是计算机视觉。“我们写了一个深度学习的智能引擎，这个引擎的速度可以非常快。正是有了这个技术作基础，我们成功做出了黑咔相机。在 2017 年的时候我们就在思考，怎样才能使用这些技术做出爆款产品，直到出现了小程序这个平台，才终于找到了机会。”

强大技术支持是黑咔相机成为爆款的前提。AI 技术的应用，让这款工具简单易用，效果惊艳。复杂精美的视觉效果只需等待几秒就能完成，流畅的用户体验很容易让用户快速掌握使用并成为粉丝。而小程序基于 Web 框架，暂时无法做本地运算，因此，很多优质的相机类 App，因无法实现实时的效果同步处理，尚未进入小程序领域。

2. “一波三折”的运营方法论

据黑咔相机 CEO 姜文一讲述，“一波三折”是指每一个爆款都需要有三波计划的支撑；每个玩法至少会打三波不同小的玩法的变种；每种玩法都会准备上百种素材（见图 13-22）。

图 13-22　黑咔相机几种爆款玩法

黑咔相机小程序做的第一个爆款，是关于“天空”的图片：你拍的图片里的天空，如果有云的话，云会左右或者前后移动，这个玩法很受大家欢迎。当发现第一波爆发的时候，他们已经把后续的铺垫好，想好了另外两个玩法：一是把天空变成星空或者夕阳；二是把天空变成“梵高的天空”。于是黑咔相机小程序上线不到一个月，就迎来了三个小高峰，打下爆款基础。

但爆款来临之后，新的问题随之而来：爆了之后怎么办？黑咔相机向前多走了一步，着重考虑产品的持续性。总结发现，跟用户“自我”相关的内容会持续出爆款，于是他们推出了第二个玩法。这个玩法用人脸做素材，依然也做了三波：

第一波，识别出人的脸，静态的照片可以做出不同的表情。

第二波，识别多人，产生很强的趣味冲突。

第三波，做宠物。当时没有人做宠物脸的识别，黑咔相机其实已经做好了。

姜文一表示：“一个玩法如果你不想到三波的话，很容易被抄袭。我们每一次做一个爆款玩法的时候都想到至少三波，后两波基本上技术难度只会比第一波更难。”

3. 考量基于微信的流量策略

黑咔相机能快速被市场认可，和社群传播的杠杆也有一定关系。为了增加曝光，启动初期黑咔相机在1500多个微信群进行推广，完成了第一次裂变。

经过实践他们发现，小程序有两个明显特点：

一是用户下沉速度超乎想象。黑咔相机整个用户群体包括中小城市和不同年龄的人群，用户量巨大，受众面都非常广。

二是社群属性明显。小程序有一个非常完备的社群属性，除了传统的社交好友，它还有半熟人关系，其中孕育着很大的机会。这种半熟人关系，对小程序的推广也非常关键。本是定位年轻人群体的黑咔相机，结果因为整体下沉范围太大了，在四五十岁年龄的用户群体中反而首先爆发。这个群体极具集体主义精神，看到好的东西马上传播到群里，传了之后所有人都会照做，讲究的是共性。

根据产品环境属性和人群特点快速调整，这给黑咔相机带来了不少流量。另外，黑咔相机也十分注重产品矩阵的搭建。姜文一表示："我觉得这一点非常重要，因为这不仅对于工具产品而言，包括对小程序这个生态而言，都是非常必要的。小程序的入口是分散的，如果你做一些导流、引入，对它长期的激活留存非常重要。"

第14章

社交娱乐类小程序案例

社交娱乐类也是小程序的一个大类。基于微信这个超级社交平台，这些小程序恰恰是对微信“娱乐性”很好的补充。例如，微信只能发红包，可是不能发语音红包，在社交关系中，语音、电话等形式，恰恰又有更加重视的意味，对促进双方关系有正向作用。那怎么办呢？小程序的机会来了。于是春节期间，我们看到了各种红包类小程序的玩法，以补充微信中原有缺失的场景。

另外，益智答题类、技巧类等社交娱乐小程序，在微信中风靡一时。这些小程序因其社交属性强，往往能在平台中得到快速传播，除了能给微信提供更加丰富玩法外，开发者也得以迅速积累流量。本章将从较为流行的红包类、答题类、技巧类三方面的案例入手，选取了11个经典案例，带你看看他们的社交娱乐小程序都是怎么玩的？

14.1 红包类

2014年春节期间，微信凭借微信红包功能引爆了微信支付场景，从此开始，越来越多的微信用户习惯了在微信绑定银行卡，通过手机完成快速支付、扫码支付。回顾微信红包场景的走红之路我们可以看到，红包场景对于社交产品用户的强大吸引力，大致源于三大因素。

1. 传统活动的线上转移

传统的发红包，是春节期间长辈和晚辈在线下共同完成的家庭聚会活动，长辈将红纸包裹的现金派发给晚辈，表示对他们新一年的祝福。而随着移动互联网的普及，越来越多的人将精力放到了网络上，线下年味变淡，各大互联网公司将年味大量“搬运”到线上，自然是个不可阻挡的趋势，这迎合了当下人们的生活习惯。同时，线上红包丰富了红包的内涵，使发红包不再限于长辈对晚辈，而拓展为了家人、同学、同事等不同关系之间的相互祝福，由线下传统活动变为线上互动小游戏。

2. 引发比较心理的不确定性

相比于数目、金额固定的线下红包，数量有限、金额随机的线上红包首先引发了用户“抢”的操作，“比手速”的游戏性给用户带来了更多的乐趣，而在完成了“抢”之后，还有金额的随机分配，激发用户的比较、甚至是赌博心理，从而使用户在完成了一次操作之后，期待下一次操作，欲罢不能。

3. 简单的操作流程

对于接收微信红包的用户来说，他们完全不需要进行任何的申请操作就拥有了一个虚拟钱包，只要点击查看到的红包消息并打开红包，这个虚拟钱包就收到了钱，使用门槛极低。甚至在未绑定银行卡的条件下，微信支付也为用户提供了使用这些钱的途径和场景，比如提现到银行卡和话费充值。这样“凭空来钱”的便宜，对广大用户是极具杀伤力的。在完成绑定银行卡后，发红包的流程同样简单、安全、高效，保证了收发红包的行为的持续性。

基于广大微信用户对于微信红包的超高接受度，拓展红包趣味新的游戏小程序必然在微信中具备较高频的使用场景，且能取得良好的传播效果。下面，就让我们一起来看看几款新颖、好玩的红包类小程序案例。

14.1.1 包你说

新年嬉笑送祝福，拜访亲友发红包，是大家都喜爱的传统活动，下面要介绍的这款包你说小程序，就是一款满足大家新年送祝福和发红包需求，并在此基础上添加了游戏娱乐性的小程序。

通过这款小程序，发红包的用户不仅能设置红包个数、金额等，还可以设置一条语音口令，收红包的用户在正确说出语音口令后才能领取红包，收到的红包可以很方便地提现到微信钱包。另外，在语音口令的选择上，产品提供了绕口令、表白、励志等类型供用户选择。

这样的收发红包小游戏，是对以往红包的收发互动方式的延伸，通过增加设置和读出语音口令这两个趣味的环节，在线上和线下两个场景，都能激发亲友间更多的交流与互动（见图 14-1 ~ 图 14-3）。

图 14-1　发红包

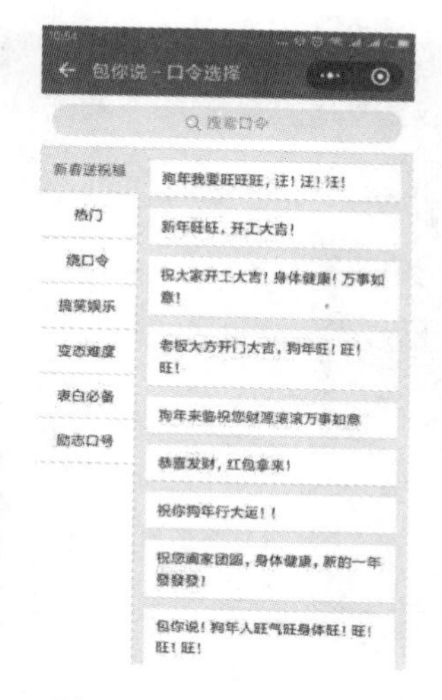

图 14-2　语音口令选择

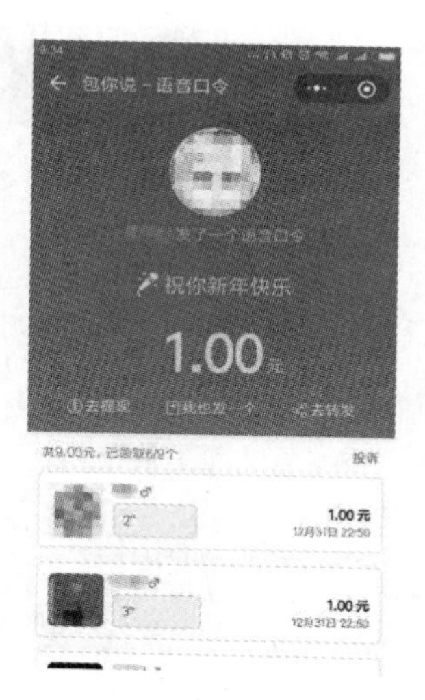

图 14-3　收红包

对于发红包的用户来说，他们可以花点心思设计一些有难度的口令，如绕口令，也可以设置一些表白用的口令来传达或满足自己的小心思。

而对于收红包的用户，回答有难度的口令是一场趣味比拼，除了自己说口令，还可以听听其他朋友说的口令，听听许久没有听到的声音，或仔细发现一些亮点和笑点。

“包你说”小程序的盈利主要是通过向用户收取手续费的方式，比如向发红包的用户收取 2% 的服务费。在大部分微信用户习惯了使用微信收发红包功能的前提下，用户对这类费用的支付接受程度高，从而该盈利模式具有良好的潜力。

14. 1. 2　拜年电话

“拜年电话”是群应用小程序在 2018 年春节前夕推出的一款红包拜年工具。用户可通过“拜年电话”录制一段祝福语音，添加上红包后发送给朋友。接收祝福的用户，打开一个高仿的电话接听页面，接听语音后可打开红包。该产品提供的发送新年祝福方式，具有很强的仪式感，结合了电话问候的温暖和收发红包的喜庆，是一款简单、新颖、娱乐性强的社交产品。

在发送红包的流程上，“拜年电话”提供了一些新年祝福语参考，帮助用户解决“说什么”的问题，在添加“福气”的环节，随机数量的设置也帮助用户进一步降低了思考和选择的成本。另外，部分带有一定宣传目的的用户还可选择将自己的语音放到“拜年电话”的拜年广场中，让自己的语音被平台中的更多用户听到，与更多人一起分享新年祝福（见图 14-4 ~ 图 14-8）。

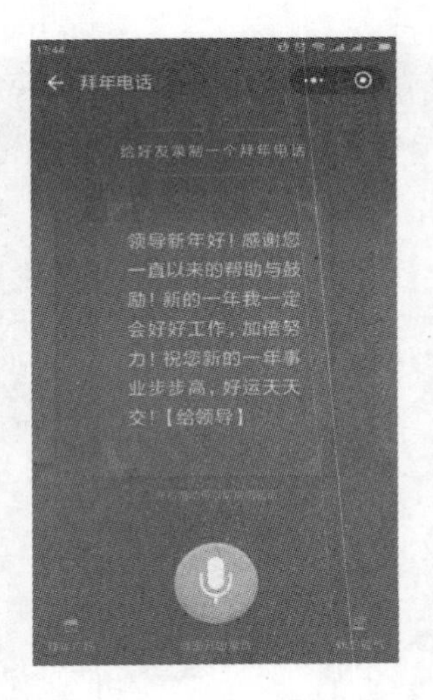

图 14-4　录制语音祝福

图 14-5　添加“福气”

图 14-6　接听电话

图 14-7　打开红包

图 14-8　收到“福气”

在接收红包的流程上，用户将打开一个高仿的通话页面，并查看到发送者的名称、公司和头像信息，职场社交意味更强，能让发送红包的用户在向一些许久未联系的同学、客户等拜年时，让对方快速了解自己的职场身份，避免对方不记得自己是谁的尴尬。

相比于大家以往拜年使用的几句话消息问候，带有声音的语音问候能传达出更多的情感，显得更有诚意，同时又能避免真实电话拜年中，因对方不便接听或双方不知如何进行对话而造成的尴尬。

最后，沿袭微信红包的仪式感和随机性，用户能通过该产品获得喜庆过年的欢乐和开红包收钱的喜悦。

作为一款包含在职场社交小程序“群应用”中的工具，该产品的关键商业逻辑在于，它即是一款社交工具，又包含了职场的玩法，不仅满足了普通用户之间的新年互动需求，而且提供了商家趣味推广的途径，与主体产品相互导流，相辅相成，即“拜年电话”有以下两种新颖玩法：

1. 职场社交玩法

职场人士通过“拜年电话”可向同行业微信群中的群友发送祝福，并表明自己的姓名、公司等信息，帮助大家相互了解，联络感情，基于主产品“群应用”，可进一步进行交换电子名片的互动，达到拓展人脉的目的。

2. 企业营销玩法

拜年电话中的拜年广场（见图14-9），是一个很好的企业营销平台。以百雀羚品牌为例，2018年春节期间，百雀羚邀请了明星周杰伦和范冰冰录制语音祝福并发布到了拜年广场中，该语音广告在平台中取得了良好的传播效果。

图14-9 拜年广场

可见，企业可以利用该产品在微信中快速传播品牌信息。企业公众号运营人员在企业有新产品发布时，希望产品能够快速被客户知道，通过将信息配合红包的形式传播，迎合新年节假日的热点，在向客户送去温暖慰问的同时，活跃旧粉，吸引新粉，将新产品信息传播给更多用户，强化用户对新产品的印象。进一步地我们可以畅想，企业通过拜年广场这一个中心化的平台，发布优惠券、代金券，这些资源留存在微信中，既能快速传播，又可以方便用户收藏和使用，从而，更好地触发用户的购买行为，达到良好的营销效果。

另外，该产品的价值除了能配合、完善主体小程序的功能外，它的价值还在于它发展为具备盈利能力的产品的潜力。它同样可向用户收取一定手续费，从而实现盈利。

14.1.3 包你答

包你答是一款用户自主出题并设置赏金，供微信好友答题并领取赏金的小游戏。该产品蹭了2018年年初直播答题的热度，同时迎合了新年主题。答题红包的设计同样拓展了新年红包的互动方式，在收发红包的过程多了出题和答题两个趣味的环节（见图14-10～图14-12）。

图14-10　设题　　图14-11　答题　　图14-12　领赏金

值得注意的是，包你答不仅是一款普通用户社交的产品，同时也是一款企业宣传工具。例如，企业可以在小程序中创建与自己品牌相关的题目，并供大家回答，然后依靠微信关系链进行裂变式传播。这不仅让众多的粉丝帮助企业做品牌营销，还能让凑热闹的用户通过答题加强对企业的印象而成为潜在客户，实现企业品牌的有效推广。

14.1.4　红包大大

在2017年年末，伴随着微信的更新，一款游戏小程序"跳一跳"跳进亿万用户面前，一夜间成为"全民游戏"，同时也将小程序爆红于网络，再次拉进大众的视野，成为2018首个网络关键词。其中以红包分享模式为主导的小程序开口红，也在春节掀起了高潮造成的刷屏现象，而其背后团队"红包大大"在基于微信小程序的延伸，也让我们看到红包传播的更多可能性。

由于互联网红包玩法单一枯燥，而红包文化对于用户来讲却是一种社交需求，红包大大在微信红包基础上利用节假日、用户生日等场景为用户之间创造更多的红包玩法。经过春节期间的用户沉淀，现在红包大大已经开发出了多款红包玩法的小程序（见图14-13）。

图 14-13　红包大大的红包功能

主流玩法一：开口红

发红包者在设置条件时，可以选择普通话、英语、粤语三种语言，内容上可以选择恶搞、示爱、祝贺、说口号等素材，参与拆红包的玩家，必须使用对应的语言念出来才能领取（见图 14-14）。

图 14-14　开口红页面

主流玩法二：包你拼

发红包者以拼图、拼字为基础的红包小程序。发红包时，可以在首页顶部选择拼“文字”或拼“图片”。在内容上可以选择当下比较爆红的网络用语或图片等一系列素材，参与拆红包的玩家，必须散乱的字按照语句排列正确，或把打乱的图片按照原图拼凑正确才能领取（见图 14-15）。

图 14-15　包你拼页面

主流玩法三：包你答

一个基于答题功能的小程序，并且相对于一些 H5 测试固定的题目范围，包你答的题目与答案都可以自行设置。发红包者通过选择素材库里的题目或自行设置题目。参与拆红包的玩家必须答对题目才可领取红包（见图 14-16）。

图 14-16　包你答页面

品牌方可以在开口红上通过自定义设置广告展示图片、广告语或产品特性等，发布口令红包，使用户在领取红包的同时，也增加了趣味性让品牌深入人心（见图 14-17）。

图 14-17　口令红包

在包你拼上，品牌方则通过设置领取后的展示页面以及品牌商标或宣传图进行拼图或是企业口号或广告语进行拼字，为品牌广告赋予更直接的传递形式，且增强用户对品牌的认知度（见图 14-18）。

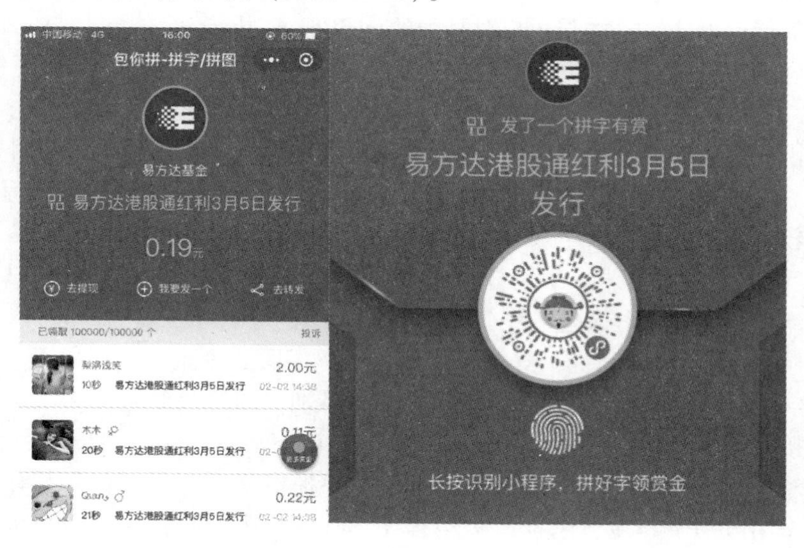

图 14-18　红包领取后的展示页面

在包你答上，品牌方通过答题模式，自行设置与公司相关的问题，答对即可抢红包，提高了品牌与用户的互动性增加用户黏性（见图 14-19）。

图 14-19　设置问题页面

其玩法让企业摆脱了以往互联网红包的限制，为用户和企业提供了更多大范围、多种金额、多玩法的红包形式，大大降低了广告红包门槛，并且通过广告语红包的分发速度结合，使品牌广告快速高效地抵达用户，为品牌广告赋予更直接的传递形式，且增强用户对品牌的认知度。

综合来讲，红包大大系列小程序营销模式的优势在于：

1）基于小程序用户无需安装，即开即用，用完就走。省流量，省安装时间，不占用桌面，微信小程序 UI 和操作流程会更统一，降低用户的使用难度。

2）去中心化的推广模式，让企业可以更专注于营销内容，并且小程序在微信这个较大用户的体系下生长，推广更容易、更简单、更省成本。

3）接入云计算技术，采用分布式架构，搭建高性能服务器集群，从而轻松应对高流量高爆发抢红包业务场景。

4）借由红包传播属性，红包大大系列小程序团队为企业主提供了一种去中心化的广告模式，与传统广告模式有明显的差别，即通过红包的裂变，把广告费用直接授予了终端用户，为品牌方带来流量。

而对于用户来讲，在特定场合还能为用户提供活跃气氛、休闲娱乐、节日祝福等作用区别于其他营销推广类小程序，红包大大的个性化服务，极大程度上提高了用户的留存性，让企业与 C 端用户在微信红包小程序生态中得到最好的平衡，也是其在红包类小程序产品之间差异化的体现。

“红包大大”通过去中心化的红包推广模式，将企业的品牌信息直接推送给终端用户，让用户既通过多种红包玩法提高趣味性的同时，也帮助企业在互联网端做进一步营销，为基于微信端的传播提供一种全新的营销推广模式（见图 14-20）。

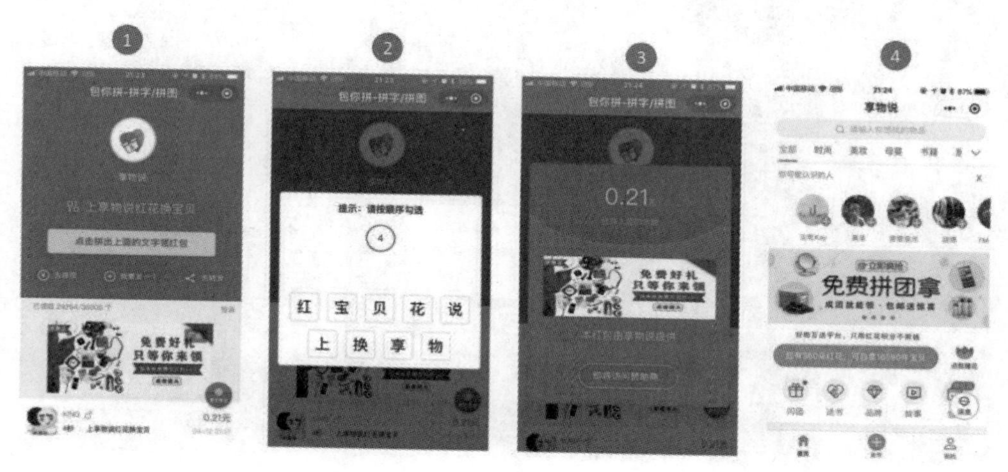

图 14-20　红包推广

14. 2　答题类

2018 年年初直播答题走红，由“冲顶大会”开始，多家短视频、直播平台迅速跟风，推出了“百万英雄”“百万赢家”等多款同模式游戏产品，引发广大网友答题热情。相应地，微信平台中竞相推出的答题类游戏小程序也引发了大家的关注和参与。下面，选取其中最具代表性的几款，来看看它们有什么值得我们学习的地方。

14. 2. 1　头脑王者

头脑王者小游戏于 2017 年年底推出，并于 2018 年年初爆红（日活千万，最高在线人数达 110 万人次），后因题库内容审查不严谨遭到封禁。该产品主要为满足玩家的答题竞猜和知识获取需求。玩家通过与其他用户的 1 对 1 答题 PK，比较正确率与答题速度，可升级获得成就感，同时回顾和吸收新的知识。

其实，早在 2014 年前后，1v1 答题竞赛的小游戏就曾引起过大家的注意，然而国内几家模式相似的较热门答题游戏 App 在 2017 年上半年相继停服。一个本来看似过时的游戏模式，却通过移植到微信小程序平台、轻量化的尝试成为爆款。我们不妨来进一步思考一下头脑王者成功的关键点（见图 14-21 ~ 图 14-23）。

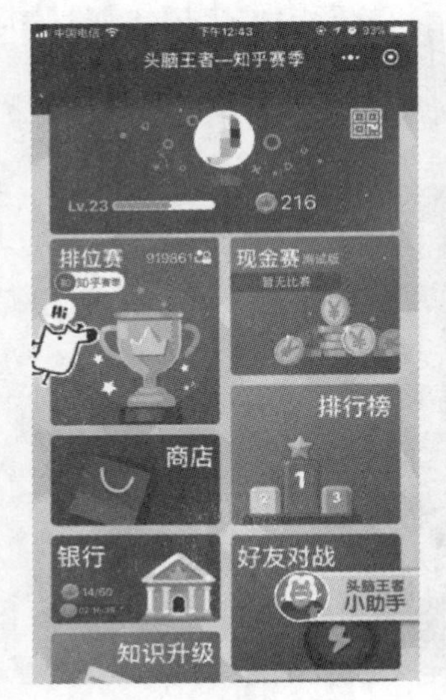

图 14-21　首页

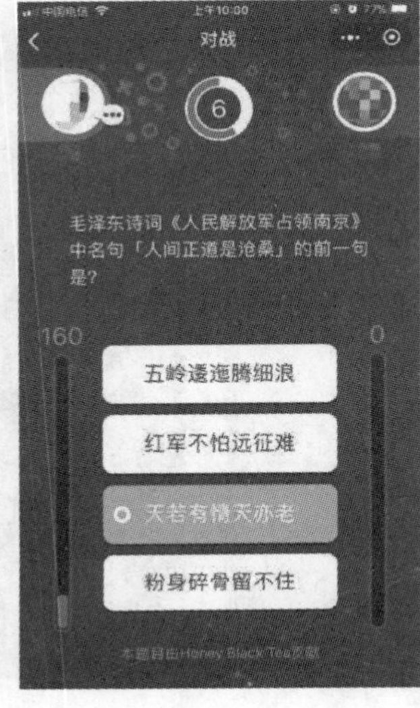

图 14-22　对局页面

图 14-23　段位页

1. 从产品本身来看，头脑王者的优点有

1）沿用了 1v1pk 答题的对局规则，保证了良好的对战体验。玩家答题在每题倒数 10 秒的答题时间里，不仅可以自己选择答案并查看结果，还能实时查看到对手的选择和对错情况，双方均答对题时，会根据答题时间有分数高低差别，竞技性强。

2）顺应了小程序产品“轻”的特点，仅提供百科答题而不再细分不同领域答题，简化用户选项，降低玩家学习门槛。

3）参考了热门手游王者荣耀的“段位”成就体系，利用玩家的虚荣心，提升玩家的成就感。

2. 从外部条件来看，头脑王者还依托了微信小程序平台优势实现了快速传播和高质量的用户留存

玩家在小程序游戏中，可通过分享卡片、小程序二维码方便地向微信好友分享游戏，获取金币奖励，扩散速度快。收到分享的微信用户无需下载，无需注册，可直接开始游戏，拉新效率高。

另外，基于微信关系链的好友排行、群排行，又进一步刺激玩家持续玩游戏升级，超越更多好友，提高用户留存率（见图 14-24、图 14-25）。

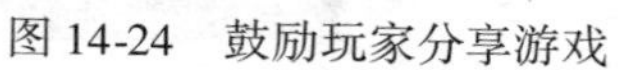
图 14-24　鼓励玩家分享游戏

图 14-25　好友排行

头脑王者的盈利主要有虚拟道具收入和品牌合作两条途径。

玩家在游戏商城中可购买游戏入场所需的金币等道具，快速拉起微信支付，付费流程简单高效。

知乎对知乎答题王“冠名”式的合作，使得知乎答题王为知乎带来更多流量的同时，本身也提升了品牌感，实现双赢。此外，知乎答题王的题目也可由商家“冠名”，比如，马蜂窝旅游网就曾为头脑王者贡献题目，并使品牌商标得以在对局答题过程中在页面底部向玩家展示。这样的广告模式，能够在不影响玩家体验的同时实现流量的变现。

14. 2. 2　玩抢答

玩抢答小游戏在答题玩法上创新，开创了多人模式，实现了多人同步答题对局系统。

多人对局的具体规则是：每场对局可有 2 ~ 10 人参与，共回答 5 道题目，每道题目最长答题时间为 10 秒，当有玩家抢答且答对时，倒计时加速。第一个抢答答对的玩家基础加分为 200 分，其余答对玩家基础加分为 120，答错扣 100 分，不回答则不扣分，玩家连续答对和答对最后一题时有分数加成。回答 5 道题后，总得分高的玩家可获得金币奖励和等级勋章（即段位）的提升，总得分低的玩家会被扣金币和降低等级勋章（见图 14-26、图 14-27）。

多人混战的模式大大提高了答题竞猜的刺激性，倒计时加速的设计平衡了各玩家的参与感和对局节奏的紧凑性，答错扣分的设计增加了游戏的策略性，带给了玩家新鲜的答题体验。

图 14-26　当前玩家已作答，等待其他玩家时

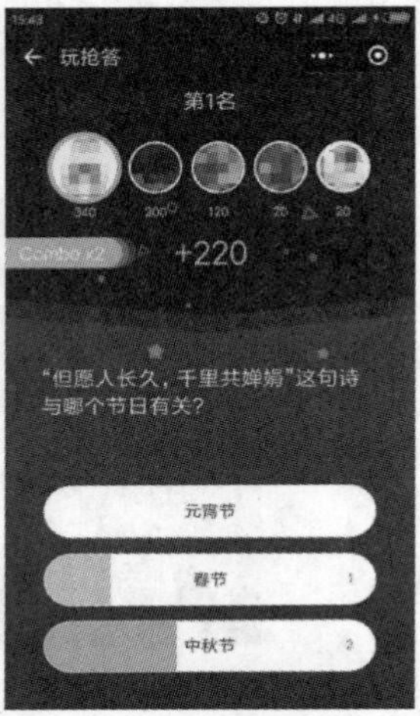

图 14-27　显示答题结果

玩抢答小游戏最值得注意的关键点在于多人模式更强的社交性。

在之前 1v1pk 答题的游戏中，游戏限定的参与人数只有两人，而许多玩家会在游戏时拉上自己身边的朋友帮忙答题，可见，线下场景具有良好的“传染性”。从而，允许更多人参与的答题竞猜模式，能更好地满足线下聚会场景，凭借单局短时间的互动填充线下聚会“尴尬”的间隙，甚至通过题目引起社交话题，帮助熟人间增进感情。尤其是在家庭聚会上，让小朋友与大人一起答题比赛，可以满足小朋友爱玩乐的需求，也可借此鼓励小朋友去了解和学习更多知识，还可通过这种轻松的互动方式，拉近小朋友与大人之间的距离。

相应地，为了实现这种新奇激烈的比赛模式，该小程序游戏在开发上需要注意抢答时的并发加锁处理，多人游戏时发送通知的稳定性等问题。

另外，该小游戏对不同等级的玩家设置了题目难度的控制，使得低等级玩家的答题难度更低，随着等级的升高，题目难度逐渐上升，而在最高段位时，也有相对简单的题目可答，优化了答题的体验。

下面让我们再来看看玩抢答小游戏的商业逻辑。

1. 具备独立盈利能力

参考知乎答题王，玩抢答小游戏仍可通过虚拟道具和品牌合作的途径盈利。进一步，如果要提升品牌合作的广告效果，产品还可尝试增加分类科目的选项，从而帮助合作方进行更精准的广告投放。

2. 丰富公司产品矩阵

利用小游戏快速获取用户的能力，玩抢答具备为公司其他产品导流的潜力。试想一下，玩抢答在对题库进行丰富和领域细分之后，设置更多专业或反应用户兴趣特长的科目，如驾驶、运营、摄影等，再将玩家在该游戏中的等级勋章与同公司的其他小程序产品绑定，那么，用户就能在其他产品上展示更丰富、个性化的社交形象。

14.2.3 头脑被掏空王者

头脑被掏空王者的对战系统与知乎答题王大致相同，仍然采用 1v1pk 答题的模式，而在题库的设置上有差异化，设置了分类、特色题库（见图 14-28、图 14-29）。

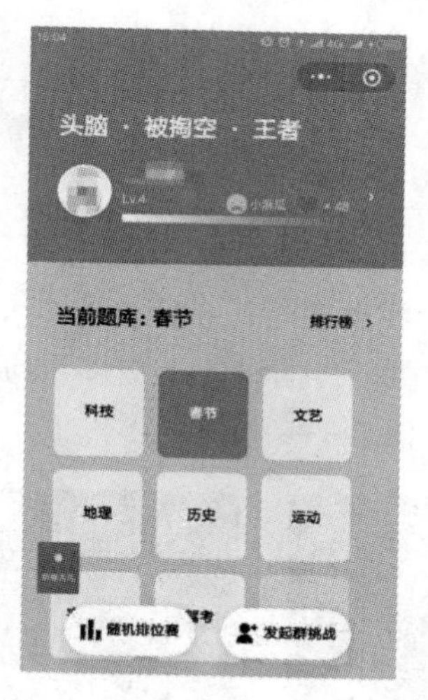

图 14-28　首页

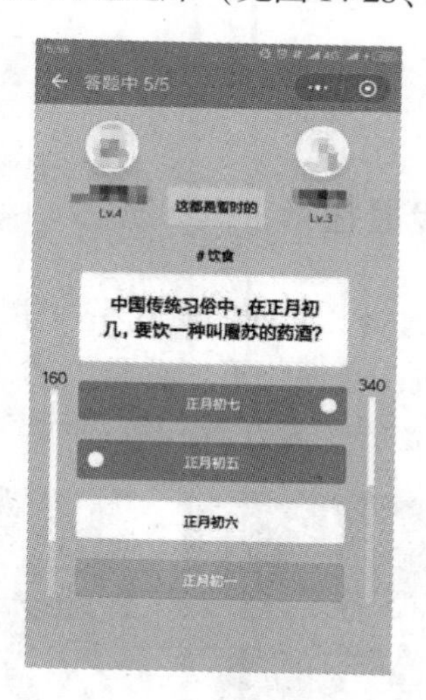

图 14-29　对局页面

特色题库的收集即为该产品的关键点。例如，在 2018 年春节前夕，头脑被掏空王者上线了“春节”题库，能够把握节假日的潮流进行产品的推广。

头脑被掏空王者值得注意的商业逻辑在于，它将自己视为一款内容产品，为同公司的资讯产品导流。

相比于前面提到的两款答题产品，它还为用户提供了回顾自己答题记录的功能，以及同公司资讯产品的入口。题库即内容，玩家进行答题游戏是回顾和获取知识的过程，而且在分类题库答题的情况下，玩家本身对特定知识就有更强的目的性。玩家游戏需要运用知识，那么在知识储备不足时，为用户提供补充知识的途径，比如一款资讯产品，就是一件很自然的事情了（见图 14-30 ~ 图 14-32）。

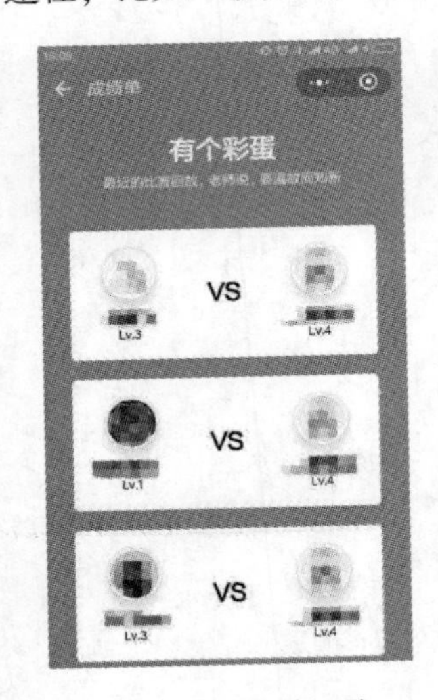

图 14-30　对局记录

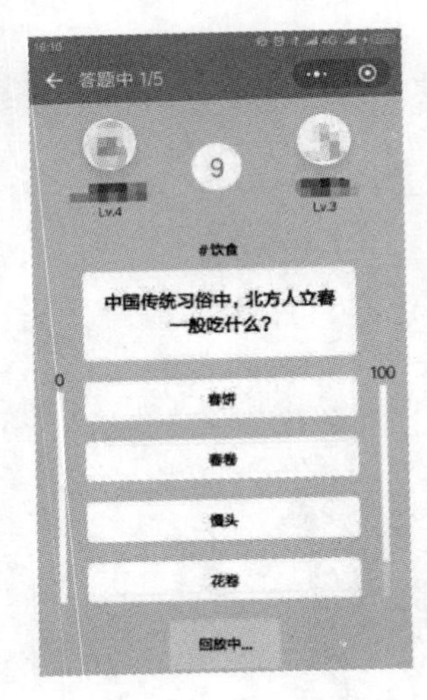

图 14-31　回顾对局详情

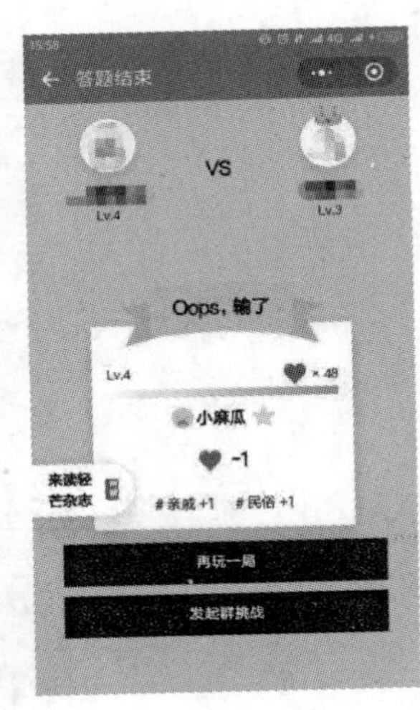

图 14-32　左侧悬浮“轻芒杂志”入口

14. 2. 4　我最在行

同样设置分类题库的游戏小程序还有“我最在行”，相比于“头脑被掏空王者”，它又进一步深化了“分类”的概念，在科目的设置上更多更细致，面向特定领域或主题的“爱好者”级别玩家（见图 14-33 ~ 图 14-35）。

图 14-33　首页

图 14-34　“三体”擂台

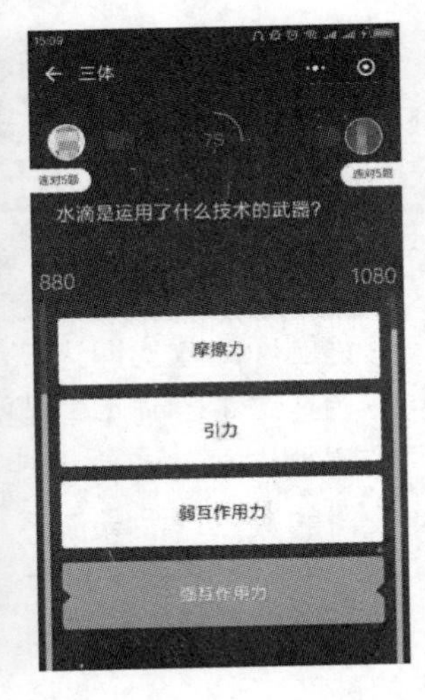

图 14-35　对局页面

在打开小程序首页后，玩家可以选择多个细分主题的题库进行答题（称为擂台），比如以科幻小说《三体》对应的“三体”擂台为例，参与擂台赛可提升擂台分和段位。其中擂台分仅当场拉力赛有效，拉力赛结束后擂台分高的用户可获得奖金，拉力赛结束后擂台分清零。段位长期保存，这显示了玩家在该主题的投入和知识水平，段位称号和擂台主题相呼应，如“三体”擂台玩家对应段位“三体读者”“三体粉丝”等。参与擂台赛需消耗体力，体力随时间自动恢复，也可通过分享、好友对战等途径领取更多。擂台赛的题目紧扣主题，考查的内容比较细致。

我最在行通过题库细分主题，将找到更多特定主题下的“爱好者”级别玩家，进一步挖掘这类玩家的价值将给平台带来更大的收益，可考虑以下几个方向：

1. 更精准的宣传推广

我最在行小游戏当前设置的了时尚、足球、篮球、三体、王者荣耀等一系列细分领域和主题，投入这些主题擂台的玩家通常对于接触和了解该主题相关信息具备极大的热情，从而，面向这些主题的“爱好者”玩家推送相应的广告自然具有可行性和高效性，且不会严重影响用户体验。例如，平台可以向时尚爱好者推送口红广告，向足球爱好者推送球星代言广告，向王者荣耀爱好者推送手办购买链接等。

2. 向兴趣社区导流

参考头脑被掏空王者，细分主题的玩家同样具备较强的信息获取需求，在一定程度上期望与兴趣爱好相同的人分享主题相关的信息，或围绕主题发表想法，因而产品后期可考虑将这些潜在的优质的兴趣社区用户引导到同公司相应的社区中。

3. 构建兴趣交友平台

设想有一个“爱好者”玩家，他在平台中遇到了和他一样对特定主题知识十分了解，且得分、排名相近的高手，那么，他很大概率会对这个对手产生好奇，进一步地产生与他进行其他交流的欲望。那么，基于微信平台的小程序，能否帮他们更高效地完成连接呢？这也是一个可以尝试的方向。

14.3 技巧类

技巧类游戏小程序以休闲益智、考查玩家操作熟练度的游戏为主，规则简单，容易上手，主要满足玩家消磨时间的需求。

14.3.1 天才头脑

天才头脑是一款脑力训练工具，包含了简易计算、加减乘除、翻牌记忆、方向达人等多款小游戏，不仅满足了玩家休闲娱乐的需求，还具有一定的脑力训练效果（见图 14-36、图 14-37）。

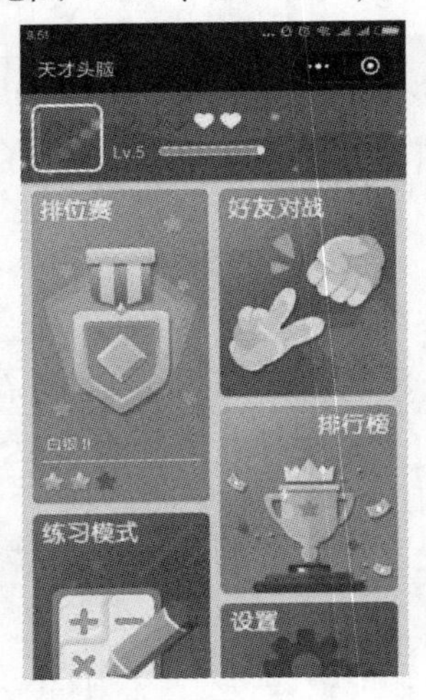

图 14-36 首页

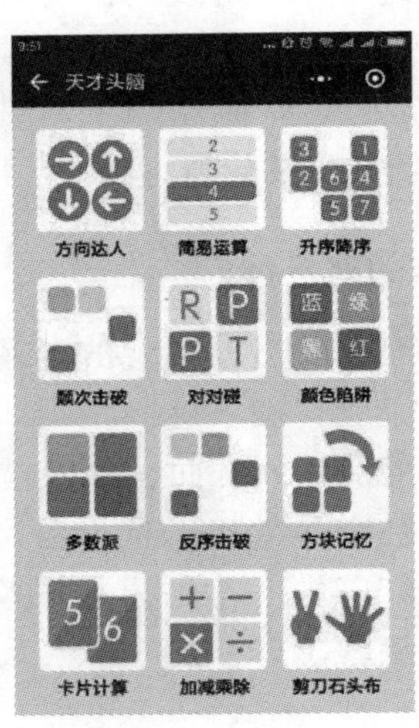

图 14-37 练习模式

游戏又可分为排位赛和练习模式两种模式（见图 14-38 ~ 图 14-40）。

图 14-38 回合准备

图 14-39 回合读题

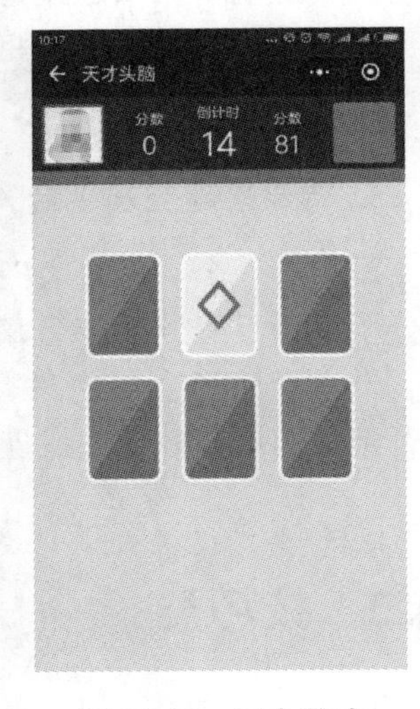

图 14-40 回合游戏

排位赛时，系统为玩家匹配一名对手进行 1v1 对局，每次对局分为 3 个回合，3 个回合随机玩 3 款游戏，3 回合结束后总得分高的玩家获胜。获胜玩家可积累星星升段位，失败则会扣星降段位（见图 14-41、图 14-42）。

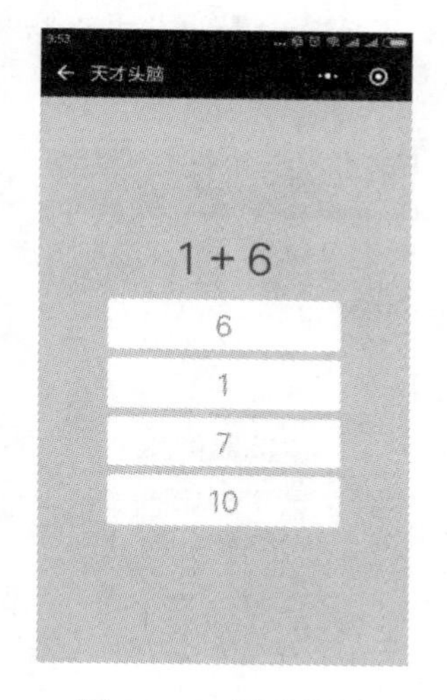

图 14-41　游戏练习

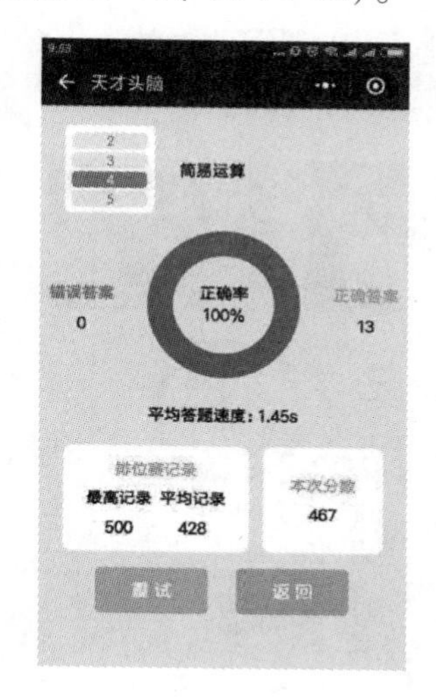

图 14-42　统计结果

在练习模式下，玩家可选择一款游戏进行独立、限时练习，练习结束后可查看统计结果，辅助玩家了解各项游戏规则和进行弱势游戏的提升。

天才头脑的“好玩”在于：

1. 简单

天才头脑中的多款小游戏，从游戏规则到 UI 设计都比较简单移动。每款小游戏都以方块元素为主，玩家点击、滑动即可完成，不需要记忆特殊的信息，不同文化程度的好友间也可以玩。同时，游戏中不会出现很多花哨的图案来干扰用户。

2. 竞技性

排位赛 1VS. 1pk 的模式下，玩家与别人竞技，在完成自己的操作的同时，需要注意提升正确率和速度以在有限的时间内获取更高的分数，打败对手、提升段位和排名来获得更高的成就感。同时，玩家也与自己竞技。题目的难度随着玩家段位的提升而上升，玩家玩到更高难度时会产生征服新难度的欲望。

3. 社交互动功能

在排位赛每场对局的回合准备和对局结果反馈阶段，玩家可通过点击底部的小表情来表达心情。小表情可疯狂点击，从屏幕两侧快速、重叠弹出，体验很爽。通过这种方式和对手简单交流，增加了游戏的乐趣。尤其是在各回合结束后，看到对手疯狂点击发送“心碎”或“不开心”时，玩家能获得更高的成就感，给对手点个“赞”也能引起对手的“开心”，感到一种超越时空的默契(见图 14-43、图 14-44)。

图 14-43　回合准备

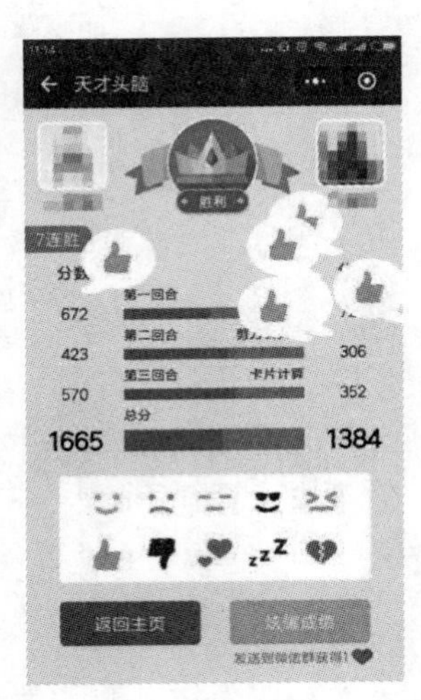

图 14-44　对局结果反馈

4. 实用性

平台中的多款小游戏，考验了玩家的记忆力、观察力、判断力、计算力、速度和精确度六方面的能力，并且通过练习模式、数据统计、难度控制等为玩家提供了技能提升的路径，因此尤其适合儿童智力开发和老年人思维训练。

天才头脑参考了走红的头脑王者小游戏模式，通过设置 1v1 和段位的方式，利用竞技性让用户上瘾，而在此基础上整合多款小游戏，搭建了一个小游戏对战平台。加入虚拟道具，会是该小游戏对战平台在后期可行的盈利模式。例如，平台后期可考虑加入好友对战中的扔番茄（让对方看不见题目)、送花或挑衅动画等虚拟道具，让玩家在好友对战时与好友获得更多亲密的体验。

14.3.2　玩吧你画我猜

玩吧你画我猜是一款由多名玩家参与轮流作画猜词的游戏。在微信小程序推出以前，这种游戏在移动端主要以 App 和 H5 页面的形式推出，而在微信小程序推出后，也有开发者开始了将这种游戏移植到微信小程序平台的尝试，期望利用微信入口优势，解决用户手机内存不足的痛点，满足玩家对于这种游戏“打开即玩，玩完即走，下次再来”的需求。玩吧你画我猜就是其中比较好的版本（见图 14-45 ~ 图 14-47）。

图 14-45　首页

三个字,场所
在此输入答案进行抢答

图 14-46　房间答题

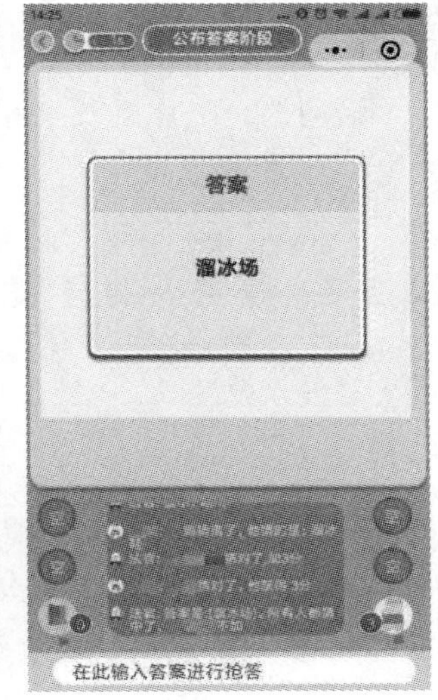

图 14-47　公布答案

在玩吧你画我猜游戏中，玩家可以开启或加入一个房间，与好友实时游戏（见图 14-48 ~ 图 14-50）。

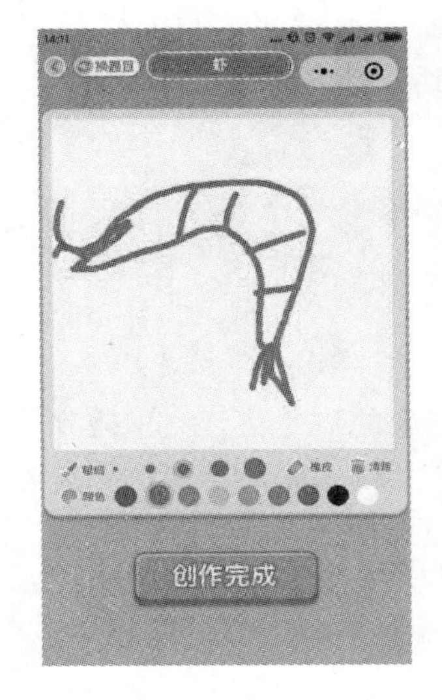

图 14-48　画给好友猜

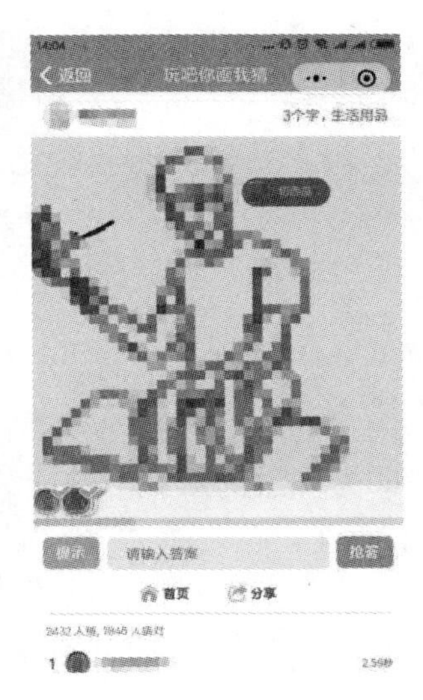

图 14-49　随便猜猜

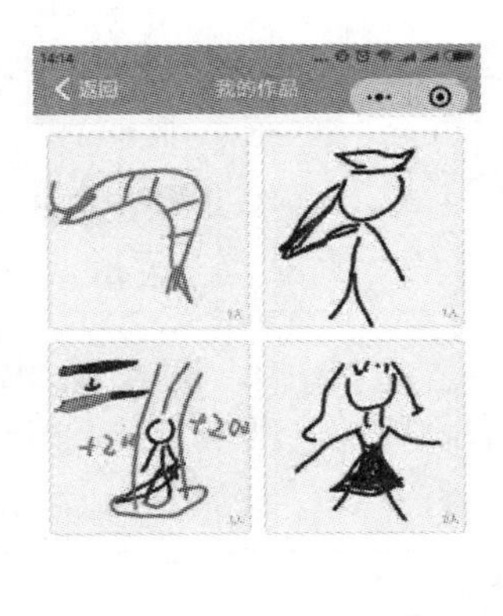

图 14-50　我的作品

玩吧你画我猜还引入了非实时游戏模式，利用了小程序平台中信息低成本传播的特点，考虑了玩家在非线下场景中凑局难的问题。具体来说，玩家在玩吧你画我猜中可以“画给好友猜”（独立完成画作再发给朋友），也可以“随便猜猜”（欣赏其他玩家的画作并猜题），还可以回顾自己的作品并查看到他人的猜题情况。

轻巧的玩吧你画我猜小程序，在微信中传播效果良好，能够在一定程度上为原 App 产品导流。

14.3.3 是男人就坚持 30 秒

是男人就坚持 30 秒是包含在平安车险小程序内的一款小游戏（见图 14-51、图 14-52）。

图 14-51　游戏中　　　　图 14-52　游戏结束

游戏中玩家拖动控制汽车的位置，使汽车避开飞来的障碍物，汽车碰到障碍物后游戏结束，游戏时长即为玩家的成绩。游戏结束后，玩家会看到“为爱车打 CALL”的引导，可进行汽车估价。

该小程序规则简单易懂，具有一定难度，成绩的高低能引发用户的比较心理，在微信平台中引起一定的传播效果，为主产品引流。